理解から応用への

# 関数解析

理解から応用への

# 関数解析

藤田　宏　著

岩波書店

# まえがき

本書は，科学技術の諸分野における応用数理の諸問題に関数解析の手法を用いて取り組むことを意図される人達の学習に役立つことを目指している．

コンピュータの発達と普及により，最近の応用の様々な場面で用いられる数学は格段に本格化しているが，そのなかで関数解析の提供する，一般的な概念，見通しの良さ，確乎とした方法は，モデリングから問題解決に到るすべての段階で威力を発揮している．これからの応用解析は数値的方法と関数解析的概念を抜きにしては考えられない．

一方，関数解析は相当に成熟した数学の分野であり，その膨大な内容を正統的な体系にそって証明を頼りに学ぶことは，それぞれの問題をかかえ，且つ，数学の学習に当てる時間とエネルギーが限られている応用家(学生院生諸君を含む)に，限界に近い負担を強いるものであろう．この実状に配慮して，筆者が採用した方針は(『大学での微分積分』(藤田[1])でのそれの延長であるが)，明確な概念の把握，実感のもてる事実の納得，信頼できる方法の理解を，いうなれば，**関数解析リテラシー**の獲得を目標とすることである．

この立場では，定理の証明は，概念・事実・方法の(究極的な)理解の手段と位置づけられる．この趣旨からは，重要な定理であっても定理の意味が明瞭であれば，証明抜きでの断言にとどめることを躊躇しなかったし，証明よりは例示による納得を重んじた場面も少なくない．逆に云えば，記載した証明は，関数解析の計算と論法になじみ，**確信ありの理解**と**発展的な応用力**を育成するために有効と思われるものであるので，可能な限りフォローして頂きたい．

内容についても関数解析の規範的なメニューとはかなり異なってしまった．これは制限された紙数を有効に活かせなかった筆者の非才にもよるが，おもな理由は，応用志向の読者を，具体的な対象から遊離しない安心感と，楽ではないが苦痛はともなわない歩度を保って，関数解析の抽象概念や一般的方法に通じる道に誘導したかった動機にある．

「微積分 (＝無限小解析 infinitesimal calculus) は二度学べ」とよく云われる．Calculus の語が示唆するように，まず，自由で豊かな計算法としての微積分になじんだ後で，解析学としての論理性・体系性を味わう本格的な学習を行うことの”すすめ”なのであろう．同じことは，微積分の兄貴分である関数解析にも当てはまる．応用を指向する場合には(実は一般的な場合でもそうだと思うが)，本書のように関数解析リテラシーから入り，必要と興味に応じて，深く且つ厳しい理論へと進むのが関数解析の賢明な学習法であると筆者は信じている．

最後に，本書の前身は 1995 年に「岩波講座 応用数学」の一環として刊行された『関数解析』である．その頃以来，「理解から応用へ」のスピリットとアプローチを掲げる本書の趣旨を支持し，親身に刊行の面倒を見て下さった岩波書店の吉田宇一，永沼浩一の両氏に謝意を表したい．

2006 年　冬

藤田　宏

**演習問題についての注意**

読者が，各章の本文を注意深く読み，具体例を納得し，論法の局所的な再構成を自ら試みるならば，それだけで「先に進める理解」と「応用の基礎となる関数解析リテラシー」を身につけることができるはずである．

各章末に付した演習問題は，あくまで本文への補足である．そこには，理解を確認するための練習を目的とするものも含まれているが，発展的且つ理論的な腕試し(証明問題)であるものが少なくない．後者については，「取っ掛かりを模索する」チャレンジは是非試みてほしいが，解決に到るまでの工夫がつかなくても落胆するにはおよばない．そのようなときは，巻末に収録されている解答をヒントとして「ひと頑張り」する，あるいは，(解答を)わかるところまで読んで「その先は他日の課題」と意識する……という自然体で付き合うことをおすすめしたい．このような自然体は，実は，生身の科学者や技術者が粘り強く研究を遂行するときの心構えでもある．

# 目次

# 第1章 関数解析の舞台と主役

自然現象に限らず社会現象等についても，着目する系の状態が1変数あるいは多変数の関数で表わされることが多い．したがって，与えられた条件のもとにどのような状態が実現するかを調べることは，可能な関数の集合の中から条件を満たす特定の関数を探すことに帰着する．関数解析は，まさにこのような視点から解析の諸問題を扱うのである．

簡単な例について，この立場を紹介することからはじめよう．

## §1.1 弦のつり合いの問題(線形性)

$x$ 軸の区間 $I=[0,1]$ に張られた弦が垂直方向に働く外力 $f=f(x)$ を受けて変形する(たわむ)問題を考え，弦の座標 $x$ における点の変位を $u=u(x)$ で表わす．ただし，弦は $I$の両端 $x=0,1$ において固定されているものとする．したがって，

$$u(0)=u(1)=0 \tag{1.1}$$

である．また，弦が一様で，変形が微小であると仮定すれば(そうして，単位を然るべくとりなおして物理定数の値を調節すると)，$u$ の満たすべき方程式は

$$-\frac{\mathrm{d}^2u}{\mathrm{d}x^2}=f(x) \qquad (0<x<1) \tag{1.2}$$

となる(ことが知られている)．

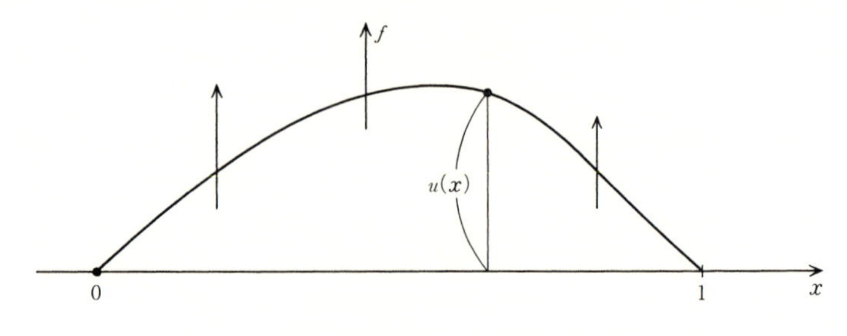


図 1.1

したがって，外力 $f$のもとでの弦のつり合いの位置(定常状態)を見出す問題は，微分方程式 (1.2) の**境界条件** (1.1) を満たす解 $u$ を求める**境界値問題**に帰着する．

この境界値問題はきわめてやさしい．実際，$f \equiv 0$ ならば，(1.2) より $u = \alpha x + \beta$ ($\alpha, \beta$定数)となるが，境界条件 (1.1) より $u \equiv 0$ となる．実は，このことからも，境界値問題の解の一意性(与えられた $f$に対して，(1.1), (1.2) を満たす解は(存在したとしても) 1 つしかないこと)がわかる．また

$$f \equiv 1 \quad \Longrightarrow \quad u(x) = \frac{1}{2}x(1-x) \tag{1.3}$$

を示すことも高校レベルの演習問題である(検算することは，なおやさしい！)．

一般の $f$に対しても，常微分方程式の入門部分で学習したであろう "定数変化" の方法を用いれば解 $u$ を求めることができる．ここでは，結果を先に書いてから検算することにしよう．そのために，$Q = [0,1] \times [0,1]$ で定義された次の関数 $G(x,y)$ を導入する (図 1.2)．

$$\begin{aligned} G(x,y) &= \frac{1}{2}(x + y - |x-y|) - xy \\ &= \begin{cases} x(1-y) & (0 \leqq x \leqq y \leqq 1), \\ (1-x)y & (0 \leqq y \leqq x \leqq 1). \end{cases} \end{aligned} \tag{1.4}$$

そうすると，境界値問題 (1.1), (1.2) の解 $u$ は

$$u(x) = \int_0^1 G(x,y) f(y) \mathrm{d}y \qquad (0 \leqq x \leqq 1) \tag{1.5}$$

で与えられる．このことを検証する．これからは，$f$について

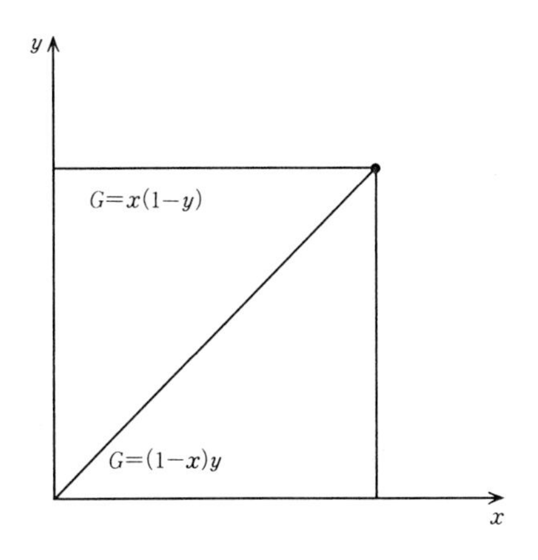


**図 1.2**

$$f \in C[0,1] \tag{1.6}$$

と仮定する．念のために記せば，$C[\alpha,\beta]$ は閉区間 $[\alpha,\beta]$ 上で連続な関数全体の集合である．また，$k$を自然数とするとき，$C^k[\alpha,\beta]$ は，$k$階までの導関数が区間 $[\alpha,\beta]$ で連続な関数全体の集合である．

さて，(1.4) に従って，(1.5) の右辺を具体的に書けば

$$u(x)=\int_0^x(1-x)yf(y)\mathrm{d}y+\int_x^1 x(1-y)f(y)\mathrm{d}y \tag{1.7}$$

である．この右辺が $x=0$ に対して 0 になることは，前半の積分は積分範囲が消え，後半の積分は $x$ という因数を持っているので明らかである．$x=1$ についても同様．すなわち (1.7) で定義される $u$ は境界条件 (1.1) を満たしている．つぎに，(1.7) の各項を $x$ で微分すれば

$$\begin{aligned}\frac{\mathrm{d}u}{\mathrm{d}x}&=(1-x)xf(x)-\int_0^x yf(y)\mathrm{d}y-x(1-x)f(x)+\int_x^1(1-y)f(y)\mathrm{d}y\\&=-\int_0^x yf(y)\mathrm{d}y+\int_x^1(1-y)f(y)\mathrm{d}y,\end{aligned} \tag{1.8}$$

$$\frac{\mathrm{d}^2u}{\mathrm{d}x^2}=-xf(x)-(1-x)f(x)=-f(x)\,. \tag{1.9}$$

すなわち，$u$ が微分方程式 (1.2) を満たすこと，したがって，(1.5) の $u$ が境界値問題 (1.1), (1.2) の解であることが検証された．

ちなみに，$G(x,y)$ を境界値問題 (1.1), (1.2) の**グリーン関数**とよぶ．(1.4) から $G(x,y)$ は $Q=[0,1]\times[0,1]$ で連続であり，かつ，対称性

$$G(x,y)=G(y,x) \tag{1.10}$$

を持っている．さらに，$Q$ の境界において $G=0$ であるが，$Q$ の内点では $G>0$ である．

$G(x,y)$ を用いた表式 (1.5) を用いれば，$f$が変わったときに解 $u$ がどのように変わるかが容易に読みとれる．たとえば，$f$が $f=f_1+f_2$と和の形に表わされるならば，この $f$に対する解 $u$ は

$$\begin{aligned}u(x)&=\int_0^1 G(x,y)f(y)\mathrm{d}y=\int_0^1 G(x,y)\{f_1(y)+f_2(y)\}\mathrm{d}y\\&=\int_0^1 G(x,y)f_1(y)\mathrm{d}y+\int_0^1 G(x,y)f_2(y)\mathrm{d}y\\&\equiv u_1(x)+u_2(x)\end{aligned} \tag{1.11}$$

と表わされる．ただし，$u_1,u_2$はそれぞれ $f_1,f_2$を外力としたときの境界値問題の解である．同様に，$f$がある $f_0$の定数倍，すなわち，$f=kf_0$ ($k$は定数) のときには，解 $u$ は

$$u(x)=\int_0^1 G(x,y)kf_0(y)\mathrm{d}y=k\int_0^1 G(x,y)f_0(y)\mathrm{d}y=ku_0(x) \tag{1.12}$$

となる．もちろん，$u_0$は $f_0$を外力としたときの解である．すなわち，$X=C[0,1]$ とするとき，$X$の要素 $f$に境界値問題の解 $u\in X$を対応させる写像 $S:\ X\to X$，すなわち

$$(Sf)(x)=\int_0^1 G(x,y)f(y)\mathrm{d}y \tag{1.13}$$

で表わされる写像 $S$は，次の意味で**線形**である (ただし，$\mathbf{R}$ は実数全体)．

$$\begin{cases}S(f_1+f_2)=Sf_1+Sf_2 & (\forall f_1,f_2\in X),\\ S(kf_0)=kSf_0 & (\forall f_0\in X,\ k\in\mathbf{R}).\end{cases} \tag{1.14}$$

なお，関数解析では，線形写像のことを**線形作用素**という習慣がある．線形作用素 $S$は境界値問題の解を与える**解作用素**である (**グリーン作用素**ともいう)．

さて，すでに検証したように，$f\in C[0,1]$ であれば $u=Sf$は境界条件 (1.1)

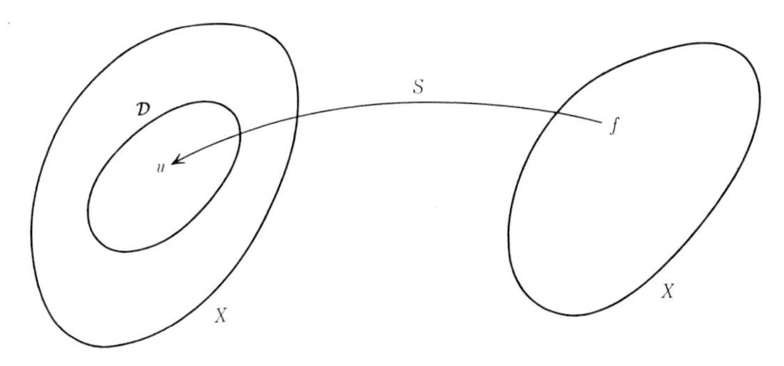


図 1.3

を満たし，かつ，$u \in C^2[0,1]$ でもある．そこで

$$\mathcal{D} = \{u \in C^2[0,1] \mid u(0) = u(1) = 0\} \tag{1.15}$$

とおけば，$S$の値域は$\mathcal{D}$に含まれている．逆に，$\mathcal{D}$の中の任意の要素$v$をとれば，$v'' \in C[0,1]$ であるから，$v$は外力 $f$として$-v''$を用いたときの境界値問題の解になっている(ただし，$' = \mathrm{d}/\mathrm{d}x$)．すなわち，解作用素$S$の**値域**は$\mathcal{D}$と一致している．すなわち，$S:\ X \to \mathcal{D}$とみれば$S$は 1 対 1 の写像(単射)であり，かつ，上への写像(全射)である．

ところで，$S$の線形性を論じたときに当然のこととして $X = C[0,1]$ の中での和や定数倍を認めている．このように，関数のある集合(クラスといってもよい)で**線形演算**(要素同士の和と数による掛算のこと)がその中で行われ得るものを**関数空間**とよぶ習慣である．上の $\mathcal{D}$も関数空間の一種であり，同時に，それは $X$の**部分空間**でもある．

## §1.2 弦のつり合いの問題(安定性と適正さ)

上では外力と解 $u$ との対応，すなわち，解作用素 $S$の線形性を強調したが，関数の “大きさ” の点から考察してみよう．ここでは，任意の $v \in C[0,1]$ の大きさを表わす量として

$$\|v\|_{\max} = \max_{0 \leqq x \leqq 1} |v(x)| \tag{1.16}$$

を用いよう．たとえば，$\rho(x)=\dfrac{1}{2}x(1-x)$ ならば，

$$\|\rho\|_{\max}=\frac{1}{8} \tag{1.17}$$

である．$\|v\|_{\max}$を $v$の**最大値ノルム**とよぶが，区間を明示する必要があるときは，$\|v\|_{C[0,1]}$のように書く．後者の流儀で区間を省略し，$\|v\|_C$のように書き，$v$ の $C$ノルムとよぶ人も少なくない．

さて，$\|f\|_{\max}$を用いて $u=Sf$の大きさを評価しよう．(1.7) によれば，$0\leqq x\leqq 1$ において

$$\begin{aligned}|u(x)|&\leqq(1-x)\int_0^x y\|f\|_{\max}\mathrm{d}y+x\int_x^1(1-y)\|f\|_{\max}\mathrm{d}y\\&=\|f\|_{\max}\left\{(1-x)\frac{x^2}{2}+x\frac{(1-x)^2}{2}\right\}\\&=\frac{1}{2}x(1-x)\|f\|_{\max}\end{aligned} \tag{1.18}$$

が成り立つ．したがって，(1.17) に注意して

$$\|u\|_{\max}\leqq\frac{1}{8}\|f\|_{\max} \tag{1.19}$$

が成り立つ．すなわち，$\|\ \ \|_{\max}$で測った $f$の大きさが制限されるならば，それに応じて $u$ の大きさが制限される．このようなとき，解は安定であるという．

さらに，$u_1=Sf_1$, $u_2=Sf_2$のときには，$u_1-u_2=S(f_1-f_2)$ であるから，(1.19) を用いると，

$$\|u_1-u_2\|_{\max}\leqq\frac{1}{8}\|f_1-f_2\|_{\max} \tag{1.20}$$

が得られる．(1.20) によれば，$\|f_1-f_2\|_{\max}$が微小ならば $\|u_1-u_2\|_{\max}$も微小であること，すなわち，解 $u$ は外力 $f$ に連続に依存していることがわかる．

いささか仰々しいが，以上の結果をまとめると，次の定理が得られる．

**定理 1.1**　境界値問題 (1.1), (1.2) の解 $u$ は任意の $f\in C[0,1]$ に対して一意に存在し，かつ，$f$に線形かつ連続に依存する．すなわち，解作用素 $S:X\to X$ は線形であり，連続である．　□

一般にある問題の解が，外から与えた任意のデータ（外力もその一種）に対し

て，一意に存在し，かつ，データに連続に依存するとき，その**問題は適正**である(well-posed である)という．適正さの検証／確信は，理論的／応用的な解析の出発点である．

## §1.3　積分作用素と積分方程式

(1.13) の $S$のようにして定義される作用素を**積分作用素**という．すなわち，任意の $v \in C[a,b]$ に対して

$$w(x) = \int_a^b K(x,y)v(y)\mathrm{d}y \tag{1.21}$$

とおく．ただし，$K(x,y)$ は $Q = [a,b] \times [a,b]$ で定義された連続関数($v$は変わっても $K(\ ,\ )$ は固定)である．そうすると，$w \in C[a,b]$ となる．よって，$w = Av$ とおけば，$A$ は $C[a,b]$ から $C[a,b]$ への作用素である．この $A$ を，$K(x,y)$ を**積分核**とする積分作用素という．すなわち，

$$(Av)(x) = \int_a^b K(x,y)v(y)\mathrm{d}y. \tag{1.22}$$

前節の解作用素 $S$は，グリーン関数 $G(x,y)$ を核とする積分作用素である．

(1.22) を見れば，明らかなように，積分作用素 $A$ は線形である．また，

$$M = \max_{(x,y)\in Q} |K(x,y)| \tag{1.23}$$

とおき，$C[a,b]$ に属する関数のノルムとして

$$\|v\|_{\max} = \max_{x\in[a,b]} |v(x)| \tag{1.24}$$

を採用すれば，(1.22) より

$$|(Av)(x)| \leqq \int_a^b M\|v\|_{\max}\mathrm{d}x = M(b-a)\|v\|_{\max}$$

が成り立つ．これより

$$\|Av\|_{\max} \leqq M(b-a)\|v\|_{\max} \tag{1.25}$$

であるが，$A$ の線形性に注意すれば，

$$\|Av_1 - Av_2\|_{\max} \leqq M(b-a)\|v_1 - v_2\|_{\max} \tag{1.26}$$

が成り立つ．これは $\|v_1 - v_2\|_{\max}$ が微小ならば $\|Av_1 - Av_2\|_{\max}$ も微小であること，すなわち，作用素 $A$ の連続性を意味している．一般に有界な区間において，連続核積分作用素は最大値ノルムに関し連続である．

さて，境界値問題 (1.1), (1.2) のグリーン関数を用いれば，次のタイプの境界値問題を積分方程式(積分作用素が主役である方程式)に変換できる．

$$\begin{cases} -\dfrac{\mathrm{d}^2 u}{\mathrm{d}x^2} + q(x)u = f(x) \qquad (0 \leqq x \leqq 1), & (1.27) \\ u(0) = u(1) = 0\,. & (1.1) \end{cases}$$

ただし，$q = q(x)$ は $[0,1]$ 上で与えられた連続関数である．いま，$F = f - qu$ とおいて，(1.27) を

$$-\frac{\mathrm{d}^2 u}{\mathrm{d}x^2} = F(x) \tag{1.28}$$

と書いてみれば，グリーン関数の性質から(解作用素 $S$ の性質からといってもよい)，

$$u(x) = \int_0^1 G(x,y)F(y)\mathrm{d}y = -\int_0^1 G(x,y)q(y)u(y)\mathrm{d}y + \int_0^1 G(x,y)f(y)\mathrm{d}y$$

が成り立つ．そこで，

$$K(x,y) = -G(x,y)q(y), \qquad g(x) = \int_0^1 G(x,y)f(y)\mathrm{d}y$$

とおけば，$u$ の満たすべき方程式

$$u(x) - \int_0^1 K(x,y)u(y)\mathrm{d}y = g(x) \tag{1.29}$$

が導かれる．逆に，(1.29) を満たす $u$ が境界値問題 (1.27), (1.1) の解であることの検証も容易である．$K(x,y)$ を核とする積分作用素を $A$ で表わせば，(1.29) は

$$u - Au = g \tag{1.30}$$

と書ける．このタイプの積分方程式を **Fredholm 型の(第2種の)積分方程式**という．一般の場合には (1.30) における積分作用素は連続核のものと限らないのであるが，それらについては後節で扱う．ここでは，前世紀初頭に D. Hilbert が行った Fredholm 型の積分方程式の研究が，彼の名を冠するヒルベルト空間

論の始まりであり，関数解析の幕明けであったことだけを言っておこう．

## §1.4　ひとつの源：変分法

**変分法**(variational method, variational calculus)は，およそで言えば，関数空間の中の部分集合を変域とする最大・最小問題である．変分法は関数空間を舞台とする解析の典型例であり，関数解析の源流のひとつであるとともに関数解析の応用面／理論面で今も重要な役割を果たしている．

ここでは，境界値問題 (1.1), (1.2) に対して，変分法からの考察を加えよう．

そのために，$f$を (1.2) の右辺における連続関数，すなわち，外力として，次の量を考える．

$$J[v]=\frac{1}{2}\int_0^1\left(\frac{\mathrm{d}v}{\mathrm{d}x}\right)^2\mathrm{d}x-\int_0^1 fv\mathrm{d}x\,. \tag{1.31}$$

ただし，$v$は次の集合$V$に属する関数である．

$$V=\left\{v\in C^1[0,1]\;\middle|\;v(0)=v(1)=0\right\}. \tag{1.32}$$

おのおのの $v\in V$に対し $J[v]$ の値が定まる．すなわち，$J$は$V$を変域とし実数の値をとる写像 $J:V\to\mathbf{R}$ である．このように，関数空間に定義域をもち，実数(あるいは複素数)の値をとる写像を，歴史的な用語法に従って，**汎関数**(functional(英)，funktionenfunktion(独))という．変分法は汎関数の最大・最小を問題にするのであるが，その際の変域を**許容集合**(admissible set)，変域に属する関数を**許容関数**(admissible function)という．

「$V$を許容集合として，$J$を最小にせよ」

というのが今の場合の変分問題である．実は，この変分問題の解，すなわち，$J$を最小にする関数が，(1.1), (1.2) の境界値問題の解$u$なのである．実際，$u\in V$は明らかである．つぎに$v$を$V$の任意の関数として，$v-u=\varphi$ とおく．そうすると(たとえば $\mathrm{d}u/\mathrm{d}x$ の代わりに$u'$と書く)，

$$J[v]=\frac{1}{2}\int_0^1(u'+\varphi')^2\mathrm{d}x-\int_0^1 f(u+\varphi)\mathrm{d}x$$

$$= \frac{1}{2}\int_0^1 (u')^2 \mathrm{d}x - \int_0^1 fu\mathrm{d}x + \frac{1}{2}\int_0^1 (\varphi')^2 \mathrm{d}x + \int_0^1 (u'\varphi' - f\varphi)\mathrm{d}x$$

$$\equiv J[u] + \frac{1}{2}\int_0^1 (\varphi')^2 \mathrm{d}x + R. \tag{1.33}$$

ここで，最後の項$R$を部分積分により変形し，$\varphi(0) = \varphi(1) = 0$および(1.2)を用いれば

$$R \equiv \int_0^1 (u'\varphi' - f\varphi)\mathrm{d}x = \left[u'\varphi\right]_0^1 - \int_0^1 (u'' + f)\varphi\mathrm{d}x = 0$$

である．よって

$$J[v] = J[u] + \frac{1}{2}\int_0^1 (\varphi')^2 \mathrm{d}x. \tag{1.34}$$

これより，$J[v] \geqq J[u]$(等号は$\varphi' \equiv 0$のとき)．もし$\varphi' \equiv 0$ならば，境界条件$\varphi(0) = \varphi(1) = 0$により$\varphi \equiv 0$となり$v \equiv u$である．すなわち，$J[v]$は$v = u$のとき，かつ，そのときのみ最小値$J[u]$をとることが示された．

さて，以上の考察は境界値問題と変分問題との深い関係を納得させるが，次のことを注意しておく必要がある．すなわち，応用上重要な偏微分方程式の境界値問題では(1.4)のようにグリーン関数を簡単に書き下すことができない．むしろ，変分問題から出発して，関数解析の手法を駆使して最小化解を把え，それが境界値問題の解であることを確かめるのである．

## §1.5 作用素論のすすめ

関数空間が関数解析の舞台であるとすると主役は何だろうか．主役が出し物によることは芝居と同じである．我々が目標とする応用解析指向の関数解析の主役は作用素であり，本書の役割は**作用素論**(operator theory)の解説である．

ここで，作用素論的な関数解析の問題意識の一端を，言いまわしや条件の正確さにこだわらないで紹介することにしよう．

### (a) 作用素方程式と固有値問題

引き合いに出すために，線形代数を思い出そう．線形代数では，有限次元のベクトル空間 $X$，たとえば，$X = \mathbf{R}^N$が舞台である．この舞台で主役をつとめるのは行列である．いま，

$$A = (a_{ij}) \qquad (i = 1, 2, \cdots, N,\ j = 1, 2, \cdots, N) \tag{1.35}$$

を与えられた $N$ 次の正方行列とする．$A : X \to X$ が線形写像であること，我々の用語法に合わせれば，$X$ から $X$ への線形作用素であることは読者が御存知の通りである．$b = (\beta_1, \beta_2, \cdots, \beta_N) \in X$ を与えられたベクトルとする(本来は，縦ベクトル $(\beta_1, \beta_2, \cdots, \beta_N)^{\mathrm{T}}$ と書くべきであるが，煩雑であるのでそのまま横書きする．他のベクトルについても同様)．このとき，未知のベクトル $x = (\xi_1, \xi_2, \cdots, \xi_N)$ を方程式

$$Ax = b \tag{1.36}$$

が成り立つように求めよという問題は，連立方程式

$$\sum_{j=1}^{N} a_{ij}\xi_j = \beta_i \qquad (i = 1, 2, \cdots, N) \tag{1.37}$$

と同値である．線形代数では次のことを学んでいる．

(i) 任意の $b$ に対して (1.36) が解を持つことは，(1.36) の解が一意であることと，またそれは，$b = 0$ ならば $x = 0$ となることと同値である．

(ii) 上の (i) の条件が成り立つためには，$\det(A) \neq 0$ が必要十分である．ただし，$\det(A)$ は $A$ の行列式である．

(iii) 上の (i), (ii) の条件が成り立つとき，$A$ の逆行列 $A^{-1}$ が存在し(すなわち，$A$ は正則であり)，(1.36) の解は

$$x = A^{-1}b \tag{1.38}$$

と表わされる．

さて，境界値問題 (1.1), (1.2) を (1.36) になぞらえる形に書こう．そのためには，微分作用素 $A$ を

$$A = -\frac{\mathrm{d}^2}{\mathrm{d}x^2} \tag{1.39}$$

により定める．ただし，境界条件は $A$ の定義域 $\mathcal{D}$ に組み込む．すなわち，(1.15)

の再記であるが，

$$\mathcal{D} = \{v \in C^2[0,1] \mid v(0) = v(1) = 0\}$$

とおき，$\mathcal{D}$を $A$ の定義域 $\mathcal{D}(A)$ であると定めるのである．そうすると，$A$ は $\mathcal{D}$ から $X = C[0,1]$ への線形作用素となる．また，$f \in X$に対して，ある $u$ が

$$Au = f \tag{1.40}$$

を満たしているならば，まず，$u \in \mathcal{D}(A)$ であるので境界条件 (1.1) が成立し，つぎに $A$ の具体形 (1.39) により微分方程式 (1.2) が成り立つ．§1.1 および§1.2 で考察した解作用素 $S$は，任意の $f \in X$に対して (1.40) の一意の解を対応させる作用素であった．すなわち，$S = A^{-1}$である．いいかえれば，

$$A = -\frac{\mathrm{d}^2}{\mathrm{d}x^2}, \qquad \mathcal{D}(A) = \mathcal{D} \tag{1.41}$$

で定義される(境界条件付きの)微分作用素 $A$ の逆作用素 $A^{-1}$が存在し，

$$A^{-1}f = \int_0^1 G(\cdot, y)f(y)\mathrm{d}y \tag{1.42}$$

とグリーン関数を用いて表示されるのである．この状況は行列方程式 (1.36) において行列 $A$ が正則な場合と平行である．しかし，(1.41) の微分作用素に対しては，行列式が定義されない，したがって，行列式を用いての正則性の判定は不可能であることを注意しておこう．

つぎに，$\lambda$を数のパラメータ，$A$ を (1.35) の行列として，(1.36) を少々もじった方程式

$$Ax - \lambda x = b \tag{1.43}$$

を考察しよう．この方程式が任意の $b$ に対して一意に可解であるといえるのは $\det(A - \lambda I) \neq 0$ が成り立つときである．ただし，$I$ は単位行列を表わす．いま

$$\sigma_P(A) = \{\text{行列 } A \text{ の固有値の全体}\} \tag{1.44}$$

とおこう(ここでの文字$\sigma_P$の使用は，後出のスペクトルを表わすときの記号を先取りしている)．そうすると

$$\lambda \notin \sigma_P(A) \iff (A - \lambda I)^{-1}\text{が存在} \tag{1.45}$$

が成り立ち，このとき (1.43) の一意の解は

$$x = (A - \lambda I)^{-1}b \tag{1.46}$$

で与えられる——ということは線形代数で学んでいる．$A$ が (1.41) の微分作用素のときはどうであろうか．このとき，(1.43) に対応する方程式は

$$Au - \lambda u = f \tag{1.47}$$

であるが，これを具体的に書けば

$$\begin{cases} -\dfrac{\mathrm{d}^2 u}{\mathrm{d}x^2} - \lambda u = f(x) \qquad (0 \leqq x \leqq 1) \\ u(0) = u(1) = 0 \end{cases} \tag{1.48}$$

という境界値問題を意味している．(1.47) の可解性に関して，行列式を用いて調べることができないのは前と同様である．しかし，常微分方程式の知識あるいはその他の方法を用いると，事実として (1.45) が成り立つのである．具体的な結果を示そう．まず，$\lambda \in \sigma_P(A)$ であるとは

$$A\varphi = \lambda\varphi \qquad (\varphi \neq 0) \tag{1.49}$$

であるような$\varphi$(固有関数) が存在することである．(1.49) を具体的に書けば

$$\begin{cases} -\dfrac{\mathrm{d}^2 \varphi}{\mathrm{d}x^2} = \lambda\varphi \qquad (0 \leqq x \leqq 1) \\ \varphi(0) = \varphi(1) = 0, \quad \varphi(x) \not\equiv 0 \end{cases} \tag{1.50}$$

という常微分方程式の固有値問題になる．実は，(1.50) の固有値問題の解は

$$\begin{cases} \lambda = \lambda_n = n^2\pi^2 \\ \varphi = \varphi_n = \sin n\pi x \qquad (n = 1, 2, \cdots) \end{cases} \tag{1.51}$$

で与えられる．よって，(1.41) の微分作用素 $A$ については

$$\sigma_P(A) = \{\lambda_n = n^2\pi^2 \mid n = 1, 2, \cdots\}$$

である．そうして$\lambda \notin \sigma_P(A)$ ならば，(1.47) の一意の解 ((1.48) の解でもある) は

$$u = (A - \lambda I)^{-1} f \tag{1.52}$$

で与えられるのである．

線形方程式 $Au - \lambda u = f$の可解性と $A$ の固有値問題との関係は，線形代数の場合と(固有値をどのようにして求めるかは別として) 平行な関係にあることがわかった．この状況は多次元の有界領域$\Omega$における典型的な境界値問題

$$\begin{cases} -\Delta u = f & (\Omega\text{において}) \\ u|_\Gamma = 0 & (\Gamma = \partial\Omega = \text{“}\Omega\text{の境界において”}) \end{cases} \tag{1.53, 1.54}$$

に対しても変わらない(その証明は関数解析の課題である). (1.53) において$\Delta$は $m$ 次元のラプラシアンである;

$$\Delta = \frac{\partial^2}{\partial x_1^2} + \frac{\partial^2}{\partial x_2^2} + \cdots + \frac{\partial^2}{\partial x_m^2}. \tag{1.55}$$

偏微分方程式 (1.53) には**ポアッソン方程式**という名がついている. また (1.54) のように境界上で未知関数の値を指定する境界条件を **Dirichlet 境界条件**, あるいは, **第1種の境界条件**という. すなわち, (1.53), (1.54) はポアッソン方程式の Dirichlet 境界条件のもとでの境界値問題である. この境界値問題も

$$\begin{cases} A = -\Delta \\ \mathcal{D}(A) = \{\text{“然るべき滑らかさ” を持ち, } u|_\Gamma = 0 \text{ を満たす関数}\} \end{cases} \tag{1.56}$$

とおけば

$$Au = f \tag{1.57}$$

と表わされる. この場合も (1.45) の同値関係が成り立つのである. 特に $0 \notin \sigma_P(A)$ であり, (1.57) の解を $A^{-1}$を用いて $u = A^{-1}f$と書くことが許される. さらに,

$$A^{-1}f = \int_\Omega G(\cdot, y)f(y)\mathrm{d}y \tag{1.58}$$

のように, $A^{-1}$はグリーン関数を核とする積分作用素になることも知られている. ただし, $G(x,y)$ は $x = y$でかなりの特異性を持ち, もはや連続核ではない.

### (b)　作用素の関数

ここで, ふたたび (1.41) の $A$ にもどり, (1.51) の固有関数$\varphi_n = \sin n\pi x$ ($n = 1, 2, \cdots$) に着目しよう. フーリエ級数の理論を思い出せば, 区間 $[0,1]$ で定義された(素直で)任意な関数 $u$ は,

$$u(x) = \sum_{n=1}^{\infty} c_n \sin n\pi x = \sum_{n=1}^{\infty} c_n\varphi_n \qquad (0 \leqq x \leqq 1) \tag{1.59}$$

と正弦級数に展開される．このフーリエ級数の収束は，$u$ が滑らかで境界条件を満たしておれば申し分がない．すなわち，任意の関数が (1.41) の作用素 $A$ の固有関数により展開されるのである．いま，(1.47) の右辺の $f$ が

$$f = \sum_{n=1}^{\infty} \beta_n \varphi_n \tag{1.60}$$

と展開されているとしよう．

ここで，$\lambda \notin \sigma_P(A)$ に対して

$$u = \sum_{n=1}^{\infty} \frac{1}{\lambda_n - \lambda} \beta_n \varphi_n \tag{1.61}$$

とおいてみる．この両辺に作用素 $A-\lambda I$ を作用させよう．その際，$A\varphi_n = \lambda_n \varphi_n$ を用いれば

$$(A-\lambda I)\frac{\beta_n}{\lambda_n - \lambda}\varphi_n = \frac{\beta_n}{\lambda_n - \lambda}(A\varphi_n - \lambda\varphi_n) = \frac{\beta_n}{\lambda_n - \lambda}(\lambda_n - \lambda)\varphi_n = \beta_n \varphi_n$$

と計算できるから，

$$(A-\lambda I)u = \sum_{n=1}^{\infty}(A-\lambda I)\frac{\beta_n}{\lambda_n - \lambda}\varphi_n = \sum_{n=1}^{\infty}\beta_n\varphi_n = f \tag{1.62}$$

が得られる．すなわち，$f$ が (1.60) で与えられたとき

$$(A-\lambda I)^{-1} f = \sum_{n=1}^{\infty} \frac{1}{\lambda_n - \lambda}\beta_n \varphi_n \tag{1.63}$$

と表現されるのである．特に $\lambda = 0$ の場合を書けば

$$A^{-1} f = \sum_{n=1}^{\infty} \frac{1}{\lambda_n}\beta_n\varphi_n = \sum_{n=1}^{\infty}\frac{2}{\lambda_n}\left(\int_0^1 f(y)\sin n\pi y \mathrm{d}y\right)\varphi_n \tag{1.64}$$

となる．これは，固有関数展開を用いて $A^{-1}$ を表現したものであり，グリーン関数を用いての $A^{-1}$ の表現と見かけが異なっている．なお，$u$ が (1.59) の形に固有関数展開されているならば，$A, A^2, \cdots$ を $u$ に施した結果を

$$Au = \sum_{n=1}^{\infty} c_n\lambda_n\varphi_n, \quad A^2 u = \sum_{n=1}^{\infty} c_n \lambda_n^2 \varphi_n, \quad \cdots\cdots$$

と簡単に書くことができる．これらのことは，$A$ をよく調べておけば，$A^n, A^{-1}$, $(A-\lambda I)^{-1}$ といった作用素 $A$ のいろいろな関数を構成できることを示唆してい

る．たとえば $(A-\lambda I)^{-1}$ は，ふつうの関数 $F(z)=\dfrac{1}{z-\lambda}$ の $z$ のところに $z=A$ を代入したもの（実数 $\lambda$ は $\lambda I$ でおきかえる）とみなすのである．そうして，このような $A$ の関数が，$A$ の関連するさまざまな問題に役立つことが期待される．

この趣旨で $t$ を実数のパラメータとして，$A$ の指数関数 $\mathrm{e}^{tA}$ を考えてみよう．$A$ が (1.35) の正方行列のときは，指数関数のテイラー展開に合わせて

$$\mathrm{e}^{tA}=I+tA+\frac{t^2}{2!}A^2+\cdots=\sum_{k=0}^{\infty}\frac{t^kA^k}{k!} \tag{1.65}$$

により $\mathrm{e}^{tA}$ を定義するのが自然である．行列を係数とする，この "ベキ級数" の収束は申し分ない．また，$t$ に関する項別微分も正当化できる．すなわち

$$\begin{cases}\mathrm{e}^{tA}\,|_{t=0}=\mathrm{e}^{0A}=I\\ \dfrac{\mathrm{d}}{\mathrm{d}t}\mathrm{e}^{tA}=A\mathrm{e}^{tA}\end{cases} \tag{1.66}$$

が成立する．$\mathrm{e}^{tA}$ を行列の指数関数，$A$ をその（指数とは言わないで）生成行列とよぶ．この $\mathrm{e}^{tA}$ の有用性は初期値問題で発揮される．すなわち，$a$ を与えらえたベクトルとして

$$u(t)=\mathrm{e}^{tA}a \tag{1.67}$$

とおくと，$u=u(t)$ は時間 $t$ とともに変動するベクトル，すなわち，実変数 $t$ のベクトル値関数である．そうして，(1.66) に掲げた $\mathrm{e}^{tA}$ の性質を用いれば

$$\frac{\mathrm{d}u}{\mathrm{d}t}=A\mathrm{e}^{tA}a=Au, \qquad u(0)=Ia=a \tag{1.68}$$

が確かめられる．すなわち，$u(t)=\mathrm{e}^{tA}a$ はベクトル値関数の初期値問題

$$\begin{cases}\dfrac{\mathrm{d}u}{\mathrm{d}t}=Au \qquad (t\geqq 0) & (1.69)\\ u(0)=a & (1.69')\end{cases}$$

の解 $u$ になっている．

たとえば，$u(t)=(u_1(t),u_2(t),\cdots,u_N(t))$，$a=(\alpha_1,\alpha_2,\cdots,\alpha_N)$ とおくとき，$A$ が (1.35) のそれならば，(1.69) は連立1階の微分方程式の初期値問題

$$\begin{cases} \dfrac{\mathrm{d}u_i}{\mathrm{d}t} = \displaystyle\sum_{j=1}^{N} a_{ij}u_j \qquad (i=1,2,\cdots,N; t \geqq 0) \\ u_i(0) = \alpha_i \qquad (i=1,2,\cdots,N) \end{cases} \tag{1.70}$$

を意味している．

ここで，1次元の微分作用素 $A$，すなわち，(1.41) の $A$ にもどり，$-A$ を生成作用素とする指数関数，すなわち，(1.66) の性質をもつ $\mathrm{e}^{-tA}$ を構成できないものかと考えてみよう ($\mathrm{e}^{tA}$ でなく $\mathrm{e}^{-tA}$ を考えることになってしまったのは成り行きである)．それができたとすると，$a$ を任意の $X = C[0,1]$ の関数として，$u(t) = \mathrm{e}^{-tA}a$ が，微分方程式

$$\frac{\mathrm{d}u}{\mathrm{d}t} = -Au \qquad (t \geqq 0) \tag{1.71}$$

と初期条件 $u(0) = a$ を満たすことが期待される．各々の $t$ に対して，$u(t)$ は $X = C[0,1]$ の関数であるから，$u(t)$ は，実変数 $t$ を変数とし $C[0,1]$ の値をとる関数である．したがって，空間変数 $x$ を用いれば，$u$ は

$$u = u(t,x) \qquad (t \geqq 0,\ 0 \leqq x \leqq 1)$$

と表わされる2変数関数である．このとき，各 $t$ に対する $X$ の要素 $u(t)$ を表わすのに $u(t) = u(t,\cdot)$ と書けば正確である．そうすると，(1.71) は (変数が2つ出てきたので，それぞれによる微分を偏微分で書くと)

$$\frac{\partial u}{\partial t} = -\left(-\frac{\partial^2 u}{\partial x^2}\right) = \frac{\partial^2 u}{\partial x^2} \tag{1.72}$$

を意味している．さらに，(1.71) は各 $t$ に対して，$u(t,\cdot) \in \mathcal{D}(A) = \mathcal{D}$ であることも含んでいるので

$$u(t,0) = u(t,1) = 0 \tag{1.73}$$

という境界条件が満たされる．すなわち，方程式 (1.71) の "実体" は，偏微分方程式

$$\frac{\partial u}{\partial t} = \frac{\partial^2 u}{\partial x^2} \qquad (t > 0,\ 0 \leqq x \leqq 1) \tag{1.74}$$

と境界条件 (1.73) とを合わせたものである．また，初期条件 (1.69′) の意味するところは

$$u(0,x) = a(x) \tag{1.75}$$

である．(1.74) は**熱伝導方程式**，あるいは，**熱方程式**とよばれ，放物型方程式という偏微分方程式の重要なクラスの代表である．すなわち，$\mathrm{e}^{-tA}$がうまく構成できれば，熱伝導方程式の初期値境界値問題 (1.73)〜(1.75) が解けるのである．しかし，$A$ が行列の場合と異なって，$\mathrm{e}^{-tA}$をテイラー展開

$$\mathrm{e}^{-tA} = \sum_{k=0}^{\infty} \frac{(-t)^k A^k}{k!} \tag{1.76}$$

によって定義することはうまくいかない．ちょっとやそっとの妥協では右辺はまったく収束しないのである．この打開策の一般論が第9章で紹介するYosida–Hilleの理論である．しかし，今の場合はYosida–Hilleの定理に頼らなくても，固有関数展開により $\mathrm{e}^{-tA}$ の定義が可能である．すなわち，$a \in X$ が $A$ の固有関数 $\varphi_n$ を用いて

$$a = \sum_{n=1}^{\infty} \alpha_n \varphi_n \tag{1.77}$$

と表わされているときには

$$\mathrm{e}^{-tA} a = \sum_{n=1}^{\infty} \alpha_n \mathrm{e}^{-t\lambda_n} \varphi_n \tag{1.78}$$

と定めるのである．そうすると，

$$\begin{aligned}
\mathrm{e}^{-tA} a\,\big|_{t=0} &= \sum_{n=1}^{\infty} \alpha_n \mathrm{e}^{-0\lambda_n} \varphi_n = \sum_{n=1}^{\infty} \alpha_n \varphi_n = a \\
\frac{\mathrm{d}}{\mathrm{d}t} \mathrm{e}^{-tA} a &= \sum_{n=1}^{\infty} \alpha_n \left( \frac{\mathrm{d}}{\mathrm{d}t} \mathrm{e}^{-t\lambda_n} \right) \varphi_n = \sum_{n=1}^{\infty} \alpha_n (-\lambda_n) \mathrm{e}^{-t\lambda_n} \varphi_n \\
(-A) \mathrm{e}^{-tA} a &= \sum_{n=1}^{\infty} \alpha_n \mathrm{e}^{-t\lambda_n} (-A\varphi_n) = \sum_{n=1}^{\infty} \alpha_n \mathrm{e}^{-t\lambda_n} (-\lambda_n) \varphi_n
\end{aligned}$$

が成り立つので，確かに $\mathrm{e}^{-tA}$が望ましい性質(記号どおりの良い性質！)を有していることがわかる．指数関数の性質は誰でもなじんでいる．したがって，苦労をしても $\mathrm{e}^{-tA}$を構成してしまえば，その後では見通しよく計算できるという御利益(ごりやく)がある．

実は，この小節の計算は項別微分を自由に行っているなど形式的である．必要ならばこれらの操作を厳密化する能力がプロ(数学者)には必要であるが，応用家にとっては，なじみ深い指数関数の性質を用いて見通しよく計算をすすめ得ることが大切である．この事情は普通のドライバーは自動車を組立てたり修

繕したりする能力がなくてもよく，見通しよく方向を定めて走行できることが大切なのと事情は似ている(しかし，有能なドライバーはメカにも強いことを注意しておこう).

# 第2章

# ノルムと内積

関数解析の方法の特長は，本質を把えての抽象性にある．応用を指向する解析において，この抽象性は一見複雑な問題の透明な定式化(モデリング)，解法の選択，さらに，得られた結果の解釈の指針となる．言いかえれば，関数解析の抽象性は，具体的な問題を見通しよく処理するためのものである．一方，この有用な抽象性の土台は普遍的な概念であり，これは形式的な定義により与えられるが，学習面では，理解しやすい具体例を通じて納得されマスターされるべきものであろう．この見地で，応用関数解析の最も基本の概念であるノルムおよび内積への導入を行うことにする．

## §2.1　線形空間の定義と例

**線形空間**(linear space)とは，抽象的なベクトル空間のことである．すなわち，$X$が線形空間であるとは，$X$における**線形演算**，すなわち，$X$の任意の要素同士の**加法**(和をつくること)および$X$の要素に数を掛ける**スカラー乗法**(定数倍)が定義されていることである．本書では，数として実数あるいは複素数を考えるが，実数全体を$\mathbf{R}$，複素数全体を$\mathbf{C}$により，それぞれ表わす．また，$\mathbf{R}$あるいは$\mathbf{C}$を表わす記号として$\mathbf{K}$を用いることにしよう．

線形空間$X$におけるスカラー全体のことを$X$の**係数体**という．すなわち，われわれが考える線形空間は$\mathbf{R}$あるいは$\mathbf{C}$を係数体とするものである．係数体$\mathbf{K}$をもつ線形空間を$\mathbf{K}$の上の線形空間とよぶ．

線形空間 $X$における演算の基本は，次に掲げる公式(**線形空間の公理**)(i)〜(vii)である．ここで，$u, v, w$は$X$の任意の要素，$\alpha, \beta$は$\mathbf{K}$の任意要素(すなわち，任意の数)である．

**線形空間の公理**

(i) $(u+v)+w = u+(v+w)$

(ii) $u+v = v+u$

(iii) $X$は零ベクトル(同じ0で表わす)を持つ; $u+0=u$

(iv) $u$に対して，$-u$で表わされる要素があり，$u+(-u)=0$が成り立つ．

(v) $\alpha(u+v) = \alpha u + \alpha v, \quad (\alpha+\beta)u = \alpha u + \beta u$

(vi) $\alpha(\beta u) = (\alpha\beta)u$

(vii) $1u = u$ □

**例 2.1** $X = C[0,1] = \{$区間 $[0,1]$ 上の連続関数全体$\}$は線形空間である．ただし，実数値関数を考えているときの係数体は$\mathbf{R}$であり，複素数値関数を考えているときのそれは$\mathbf{C}$である．いずれにしても，恒等的に0の値をとる関数$u(x) \equiv 0$が$X$の0要素である． □

**例 2.2** $X = C(0,1) = \{$開区間 $(0,1)$ 上の連続関数$\}$も線形空間である．$u \in X$であっても，$x$が区間$(0,1)$の境界に近づいたときの振舞いについては何の制限もないことに注意しよう．もちろん，$u \in X$は$(0,1)$上で有界であるとは限らない．特に

$$Y = \{u \in C(0,1) \mid u \text{ は } (0,1) \text{ 上で有界}\}$$

とおけば，$Y$も線形空間である．$Y \subseteq X$であるから$Y$は$X$の**部分空間**になっている．

同様に，$\Omega$を$\mathbf{R}^m$の開集合，$k$を自然数とするとき

$$C(\Omega) = \{u = u(x)\,(x \in \Omega) \mid u \text{ は } \Omega \text{ で連続}\}$$

$$C^k(\Omega) = \{u = u(x)\,(x \in \Omega) \mid u \text{ の } k \text{ 階までの偏導関数が } \Omega \text{ で連続}\}$$

$$C^\infty(\Omega) = \bigcap_{k=1}^{\infty} C^k(\Omega) = \{\Omega \text{ で何回でも微分できる関数の全体}\}$$

は線形空間である． □

**例 2.3** ($C_0(\Omega)$ および $C_0^\infty(\Omega)$) 連続関数の**台**(support)の定義を思い出しておこう．$u$を連続関数とするとき，まず，

$$S = \{x \mid u(x) \neq 0\} = \{u \text{ が } 0 \text{ とならない変数値の集合}\}$$

とおき，

$$u\text{の台} = \operatorname{supp} u = S\text{の閉包}$$
$$(\equiv S\text{にその集積点をつけ加えた集合}) \qquad (2.1)$$

と定める．

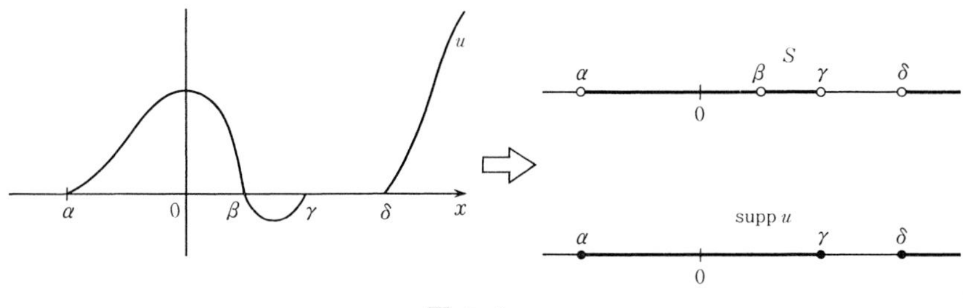


図 2.1

定義から，$\operatorname{supp} u$ は必ず閉集合となる．また，$u$ の台が有界であるということは，十分大きな $L > 0$ をとれば，$u(x) \equiv 0$ $(|x| > L)$ が成り立つことにほかならない．

一般に，$\Omega \subset \mathbf{R}^m$ が開集合であるとき，$u \in C(\Omega)$ に関して，$\operatorname{supp} u \subseteq \Omega$ が成り立つならば，$u$ は $\Omega$ の境界 $\partial\Omega$ の近くでは恒等的に 0 になっている．なぜなら，閉集合 $K$ が開集合 $\Omega$ に含まれるときは，$K$ は $\Omega$ の境界から離れている(接していない！)からである．さらに，$\Omega$ が無限領域であるときに，$u \in C(\Omega)$ の台が $\Omega$ の**コンパクト集合**(有界閉集合)であれば，$u$ は $\Omega$ の境界の近くで恒等的に 0 であるのみならず，遠方でも恒等的に 0 である．

$C(\Omega)$ に属する関数 $u$ のうちで，$\operatorname{supp} u$ が $\Omega$ のコンパクト集合であるものの全体を $C_0(\Omega)$ で表わす．

たとえば，

$$v(x) = \begin{cases} 1 - |x| & (|x| \leqq 1) \\ 0 & (|x| \geqq 1) \end{cases} \qquad (2.2)$$

とおけば，$v \in C_0(\mathbf{R}^1)$ である．また

$$w(x) = \begin{cases} \mathrm{e}^{-\frac{1}{1-|x|^2}} & (|x| < 1) \\ 0 & (|x| \geqq 0) \end{cases} \tag{2.3}$$

により定義される$w$も$C_0(\mathbf{R}^1)$の関数である．$v, w$の台はともに$\{x \mid |x| \leqq 1\}$である．ここで，$x$を$\mathbf{R}^N$の変数$x = (x_1, x_2, \cdots, x_N)$とし$|x| = \sqrt{x_1^2 + x_2^2 + \cdots + x_N^2}$と解釈すれば，(2.2),(2.3) の $v, w$は$C_0(\mathbf{R}^N)$ の関数となる．

一般に，$k$を自然数とするとき，

$$C_0^k(\Omega) = C^k(\Omega) \cap C_0(\Omega), \qquad C_0^\infty(\Omega) = C^\infty(\Omega) \cap C_0(\Omega) \tag{2.4}$$

とおく．(2.2) の $v$は$C_0(\mathbf{R}^1)$に属するが$C_0^1(\mathbf{R}^1)$には属さない．それに対して$w \in C_0^\infty(\mathbf{R}^1)$である(定義式の変わり目$|x| = 1$において，各階の導関数が連続につながっている)ことが知られている． □

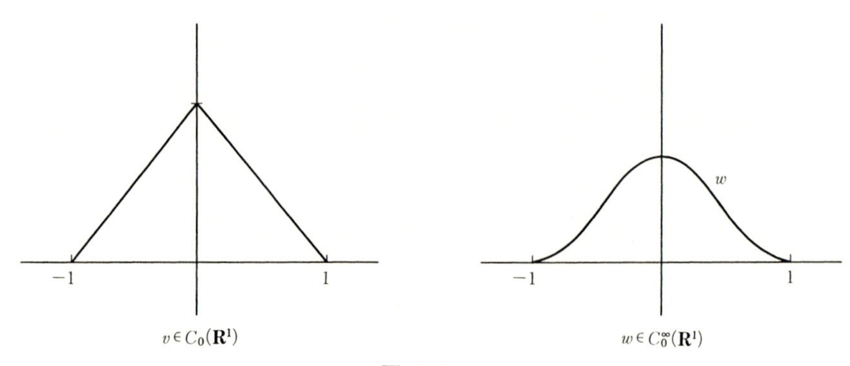


図 2.2

**例 2.4** (数列空間$l^2$および$l^p$) 無限数列

$$x = (\xi_1, \xi_2, \xi_3, \cdots, \xi_k, \cdots) \qquad (\xi_k \in \mathbf{K}) \tag{2.5}$$

のうち，条件

$$\sum_{k=1}^{\infty} |\xi_k|^2 < +\infty \tag{2.6}$$

を満たすものの全体を$l^2$で表わす．$l^2$は small ell two と読むが，数学史上に最初に登場したヒルベルト空間として有名である．

たとえば，$a = \left(1, \dfrac{1}{2}, \dfrac{1}{3}, \cdots, \dfrac{1}{k}, \cdots\right)$は$l^2$に属している．なぜなら

$$\sum_{k=1}^{\infty}\frac{1}{k^2}=1+\frac{1}{2^2}+\frac{1}{3^2}+\cdots+\frac{1}{k^2}+\cdots<+\infty$$

が成り立つからである．一方，$b=\left(1,\dfrac{1}{\sqrt{2}},\dfrac{1}{\sqrt{3}},\cdots,\dfrac{1}{\sqrt{k}},\cdots\right)$は

$$\sum_{k=1}^{\infty}\left(\frac{1}{\sqrt{k}}\right)^2=1+\frac{1}{2}+\frac{1}{3}+\cdots+\frac{1}{k}+\cdots=+\infty$$

であるから$l^2$に属さない．なお，(2.5) の $x$ を第 $k$成分が$\xi_k$である無限個の成分を持つ数ベクトルとみなすことができる．また，成分が実数に限られるか，複素数であるかによって，実 $l^2$，複素 $l^2$といったよび方をする．

$x=(\xi_k)_{k=1}^{\infty}$，$y=(\eta_k)_{k=1}^{\infty}$が $l^2$に属するとき，$x+y\in l^2$であることを確かめるのには

$$|\xi_k+\eta_k|^2\leqq(|\xi_k|+|\eta_k|)^2\leqq 2|\xi_k|^2+2|\eta_k|^2 \tag{2.7}$$

を用いればよい．

一般に，$p$ を $1\leqq p<+\infty$ とするとき，(2.5) で表わされる無限数列 $x$ のうちで，条件

$$\sum_{k=1}^{\infty}|\xi_k|^p<+\infty \tag{2.8}$$

を満たすものの全体を $l^p$で表わす．これも線形空間である．　□

**例 2.5** (関数空間 $L^2(\Omega)$ および $L^p(\Omega)$)　連続関数の各点収束極限が連続と限らないことは微積分法で学んでいる．関数のさまざまな極限を扱わなくてはならない関数解析では，不連続関数をメンバーとして含むような関数空間も用いねばならない．その代表を紹介しよう．

$\Omega$を $\mathbf{R}^N$の領域(開集合でもよい)とする．$\Omega$で定義された関数 $u=u(x)$ のうちで，条件

$$\int_{\Omega}|u(x)|^2\mathrm{d}x<+\infty \tag{2.9}$$

を満たすものの全体を，$L^2(\Omega)$ で表わす(large ell two omega と読む)．これも線形空間である．$u,v\in L^2(\Omega)$ のとき $u+v\in L^2(\Omega)$ を見るのには，

$$|u(x)+v(x)|^2\leqq 2(|u(x)|^2+|v(x)|^2) \tag{2.10}$$

の両辺を$\Omega$上で積分してみればよい．

たとえば，$\alpha>0$ ならば，$f(x)=\mathrm{e}^{-\alpha x}$は $L^2(0,\infty)$ に属する．また $g(x)=$

$1/(1+|x|^{\alpha})$ が $L^2(0,\infty)$ に属するための条件が $\alpha>\dfrac{1}{2}$ であることの検証はやさしい．

数列の場合と平行に，$1 \leqq p < +\infty$ とするとき，条件

$$\int_{\Omega} |u(x)|^p \mathrm{d}x < +\infty \tag{2.11}$$

を満たす $\Omega$ 上の関数の全体を $L^p(\Omega)$ で表わす．$L^p(\Omega)$ は線形空間である．

実は，やかましくいうと，$L^2(\Omega)$ の ($L^p(\Omega)$ の) 定義に当たっては，$u$ に対する条件として不等式 (2.9) だけでなく ((2.11) だけでなく)，

$$u \text{ は\textbf{可測関数}である} \tag{2.12}$$

を課す必要がある．関数の可測性の概念はルベーグ積分論を学んだ(おそらくは数学科出身の)読者にとっては明らかであろう．一方，応用を目指して先を急がれる読者は条件 (2.12) を，さしあたり，気にしないでよい．というのは，連続関数や区分的に連続な関数は可測であり，そのような関数の各点収束の極限はすべて可測であることが知られているからである．したがって，応用上で出会うような関数はすべて可測であり，(2.12) は実質上の制限とならないからである ((2.9),(2.11) の左辺の積分が有限になるかどうかが実質的な制限である)．□

## §2.2 線形空間に関する用語

線形代数で学んでいるはずの用語の復習をしよう．

### (a) 線形結合

$X$ を $\mathbf{K}$ を係数体とする線形空間とする．$u_1, u_2, \cdots, u_k$ を $X$ の要素とするとき，

$$w = \alpha_1 u_1 + \alpha_2 u_2 + \cdots + \alpha_k u_k \qquad (\alpha_j \in \mathbf{K}) \tag{2.13}$$

の形の要素 $w$ を $u_1, u_2, \cdots, u_k$ の**線形結合**，$\alpha_1, \alpha_2, \cdots, \alpha_k$ をその**係数**という．係数がすべて 0 ならば (2.13) の $w$ が 0 となることは明らかであるが，その逆が成り立つとき，すなわち，

$$\alpha_1 u_1 + \alpha_2 u_2 + \cdots + \alpha_k u_k = 0 \quad \Longrightarrow \quad \alpha_1 = \alpha_2 = \cdots = \alpha_k = 0 \tag{2.14}$$

が成り立つとき，$u_1, u_2, \cdots, u_k$ は**線形独立**(あるいは単に**独立**)であるという．

(2.14) が成り立たないときは，$\alpha_1, \alpha_2, \cdots, \alpha_k$ は**線形従属**(あるいは単に**従属**)であるという．

**例 2.6**　$X = C[-1,1]$ において，$n+1$ 個の要素

$$u_0 = 1, \quad u_1 = x, \quad u_2 = x^2, \quad \cdots, \quad u_n = x^n \tag{2.15}$$

の線形結合は，$x$ の $n$ 次以下の多項式である．したがって，その線形結合が $X$ の 0 要素(恒等的に 0 となる関数)と一致するのは係数がすべて 0 になる場合だけである(なぜなら $n$ 次以下の多項式の根は高々$n$ 個しか存在しない)．よって，(2.15) の関数達は線形独立である．

一方，$f(x) = |x|$, $g(x) = (x)_+$, $h(x) = (x)_-$ を考えよう．ただし，$(\ )_+$, $(\ )_-$ は次式により定義される．

$$(x)_+ = \begin{cases} x & (x \geqq 0) \\ 0 & (x \leqq 0) \end{cases}, \qquad (x)_- = \begin{cases} 0 & (x \geqq 0) \\ -x & (x \leqq 0) \end{cases} \tag{2.16}$$

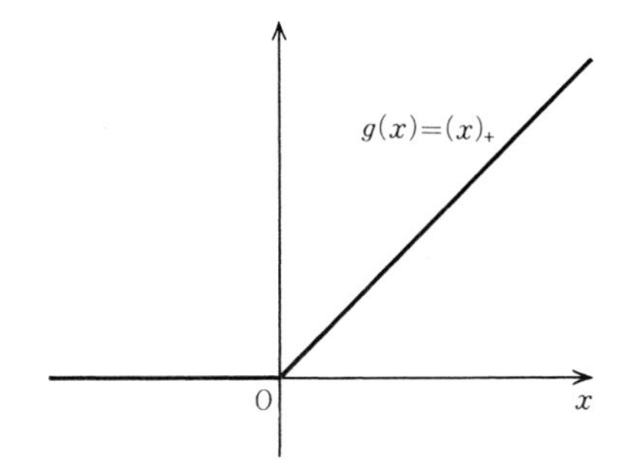


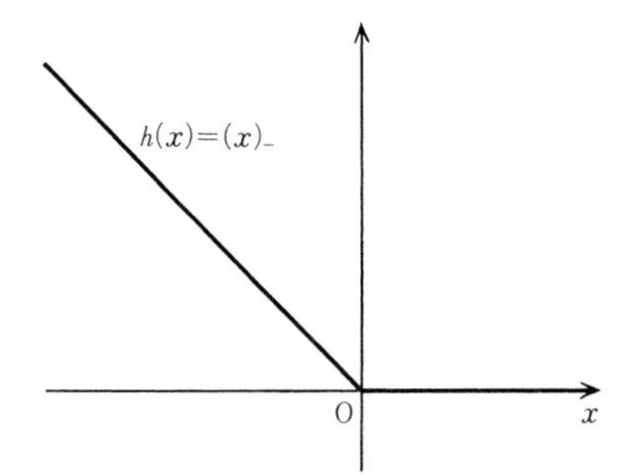


**図 2.3**

このとき $f = g + h$，すなわち，$f - g - h = 0$ が成り立つ．したがって，$f$, $g$, $h$ は線形独立ではない．このように，$u_1, u_2, \cdots, u_k$ のうちの少なくとも一つが他のものの線形結合で表わされ得るのは，$u_1, u_2, \cdots, u_k$ が線形従属のときである．□

線形空間において，ある自然数 $N$ に対して，$N$ 個の線形独立な要素 $u_1, u_2, \cdots, u_N$ は存在するが，$N+1$ 個の要素はすべて線形従属になるとき，$X$ の**次元**は $N$ であるという．また，このことを

$$\dim X = N$$

で表わす．たとえば，$X=\{3$ 次以下の多項式の全体$\}$ とすれば $\dim X=4$ である．一方，上の $N$ のような自然数が存在しないとき，すなわち，任意の自然数 $m$ に対して，$m$ 個の要素からなる線形独立な組 $u_1,u_2,\cdots,u_m$ が存在するとき，$X$ は**無限次元**であるという．また，このことを

$$\dim X=+\infty$$

で表わす．$\dim X<+\infty$ のとき，$X$ は有限次元である．前節で紹介した関数空間はすべて無限次元である．関数空間を舞台とする解析の難しさと奥深さ(だからこそ有用)は，この無限次元性のもたらすものである．

**例 2.7**　$X=C[\alpha,\beta]$ において，任意の自然数 $m$ に対して

$$u_0=1,\quad u_1=x,\quad u_2=x^2,\quad \cdots,\quad u_{m-1}=x^{m-1} \tag{2.17}$$

とおけば，これらは線形独立である．よって $\dim X=+\infty$．□

$S$ を $X$ の無限個の要素からなる部分集合とするとき，$S$ の要素が線形独立であるとは，$S$ からえらんだ任意の有限個の要素が線形独立であることと定義する．したがって，要素列 $\{u_k\in X\}_{k=1}^{\infty}$ が線形独立であるのは，この列の任意の有限部分列の要素が線形独立なことである．

**例 2.8**　$X=C[0,1]$ において $\{u_k=x^k\}_{k=0}^{\infty}$ は独立である．□

**例 2.9**　$X=C[-\pi,\pi]$ において，整数を添字とする列 $\{\varphi_k=\mathrm{e}^{\mathrm{i}kx}\}_{k\in\mathbf{Z}}$ (ただし，$\mathrm{i}=\sqrt{-1}$) を考える．

$\{\varphi_k\}$ が線形独立な要素から成っていることを，“直交性” を先取りする立場で見ておこう．$\{\varphi_k\}$ の要素から成る任意の線形結合は，

$$\sum_{k=-N}^{N}\alpha_k\varphi_k=\alpha_{-N}\varphi_{-N}+\alpha_{-N+1}\varphi_{-N+1}+\cdots+\alpha_{N-1}\varphi_{N-1}+\alpha_N\varphi_N$$

の形に表わされる(もし，最初に考えた線形結合に登場する $\varphi_k$ の番号がとんでおれば，係数を 0 としてとばされた $\varphi_k$ を補えばよい)．示すべきことは

$$\sum_{k=-N}^{N}\alpha_k\varphi_k=0\quad\Longrightarrow\quad \alpha_{-N}=\alpha_{-N-1}=\cdots=\alpha_N=0 \tag{2.18}$$

である，いま，$-N\leqq m\leqq N$ を満たす $m$ を固定し，(2.18) の左側の等式の両辺に $\overline{\varphi}_m(x)=$ “$\varphi_m(x)$ の共役複素数” $=\mathrm{e}^{-\mathrm{i}mx}$ を掛けて，区間 $[-\pi,\pi]$ で積分すれば，

$$\int_{-\pi}^{\pi} \varphi_k \overline{\varphi}_m \mathrm{d}x = \int_{-\pi}^{\pi} \mathrm{e}^{\mathrm{i}kx} \mathrm{e}^{-\mathrm{i}mx} \mathrm{d}x = \int_{-\pi}^{\pi} \mathrm{e}^{\mathrm{i}(k-m)x} \mathrm{d}x$$
$$= \begin{cases} 2\pi & (k = m) \\ 0 & (k \neq m) \end{cases} \tag{2.19}$$

であること(各自検証せよ)により，左辺は

$$\int_{-\pi}^{\pi} \left( \sum_{k=-N}^{N} \alpha_k \varphi_k \right) \overline{\varphi}_m \mathrm{d}x = 2\pi \alpha_m$$

となる．したがって，$\alpha_m = 0$ $(m = -N, -N+1, \cdots, N)$ が得られ (2.18) が示された． □

さて，$S$を線形空間の任意の部分集合とするとき，

$$L(S) = \{S\text{の要素の線形結合の全体}\} \tag{2.20}$$

とおけば，$L(S)$ は線形集合であり，したがって，$X$の部分空間である．もちろん，$s \in S$ならば，$s = 1 \times s \in L(S)$ であるから，$S \subseteq L(S)$ である．

**定義 2.1** 上の $L(S)$ を $S$**の張る(生成する)部分空間**，あるいは $S$**の線形包** (linear hull, linear span) という．本書では，これを $\mathrm{Sp}(S)$ で表わす． □

**例 2.10** $X = C[-1,1]$ とおいて $S = \{t, t^3, t^5, \cdots, t^{2n-1}\}$ とおけば，$\mathrm{Sp}(S)$ は "奇数次のみからなる多項式の全体" と一致する．また，$X = C[-\pi, \pi]$ において $S = \{\varphi_k = \mathrm{e}^{\mathrm{i}kx}\}_{k \in \mathbf{Z}}$ とおけば $\mathrm{Sp}(S)$ は複素係数の 3 角多項式

$$a_0 + a_1 \cos x + a_2 \cos 2x + \cdots + a_N \cos Nx$$
$$+ b_1 \sin x + b_2 \sin 2x + \cdots + b_N \sin Nx$$

の全体と一致する． □

さて，$S$を含む任意の部分空間を $M$とすれば，$M$は $S$の要素の線形結合をすべて含んでいる．したがって，$\mathrm{Sp}(S) \subseteq M$である．すなわち，

**定理 2.1** 線形空間 $X$の部分集合 $S$の張る部分空間 $\mathrm{Sp}(S)$ は，$S$を含む最小の部分空間である． □

### (b) 凸集合

凸集合に関する用語に触れておこう．

線形空間 $X$の任意の 2 点 $a, b$ をとるとき，$t$ を実数の媒介変数として

$$u_t = (1-t)a + tb = a + t(b-a) \qquad (0 \leqq t \leqq 1) \tag{2.21}$$

と表わされる $u_t$の全体を $a,b$ を結ぶ**線分**といい，$[a,b]$ で表わす．この用語法は，有限次元のユークリッド空間における線分の媒介変数表示と一致している．(2.21) において $s=1-t$ とおけばわかるように，線分 $[a,b]$ と線分 $[b,a]$ とは

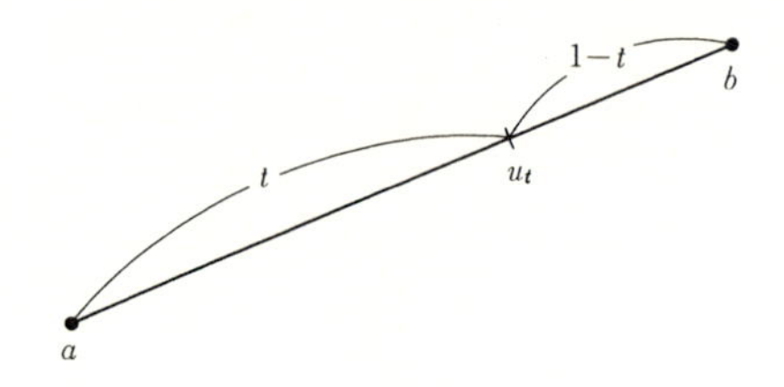


**図 2.4**

集合として同じものである．

**定義 2.2** 線形空間 $X$の部分集合 $K$が**凸集合**であるとは，$K$の任意の要素 $u,v$に対して，$[u,v] \subseteq K$が成り立つことである． □

**例 2.11** 任意の線分は凸集合である．また，任意の部分空間は凸集合である． □

**例 2.12** $X = C[0,1]$ において

$$K_1 = \{u \in X \mid u(x) \geqq 0 \ (0 \leqq x \leqq 1)\}$$
$$K_2 = \{u \in X \mid u(x) > 2 \ (0 \leqq x \leqq 1)\}$$
$$K_3 = \{u \in X \mid |u(x)| \leqq 1 \ (0 \leqq x \leqq 1)\}$$

は凸集合である． □

さて，$X$の任意の3つの要素 $a,b,c$ を固定する．このとき，条件

$$\alpha \geqq 0, \quad \beta \geqq 0, \quad \gamma \geqq 0, \quad \alpha+\beta+\gamma = 1$$

を満たす係数$\alpha, \beta, \gamma$を用いて

$$w = \alpha a + \beta b + \gamma c$$

の形に表わされる $w$を $a,b,c$ の**凸結合**という．$X$が平面の位置ベクトルの全体である場合には，凸結合 $w$を表わす点は，$a,b,c$ を表わす3点を頂点とする3角形の内部あるいは周上にある(図 2.5)．

一般に，$X$の $N$個の要素 $a_1, a_2, \cdots, a_N$の**凸結合**とは，

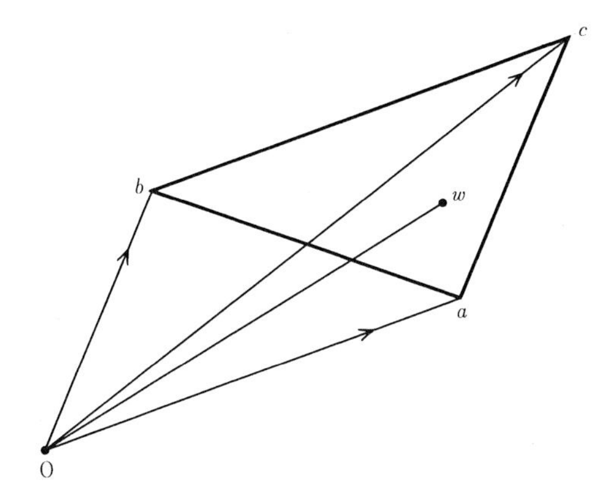


**図 2.5**

$$\alpha_i \geqq 0 \ (i = 1, 2, \cdots, N), \qquad \alpha_1 + \alpha_2 + \cdots + \alpha_N = 1 \tag{2.22}$$

を満たす係数$\alpha_1\alpha_2, \cdots, \alpha_N$を用いて

$$w = \alpha_1 a_1 + \alpha_2 a_2 + \cdots + \alpha_N a_N \tag{2.23}$$

と表わされる要素のことである．$a_1, a_2, \cdots, a_N$を固定して，それらの凸結合$u, v$を結ぶ線分上の点は，やはり同じ要素の凸結合である．実際，$u = \sum_{i=1}^{N} \beta_i a_i$, $v = \sum_{i=1}^{r} \gamma_i a_i$ において

$$\beta_i \geqq 0, \quad \gamma_i \geqq 0, \quad \sum_{i=1}^{N} \beta_i = 1, \quad \sum_{i}^{N} \gamma_i = 1 \tag{2.24}$$

とする．このとき，$0 \leqq t \leqq 1$ を満たす $t$ に対して

$$w_t = (1-t)u + tv = \sum_{i=1}^{N} \{(1-t)\beta_i + t\gamma_i\} a_i$$

を考え，$\alpha_i = (1-t)\beta_i + t\gamma_i$とおけば，この係数は，確かに (2.22) を満たすからである．よって，$a_1, a_2, \cdots, a_N$を固定し，係数を (2.22) の範囲で動かして得られる$w$の全体を$T = T(a_1, a_2, \cdots, a_N)$とおけば，$T$は凸集合である．逆に，$K$が$a_1, a_2, \cdots, a_N$を含む任意の凸集合ならば，$K$は$T(a_1, a_2, \cdots, a_N)$ を含まねばならないことが示される (演習問題参照)．結局，$T(a_1, a_2, \cdots, a_N)$ は$a_1, a_2, \cdots, a_N$を含む最小の凸集合である．以上の考察を一般化して，次の定義および定理を受け入れよう．

**定義 2.3** $S$を線形部分空間 $X$の部分集合とする．このとき，$S$(の有限個)の要素の凸結合すべての集合を，$S$の張る(生成する)**凸集合**，あるいは $S$の**凸包**(convex hull, convex span)という．本書では，それを $\mathrm{CSp}(S)$ で表わす． □

**定理 2.2** $S$の張る凸集合 $\mathrm{CSp}(S)$ は，$S$を含む最小の凸集合である．すなわち，$\mathrm{CSp}(S)$ は $S$を含む凸集合であり，

$$K\text{は凸集合},\ K \supseteq S \quad \Longrightarrow \quad K \supseteq \mathrm{CSp}(S)$$

が成り立つ． □

## §2.3 関数空間におけるノルム

関数空間を線形空間と見ることは，関数をベクトルのように扱うことの第1歩である．一方，高校での数学以来なじんでいるように，ベクトルには大きさと向きがある．その大きさを抽象化して関数空間に持ちこんだものが**ノルム**(norm)である．他方，ベクトルの間の角の代わりをつとめるのが次節で解説する内積である．

ノルムの話をはじめよう．すでに第1章において，連続関数の空間における最大値ノルムに触れているが，応用上，最も頻用されかつ基本的であるものは，この**最大値ノルム**と，§2.1の末尾に登場した $L^2(\Omega)$ にふさわしいノルム，いわゆる $L^2$**ノルム**である．例示から入ろう．

有限閉区間 $[a,b]$ 上の連続関数の空間を $X_1$とし，開区間 $(a,b)$ 上で自乗可積分な関数の空間を $X_2$とおく．すなわち

$$X_1 = C[a,b], \qquad X_2 = L^2(a,b) \tag{2.25}$$

$X_1$に属する関数 $u$ のノルムを

$$\|u\|_1 = \|u\|_{C[a,b]} = \max_{x\in[a,b]} |u(x)| \tag{2.26}$$

と定義し，$X_2$に属する関数 $u$ に対しては，そのノルムを

$$\|u\|_2 = \|u\|_{L^2(a,b)} = \sqrt{\int_a^b (u(x))^2 \mathrm{d}x} \tag{2.27}$$

とおく．$X_1 \subseteq X_2$であるから，$X_1$の関数に対してはどちらのノルムも有限である．言葉でいえば，$\|\ \ \|_1$は区間 $[a,b]$ 上の最大値ノルム，あるいは $C$ノルムで

あり，$\|\ \ \|_2$は区間$(a,b)$上の$L^2$**ノルム**あるいは**自乗平均ノルム**である．

つぎに，$X$で$X_1, X_2$のどちらか一方を，$\|\ \ \|$で$\|\ \ \|_1, \|\ \ \|_2$のうちの対応するノルムを表わすことにすれば，**ノルムの公理**とよばれる次の(i)〜(iii)の性質が成り立つ(下で検証する)．

**ノルムの公理**

(i)　(正値性)任意の$u \in X$に対して

$$\|u\| \geqq 0,\ かつ\ \|u\| = 0 \quad \Longleftrightarrow \quad u = 0\,.$$

(ii)　(3角不等式)任意の$u, v \in X$に対して

$$\|u+v\| \leqq \|u\| + \|v\|\,.$$

(iii)　(同次性)任意の係数$\alpha$および任意の$u \in X$に対して

$$\|\alpha u\| = |\alpha|\,\|u\|\,. \qquad \square$$

すでになじんでいる平面や空間の矢線ベクトルの，あるいは，有限次元のユークリッド空間のベクトルの大きさ(= ノルム)が，上のノルムの公理を満たしていることは明らかであろう．

納得のために，$X_1 = C[a,b]$における$\|\ \ \|_1$について(i)〜(iii)を検証しよう．(i),(iii)は問題がない．(ii)については，まず

$$|u(x)+v(x)| \leqq |u(x)| + |v(x)| \leqq \|u\|_1 + \|v\|_1 \tag{2.28}$$

に注意し，最左辺の最大値が最右辺の定数を越えないことを見ればよい．

$X_2 = L^2(a,b)$における$\|\ \ \|_2$について，最も見やすいのは(iii)である．すなわち

$$\int_a^b |\alpha u(x)|^2 \mathrm{d}x = |\alpha|^2 \int_a^b |u(x)|^2 \mathrm{d}x$$

の両辺の平方根をとればよい．(ii)の3角不等式も両辺の平方をとって調べる．複素数値関数の場合は後の一般論にまかせることとし，ここでは実数値関数の場合についてのみ記す．まず，

$$\begin{aligned}\|u+v\|^2 &= \int_a^b (u(x)+v(x))^2 \mathrm{d}x \\ &= \int_a^b u(x)^2 \mathrm{d}x + 2\int_a^b u(x)v(x)\mathrm{d}x + \int_a^b v(x)^2 \mathrm{d}x\end{aligned}$$

$$(\|u\|+\|v\|)^2 = \|u\|^2 + 2\|u\|\|v\| + \|v\|^2$$

$$= \int_a^b u(x)^2 \mathrm{d}x + 2\|u\|\|v\| + \int_a^b v(x)^2 \mathrm{d}x$$

であるから，次の積分に関する**シュバルツの不等式**(証明は演習問題参照，また一般の内積の場合は定理 2.19 で証明)により (ii) が得られる．

$$\left| \int_a^b u(x)v(x)\mathrm{d}x \right| \leqq \|u\| \cdot \|v\| \qquad (\forall u, v \in L^2(a,b)). \tag{2.29}$$

最後に残った (i) であるが

$$\|u\|_2^2 = \int_a^b (u(x))^2 \mathrm{d}x \geqq 0 \qquad (\forall u \in L^2(a,b))$$

であること，および，“$u = 0 \Longrightarrow \|u\|_2 = 0$” は明らかである．

一方，$\|u\|_2 = 0$ を具体的に書くと，

$$\int_a^b |u(x)|^2 \mathrm{d}x = 0 \tag{2.30}$$

であるが，これから $u(x) \equiv 0$ が言えるとは限らないところが問題である．もし，$u$ が連続関数ならば，(2.30) から $u(x) \equiv 0\,(a < x < b)$ が得られる(藤田[1]-I, § 2.2)のであるが，不連続関数を許容すると，条件 (2.30) のもとでも，$u(x) \neq 0$ となる例外点が存在し得る．たとえば，$u(x)$ が有限個の点で 1 となり，他の点で 0 であるならば，(2.30) は成り立つ．さらに(ルベーグ)積分論によれば，$a < x < b$ において

$$u(x) = \begin{cases} 0 & (x \text{ は無理数}) \\ 1 & (x \text{ は有理数}) \end{cases} \tag{2.31}$$

によって定義された関数も (2.30) を満たしてしまう．(2.30) を満たす関数 $u$ に対し，$u(x) \neq 0$ となり得る点，いわば例外点の集合を $A$ とするとき，$A$ は無限集合ではあり得るが，その全長(長さの総和)ともいうべき**測度**が 0 であることが知られている．測度が 0 であることの定義は本章末の補足で述べてある．応用を急ぐ読者も，次の用語法にはなじんでほしい．すなわち，集合 $S$に属する $x$ に関する条件 $P(x)$ について，

$S$上で**ほとんど到るところ** $P(x)$ が成り立つ

とは，“$P(x)$ が成り立たない $x$ の集合の測度が 0 である” ことを意味するので

ある．したがって，区間 $(a,b)$ 上で定義された 2 つの関数 $u,v$について

$u,v$が $(a,b)$ 上でほとんど到るところ一致する

とは，集合 $A=\{x\in S\mid u(x)\neq v(x)\}$ の測度が 0 に等しいことである．

上記の副詞“ほとんど到るところ”は術語であるが，英語の almost everywhere の略記として a.e. と書かれる．たとえば

$$\int_a^b |u(x)|^2 \mathrm{d}x = 0 \quad \Longrightarrow \quad u(x)=0 \text{ a.e. } (S\text{上})$$

と書いてよい．ただし，最後の部分を a.e. $x\in S$のようにも書くが，このときは almost every $x$ in $S$の気持である．

さて，ノルムの公理の (i) にもどり，$\|u\|=0 \Rightarrow u=0$ が成り立つと言い切るためには，次の約束を受け入れねばならない．すなわち，

**約束**：$L^2$ノルムを用いるときには，ほとんど到るところ一致する関数は同一視する． □

実際，ノルムの公理のもとでは，$\|u-v\|=0$ ならば $u=v$として扱わねばならないが，

$$\|u-v\|^2=\int_a^b |u(x)-v(x)|^2 \mathrm{d}x = 0$$

の意味するところは，$u(x)-v(x)=0$ (a.e. $x\in(a,b)$) であり，したがって $u(x)=v(x)$ ( a.e. $x\in(a,b)$) である．

以上をふまえて，ノルム空間の定義を述べよう．

**定義 2.4** 線形空間 $X$で定義された汎関数 $\|\quad\|: X\to\mathbf{R}$ が，上のノルムの公理 (i)〜(iii) を満たすとき，$\|\quad\|$ を $X$の**ノルム**，また，$u\in X$に対し $\|u\|$ を要素 $u$ の**ノルム**という．なお，ノルムが定義された線形空間を**ノルム空間**という． □

**基本的なノルムの例；$L^p$および$l^p$ノルム**

上で考察した $L^2$ノルムの同族に $L^p$ノルムがある．多変数の場合について述べよう．$p$を $1\leqq p<+\infty$ を満たす正数とするとき，$\mathbf{R}^m$の領域(開集合でもよい) $\Omega$上で定義された関数空間,

$$X=L^p(\Omega)=\left\{u=u(x)\ \middle|\ \int_\Omega |u(x)|^p \mathrm{d}x<+\infty\right\}$$

が線形空間であることは，例 2.5 で見た．この空間において

$$\|u\| = \|u\|_{L^p(\Omega)} = \sqrt[p]{\int_\Omega |u(x)|^p \mathrm{d}x} \tag{2.32}$$

とおけば，今度も“ほとんど到るところ一致する関数は同一視する”という約束のもとにノルムの公理が満たされる．(2.32) が関数空間 $L^p(\Omega)$ の標準ノルムであり，**$L^p$ ノルム**，詳しくは，$L^p(\Omega)$ ノルムとよばれる．$p = 2$ の場合はすでに見た $L^2$ ノルムと一致する．また，とくに $p = 1$ に対しては

$$\|u\|_{L^1(\Omega)} = \int_\Omega |u(x)| \mathrm{d}x \tag{2.33}$$

である．$L^1$ ノルムについてノルムの公理を検証することはやさしい．$1 < p < +\infty$ の場合には，$L^2$ ノルムの場合の公理の検証がシュバルツの不等式を必要としたことと同様に，次に証明抜きで掲げる Hölder の不等式が必要となる．Hölder の不等式の証明およびそれを用いての，特に，3 角不等式の検証は成書(たとえば藤田他[4])にまかせよう．なお，Hölder の不等式は $L^p$ ノルムが登場する様々な実用面で利用されることが多い．

**定理 2.3** (Hölder の不等式) $1 < p < +\infty$ を満たす定数 $p$ に対して，その**共役指数** $q$ を等式

$$\frac{1}{p} + \frac{1}{q} = 1 \tag{2.34}$$

により定める(自然に $1 < q < \infty$ となる)．このとき任意の $u \in L^p(\Omega)$, $v \in L^q(\Omega)$ に対して

$$\left| \int_\Omega u(x)v(x) \mathrm{d}x \right| \leqq \|u\|_{L^p(\Omega)} \cdot \|v\|_{L^q(\Omega)} \tag{2.35}$$

が成り立つ． □

$p = 2$ の場合は $q = 2$ となり，そのときの (2.35) はシュバルツの不等式にほかならない．

また，上の定理では $p = 1$ の場合が除かれているが，$L^\infty(\Omega)$ 空間およびそこでの $L^\infty$ ノルムを次のように定義すれば，$p = 1$, $q = \infty$ (および，$p = \infty$, $q = 1$) に対しても Hölder の不等式 (2.35) が成り立つ．

$L^\infty(\Omega)$ は，大ざっぱに言えば $\Omega$ で有界な関数全体の集合であるが，不連続関

数を許し，かつ，ほとんど到るところ一致する2つの関数は同一視する立場をとるので，きちんとした定義は少々厄介である．まず，

**定義 2.5** $\Omega \subseteq \mathbf{R}^m$で定義された(可測関数)$f$が**本質的に有界**(essentially bounded)であるとは，ある正数$M$に対して

$$|f(x)| \leqq M \qquad (\text{a.e. } x \in \Omega) \tag{2.36}$$

が成り立つことである．また，このような$M$を$|f(x)|$の**本質的上界**(essential upper bound)という． □

$f(x)$が(例外点なしで)有界ならば，$f$は本質的に有界である．他方，たとえば$f$が$\Omega$で有界であるときに$\Omega$の点列$x_n$ $(n=1,2,\cdots)$をえらび$|f(x_n)| \to +\infty$となるように$f(x_n)$の値を修正すれば，$f$は有界ではなくなるが，本質的に有界である(なぜなら，修正点$\{x_n\}$全体の測度は0であるから)．

**定義 2.6** $f$が$\Omega$で本質的に有界であるとき，$|f(x)|$の本質的上界のうちの最小のものを，$|f(x)|$の**本質的上限**といい，$\operatorname*{ess.sup}_{x\in\Omega}|f(x)|$で表わす． □

$\nu = \operatorname*{ess.sup}_{x\in\Omega}|f(x)|$であるとは，

$$|f(x)| \leqq \nu \qquad (\text{a.e. } x \in \Omega)$$

は成り立つが，$M < \nu$であるようなどんな$M$に対しても(2.36)は不成立であることにほかならない．なお，$f$が連続関数のときには，本質的上限とふつうの上限とは同じものである．

**定義 2.7** $\Omega$において，本質的に有界な関数の全体を$L^\infty(\Omega)$で表わす．ただし，$\Omega$でほとんど到るところ一致する関数は同一視して考える．

$u \in L^\infty(\Omega)$のとき，$|u(x)|$の本質的上限を$\|u\|_{L^\infty(\Omega)}$で表わし，$u$の$L^\infty$ノルム，あるいは，$L^\infty(\Omega)$ノルムとよぶ．関数空間$L^\infty(\Omega)$は$\|u\|_{L^\infty(\Omega)}$をノルムとしてノルム空間であることが知られている． □

**例 2.13** $\Omega=(0,\infty)$, $u=\mathrm{e}^{-\alpha x}$ $(\alpha>0)$として，$\|u\|_p=\|u\|_{L^p(\Omega)}$ $(1 \leqq p < +\infty)$を求める．$1 \leqq p < +\infty$ならば

$$\|u\|_p^p = \int_0^\infty |u(x)|^p \mathrm{d}x = \int_0^\infty \mathrm{e}^{-p\alpha x}\mathrm{d}x = \frac{1}{p\alpha}.$$

よって$\|u\|_p = 1/(p\alpha)^{\frac{1}{p}}$．また$u$は連続関数，かつ，正値であるから，$\|u\|_\infty = \sup_{x>0}\mathrm{e}^{-\alpha x} = 1$である．なお，$\alpha=0$のとき$u\equiv 1$となり，これは$L^p(0,\infty)$ $(1 \leqq p < +\infty)$には属さない．しかし，$L^\infty(0,\infty)$には属している． □

数列空間 $l^p$ $(1 \leqq p < +\infty)$ については，例2.4で触れた．すなわち $1 \leqq p < +\infty$ については

$$l^p = \left\{ x = (\xi_k)_{k=1}^{\infty} \;\middle|\; \sum_{k=1}^{\infty} |\xi_k|^p < +\infty \right\}$$

であるが，これは

$$\|x\|_p = \|x\|_{l^p} = \left( \sum_{k=1}^{\infty} |\xi_k|^p \right)^{\frac{1}{p}} \tag{2.37}$$

をノルムとして，ノルム空間である．また，

$$l^\infty = \{ x = (\xi_k)_{k=1}^{\infty} \mid \sup_k |\xi_k| < +\infty \}$$

におけるノルムは

$$\|x\|_\infty = \|x\|_{l^\infty} = \sup_k |\xi_k|$$

と定められる(数列空間の場合は，本質的上限でなくて，ふつうの上限で間に合う)．なお，これらのノルムがノルムの公理を満たすことの，特に，3角不等式の検証には数列版の Hölder の不等式

$$\left| \sum_{k=1}^{\infty} \xi_k \eta_k \right| \leqq \|x\|_p \cdot \|y\|_q \qquad (\forall x \in l^p,\ y \in l^q) \tag{2.38}$$

が必要である．ただし，$x = (\xi_k)_{k=1}^{\infty}$，$y = (\eta_k)_{k=1}^{\infty}$．なお，上式で，$p, q$は，$1 \leqq p \leqq +\infty, 1 \leqq q \leqq +\infty$，かつ，互いに共役指数$\left(\dfrac{1}{p} + \dfrac{1}{q} = 1\right)$である．

以上をまとめておこう．

**定理 2.4** $1 \leqq p \leqq +\infty$ に対して，$L^p(\Omega)$ および $l^p$はノルム空間である． □

**注意 2.1** 次章において，これらはさらにバナッハ空間であることが明らかにされる．

## §2.4 ノルム空間での諸概念

### (a) ノルムと距離

ノルム空間において，2点 $u, v \in X$の間の距離は $\|u - v\|$ で与えられる．こ

のことは，高校以来なじんでいるベクトル空間，特に位置ベクトルの空間を連想すれば，自然なことと納得できよう．ここで，距離の公理を紹介しておこう．

**定義 2.8**（距離） 集合 $S$ が距離空間であるとは，$S$ の任意の 2 要素 $u, v$ に対して定義され，次の性質 (i)〜(iii) を持つ実数値関数 $\rho(u,v)$ が与えられていることである．なお，$\rho$ を $S$ における**距離**(distance)，$\rho(u,v)$ を 2 点 $u, v$ の間の距離という．

**距離の公理**

(i) 正値性；任意の $u, v \in S$ に対し，$\rho(u,v) \geqq 0$，かつ，

$$\rho(u,v) = 0 \Longleftrightarrow u = v.$$

(ii) 対称性；任意の $u, v \in S$ に対し，$\rho(u,v) = \rho(v,u)$.

(iii) 3 角不等式；任意の $u, v, w \in S$ に対して

$$\rho(u,w) \leqq \rho(u,v) + \rho(v,w).$$ □

ノルム空間 $X$ において $\rho(u,v) = \|u-v\|$ とおけば，上の距離の公理が満たされることを確認するのはやさしい．

### (b) ノルム空間における球と有界集合

球の概念は一般の距離空間に対しても導入できるが，ここではノルム空間に話を限る．$X$ をノルム空間とするとき，中心が $a \in X$ で，半径が $R > 0$ である**球**(**開球**)とは集合

$$B = B(a,R) = \{u \in X \mid \|u-a\| < R\} \tag{2.39}$$

のことである．この球は，後で見るように開集合であり，境界，すなわち**球面** $\{u \in X \mid \|u-a\| = R\}$ を含んでいない．球 $B(a,R)$ にその球面をつけ加えると**閉球**

$$\overline{B} = \overline{B}(a,R) = \{u \in X \mid \|u-a\| \leqq R\} \tag{2.40}$$

が得られる．閉球は閉集合である．

ノルム空間の部分集合 $S$ が有界集合であるとは，直観的に言えば，$S$ が無限遠までのびていないことであるが，正確に定義すると次のようになる．

**定義 2.9**（有界集合） ノルム空間 $X$ の集合 $S$ が**有界**であるとは，$S$ が(半径が十分大きな)ある球に含まれることである． □

$S$ が $B(a,R)$ に含まれることと

$$\|u-a\| < R \qquad (\forall u \in S)$$

とは同値である．このとき

$$\|u\| \leqq \|u-a\| + \|a\| < R + \|a\| \qquad (\forall u \in S)$$

であるから，$S$は$B(0, R+\|a\|)$に含まれる．すなわち，定義2.9における球として，原点を中心とした球に限ることができる．したがって，上の定義を次のように言いかえることができる．

**定義 2.9′**（有界集合の別定義）ノルム空間の集合$S$が**有界**であるとは，次のような正数$M$が存在することである．

$$\|u\| < M \qquad (\forall u \in S) \tag{2.41}$$

□

なお，(2.41)のかわりに

$$\|u\| \leqq M_1 \qquad (\forall u \in S)$$

となるような正数$M_1$の存在を要求しても同値な定義である．

特に，$X$の点列$\{u_n \in X\}_{n=1}^{\infty}$が有界点列であるとは，$\|u_n\| < M$ $(\forall n \in \mathbf{N})$が成り立つような正数$M$が存在することである．

### (c)　ノルムと収束

数列$\{x_n\}$が極限値$\alpha$に収束するとは，$|x_n - \alpha| \to 0$ $(n \to \infty)$が成り立つことである．ノルム空間$X$における点列$\{u_n \in X\}_{n=1}^{\infty}$の収束の定義は絶対値$|\ \ |$の代わりにノルム$\|\ \ \|$を用いて与えられる．

**定義 2.10**（ノルム空間における収束）ノルム空間$X$における点列$\{u_n\}_{n=1}^{\infty}$が点$u_0 \in X$に**収束**するとは

$$\|u_n - u_0\| \longrightarrow 0 \qquad (n \to \infty) \tag{2.42}$$

が成り立つことである．このとき，$u_0$を点列$\{u_n\}$の**極限**といい，（微積分の場合と同様に）$\lim_{n\to\infty} u_n$で表わす．□

ノルム空間$X$における収束に関しても，いわゆる極限の公式が成り立つ．$u_n, v_n$を$X$の点列とすると，

(i)　$\lim_{n\to\infty} u_n = u_0, \quad \lim_{n\to\infty} v_n = v_0 \Rightarrow \lim_{n\to\infty}(u_n + v_n) = u_0 + v_0$

(ii)　$\lim_{n\to\infty} u_n = u_0, \quad \lim_{n\to 0} v_n = v_0 \Rightarrow \lim_{n\to\infty}(u_n - v_n) = u_0 - v_0$

(iii) 係数列 $k_n$が $\lim_{n\to\infty} k_n = k_0$を満たし，$\lim_{n\to\infty} u_n = u_0 \Rightarrow \lim_{n\to\infty} k_n u_n = k_0 u_0$.

特に，$k$が定数ならば，$\lim_{n\to\infty} ku_n = ku_0$.

(i)〜(iii) はノルム空間における線形演算が連続なことを意味している．公式の証明は，数列の場合の証明における絶対値をノルムにおきかえればそのまま通用する．

**例 2.14** $X = C[0,1]$, $\|u\| = \max_{x\in[0,1]} |u(x)|$ とすると，このノルムによる収束は，区間 $[0,1]$ 上の**一様収束**にほかならない(藤田[1]-II, § 3.2)．いま，

$$f_n = x^n(1-x), \qquad g_n = nx^n(1-x) \tag{2.43}$$

とおけば，各点収束ではどちらも 0 に収束するが，これらの最大値を求めると

$$\|f_n\| = \left(\frac{n}{n+1}\right)^n \frac{1}{n+1}, \qquad \|g_n\| = \left(\frac{n}{n+1}\right)^{n+1}$$

であるので，$n\to\infty$ のとき，$\|f_n\|\to 0$, $\|g_n\|\to \mathrm{e}^{-1}$となる．したがって，$f_n$はこのノルムで $f_0\equiv 0$ に収束(一様収束)するが，$g_n$は収束しない．

同じ関数列を，ノルム空間 $Y = L^2(0,1)$ で考えてみよう．

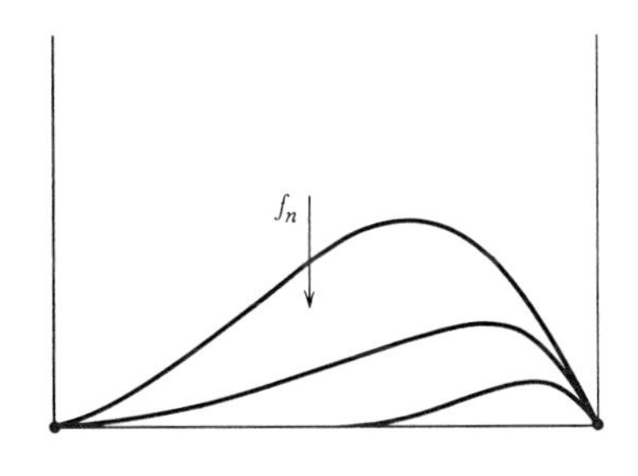


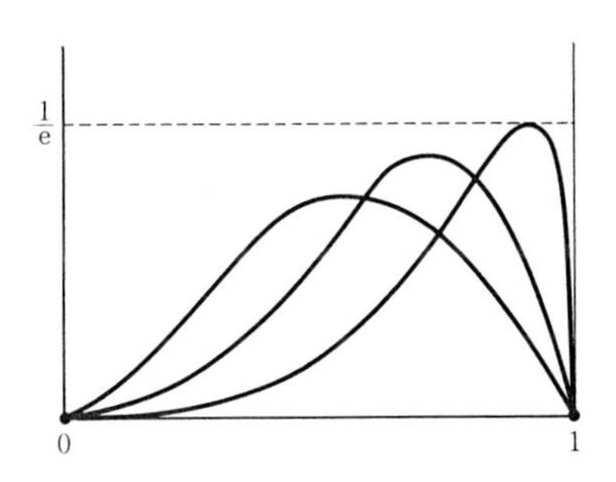


図 2.6

$$\|f_n\|^2 = \int_0^1 x^{2n}(1-x)^2\mathrm{d}x = \frac{2}{(2n+1)(2n+2)(2n+3)}$$

$$\|g_n\|^2 = n^2\|f_n\|^2 = \frac{2n^2}{(2n+1)(2n+2)(2n+3)}$$

となる(計算は $B$関数を用いるか，展開して頑張るか，信用するかである)．したがって

$$f_n \to 0,\ かつ,\ g_n \ \to \ 0 \quad (L^2収束) \tag{2.44}$$

が得られる．さらに $h_n = n^2 f_n$ とおけば，これも各点収束では 0 に収束するが，$\|h_n\|_{L^2}^2 \to +\infty$ となるので，$h_n$ は $L^2$ ノルムのもとで収束しない． □

一般に $L^2$ ノルムでの収束を $L^2$ **収束**，あるいは**自乗平均収束**という．$L^p$ 収束も同様に定められる．

さて，無限級数の和を部分和の極限として定義することは微積分の場合と同様である．すなわち

**定義 2.11** (級数の和) ノルム空間の点列 $u_n\ (n = 1, 2, \cdots)$ を項とする無限級数

$$\sum_{n=1}^{\infty} u_n = u_1 + u_2 + \cdots + u_n + \cdots \tag{2.45}$$

の和が $S \in X$ であるとは，部分和

$$S_N = u_1 + u_2 + \cdots + u_N \qquad (N \in \mathbf{N})$$

の極限が $S$ となることである． □

以上の定義から，たとえば，(2.45) の級数が和を持つためには，$\lim_{n\to\infty} u_n = 0$ が必要であるといった定理や，いわゆる級数の和に関する公式

$$\sum_{n=1}^{\infty} (u_n \pm v_n) = \sum_{n=1}^{\infty} u_n \pm \sum_{n=1}^{\infty} v_n \qquad (複号同順)$$

$$\sum_{n=1}^{\infty} k u_n = k \sum_{n=1}^{\infty} u_n \qquad (kは定数)$$

などが直ちに従う．なお，級数の和の存在に関する踏み込んだ考察は，後の章のバナッハ空間のところで行う．

**例 2.15** フーリエ級数に関する収束定理は，$L^2$ ノルムのもとで最も歯切れよく述べられる．

すなわち，$f \in L^2(-\pi, \pi)$ に対するフーリエ級数を

$$\frac{a_0}{2} + \sum_{n=1}^{\infty} (a_n \cos nx + b_n \sin nx) \tag{2.46}$$

とおく．ここで，係数 $a_n\ (n = 0, 1, \cdots)$, $b_n\ (n = 1, 2, \cdots)$ は

$$a_n = \frac{1}{\pi} \int_{-\pi}^{\pi} f(x) \cos nx \mathrm{d}x, \qquad b_n = \frac{1}{\pi} \int_{-\pi}^{\pi} f(x) \sin nx \mathrm{d}x$$

により $f$から定められる．このとき，次の定理が成り立つ． □

**定理 2.5** 任意の $f \in L^2(-\pi,\pi)$ に対してフーリエ級数 (2.46) は $L^2$ノルムのもとで収束し，その和 $S$は $f$に等しい． □

級数が自然数を添字とする項の和である場合とは限らず，$\mathbf{N}_0 = \{0,1,2,\cdots\}$, $\mathbf{Z} = \{0,\pm1,\pm2,\cdots\}$ を動く添字をもつ項の総和である場合の扱いも同様である．

**例 2.16** $f \in L^2(-\pi,\pi)$ に対する複素フーリエ級数を

$$\sum_{k\in\mathbf{Z}} c_k \mathrm{e}^{\mathrm{i}kx} = \cdots + c_{-1}\mathrm{e}^{-\mathrm{i}x} + c_0 + c_1\mathrm{e}^{\mathrm{i}x} + c_2\mathrm{e}^{\mathrm{i}2x} + \cdots \tag{2.47}$$

とする．ここで，係数 $c_k$は $f$から公式

$$c_k = \frac{1}{2\pi}\int_{-\pi}^{\pi} f(x)\mathrm{e}^{-\mathrm{i}kx}\mathrm{d}x \qquad (k \in \mathbf{Z}) \tag{2.48}$$

により定められる．このとき，次の定理が知られている． □

**定理 2.6** 任意の $f \in L^2(-\pi,\pi)$ に対し，複素フーリエ級数 (2.47) は $L^2$収束し，その和は $f$に等しい．すなわち，

$$\lim_{\substack{N\to+\infty \\ M\to-\infty}} \left(\sum_{k=M}^{N} c_k \mathrm{e}^{\mathrm{i}kx}\right) = f \qquad (L^2(-\pi,\pi)\ \text{での収束})$$

が成り立つ． □

## (d) ノルムの連続性

$X$をノルム空間とするとき，ノルム $\|\ \ \|$ は $X$から $\mathbf{R}$ への写像(汎関数)である．この写像の，すなわち，ノルムの連続性を確かめておこう．

**定理 2.7** ノルム $\|\ \ \|$ は連続である．すなわち，ノルム空間 $X$の点列 $u_n \in X$ $(n = 1,2,\cdots)$ が極限 $u_0$に収束するならば，数列 $\|u_n\|$ は極限値 $\|u_0\|$ に収束する．

[証明] 一般に，任意の $v, w \in X$に対して

$$-\|v-w\| \leqq \|v\| - \|w\| \leqq \|v-w\| \tag{2.49}$$

が成り立つ(左の不等号は $\|w\| = \|(w-v)+v\| \leqq \|w-v\| + \|v\|$ から，右の不等号は $\|v\| = \|(v-w)+w\| \leqq \|v-w\| + \|w\|$ から従う)．よって

$$|\,\|v\| - \|w\|\,| \leqq \|v-w\| \qquad (\forall v, w \in X) \tag{2.50}$$

である．ここに，$v = u_n$, $w = u_0$を代入すれば，$u_n$が $u_0$に収束するとき

$$0 \leqq |\|u_n\| - \|u_0\|| \leqq \|u_n - u_0\| \longrightarrow 0 \qquad (n \to \infty)$$

が得られる． ∎

**系 2.1** ノルム空間における収束点列は有界である．

［証明］ 上の定理における記号を用いれば，$\{\|u_n\|\}$ は収束数列である．したがって，それは有界数列であり

$$\|u_n\| \leqq M \qquad (n = 1, 2, \cdots)$$

が成り立つような正数 $M$ が存在する． ∎

### (e) 同値なノルム

具体例の考察からはじめる．$X = C[0,1]$ における標準のノルムは $\|u\|_{\max} = \max_{x \in [0,1]} |u(x)|$ であるが，$X$ に別のノルムを定義しよう．そのために

$$\rho(x) = 2 - \frac{3}{2}x \qquad (0 \leqq x \leqq 1)$$

とおけば，$\frac{1}{2} \leqq \rho(x) \leqq 2$ である．そうして，$u \in X$ に対して

$$\|u\|_\rho = \max_{x \in [0,1]} \frac{|u(x)|}{\rho(x)} \tag{2.51}$$

と定義すれば，$\|\ \|_\rho$ もノルムの公理を満足する(各自確めよ)．また，$\|u\|_\rho$ は

$$|u(x)| \leqq M\rho(x) \qquad (\forall x \in [0,1]) \tag{2.52}$$

が成り立つような定数 $M$ のうちの最小数である．$\|u\|_\rho$ を重み $\rho$ のもとでの最大値ノルムとよぶことがある．

ところで，$\|\ \|_\rho$ と $\|\ \|_{\max}$ を比較しよう．

$$\frac{1}{2}|u(x)| \leqq \frac{|u(x)|}{\rho(x)} \leqq 2|u(x)|$$

の各辺の最大値をとることにより

$$\frac{1}{2}\|u(x)\|_{\max} \leqq \|u\|_\rho \leqq 2\|u\|_{\max}$$

が成り立つことがわかる．この例のように，

**定義 2.12** (同値なノルム) ノルム空間 $X$ に 2 つのノルム $\|\ \|, \|\ \|'$ が定義されていて，条件

$$c_0\|u\| \leqq \|u\|' \leqq c_1\|u\| \qquad (\forall u \in X) \tag{2.53}$$

が成り立つような正定数$c_0, c_1$が存在するとき，$\| \quad \|$と$\| \quad \|'$は**同値なノルム**であるという． □

(2.53)が成り立てば，$\alpha_0 = 1/c_1$，$\alpha_1 = 1/c_0$に対し

$$\alpha_0 \|u\|' \leqq \|u\| \leqq \alpha_1 \|u\|' \qquad (\forall u \in X)$$

が成り立つ．よって，ノルムの同値関係は相互的である．さらに，"同値律"を満たしていることもわかる．

$X$の点列$u_n$が$u_0$に収束するかどうかという問題では，同値なノルムのどちらを用いても収束性に変わりない．ただし，ノルムを誤差評価等に使うときには，"大きさ"が問題になるので，どのノルムを使用するかは明示する必要がある．

**例 2.17** $X = \mathbf{R}^N = \{x = (\xi_k)_{k=1}^N \mid \xi_k \in \mathbf{R}\}$において，

$$\|x\|_2 = \sqrt{\sum_{k=1}^N \xi_k^2} \quad \text{および} \quad \|x\|_\infty = \max_k |\xi_k|$$

を考えよう．いま，任意の$x$を固定して考え，その成分の絶対値の最大値を$M$とすれば，

$$M^2 \leqq \sum_{k=1}^N \xi_k^2 \leqq \sum_{k=1}^N M^2 = NM^2 \tag{2.54}$$

が成り立つ(左辺は，中央の和のうちの最大成分の項のみを残したものであり，右辺は，すべての項を最大成分でおきかえたもの)．したがって

$$\|x\|_\infty \leqq \|x\|_2 \leqq \sqrt{N} \|x\|_\infty \qquad (\forall x \in X)$$

が得られ，最大値型のノルム$\| \quad \|_\infty$とユークリッド型のノルム$\| \quad \|_2$が同値であることがわかる． □

上の状況は一般の有限次元空間でも成り立ち，次の定理が知られている．

**定理 2.8** $X$が有限次元のノルム空間ならば，$X$における任意の2つのノルムは同値である． □

### (f) ノルム空間での位相

微積分で学んだ位相に関する用語，すなわち，近傍，開集合，閉集合は距離空間の一種であるノルム空間へ持ち込まれる．応用家にとっては収束概念よりも付き合いにくいこれらの位相的な概念も，なじんでしまえば何でもない．その目的で証明にこだわらない解説を述べよう．

$X$をノルム空間とする．$X$の点$a$の**$\varepsilon$近傍**（$\varepsilon$は正数）とは，$a$を中心とし半径が$\varepsilon$の開球

$$B(a;\varepsilon)=\{u\in X\mid \|u-a\|<\varepsilon\}$$

のことである．“$a$のある近傍において…” という表現は，“正数$\varepsilon$を十分小さくとれば，$a$の$\varepsilon$近傍$B(a,\varepsilon)$において…” を意味している．

$X$の部分集合$S$を考察しているとき，$a\in S$が$S$の**内点**であるとは，$\varepsilon$を十分小さくとれば，$a$の$\varepsilon$近傍$B(a;R)$がそっくり$S$に含まれることである．そうして，$X$の部分集合$G$が**開集合**であるとは，$G$のすべての点が$G$の内点であることと定義される．

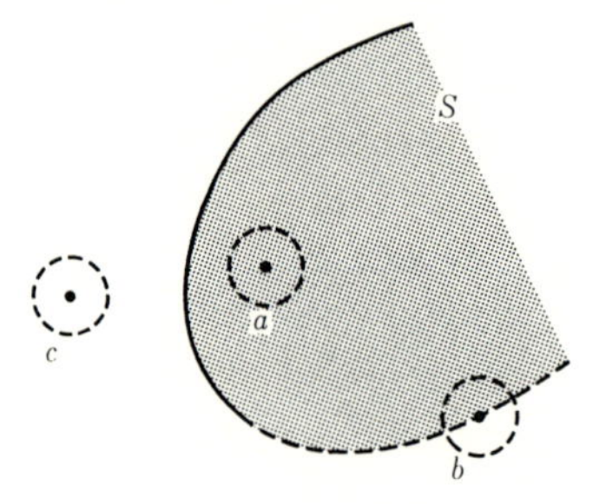

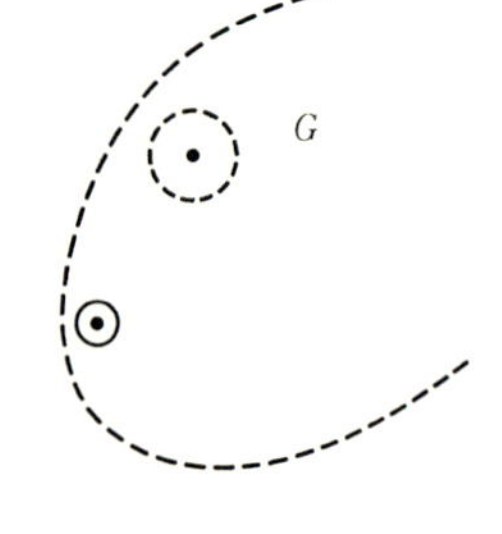


**図 2.7**

点$c$が部分集合$S$の**外点**であるとは，$c$が$S$の補集合$X\backslash S$の内点であることである．$S$の内点でも外点でもない点$b$は$S$の**境界点**である．したがって，$S$の境界点$b$の$\varepsilon$近傍には，$\varepsilon$がどんな小さな正数であっても，$S$の点および$S$の補集合の点が共存している．

$X$の部分集合$F$が**閉集合**であるとは，$F$の補集合が開集合であることと定義される．

部分集合$S$が境界点を全く含まなければ，$S$は内点のみからなるので開集合である．逆に，$S$の境界点がすべて$S$に属しているならば$S$は**閉集合**である．

**例 2.18**　実数値関数からなる$X=C[0,1]$において，

$$S_1=\{u\in X\mid u(x)>0\quad(0\leqq x\leqq 1)\}$$
$$S_2=\{u\in X\mid u(x)\geqq 0\quad(0\leqq x\leqq 1)\}$$

を考える．ノルムは最大値ノルムとすると，$S_1$は開集合，$S_2$は閉集合である（証明は演習問題）．

一方，$Y = L^2(0,1)$ (実係数)において

$$T_1 = \{u \in Y \mid u(x) > 0 \text{ a.e. } x \in (0,1)\}$$
$$T_2 = \{u \in Y \mid u(x) \geqq 0 \text{ a.e. } x \in (0,1)\}$$

を $L^2$ ノルムのもとで考えると，$T_2$は閉集合であるが $T_1$は開でも閉でもない．

□

次の定理は微積分で学んだものと同じ形をしている(藤田[1]-II, §4.4)が，閉集合の特徴づけとして便利である．

**定理 2.9** ノルム空間 $X$の部分集合 $S$が閉集合であるための必要十分条件は，$S$の要素からなる任意の収束列 $\{u_n\}$ の極限点 $u_0$が $S$に属することである． □

証明は微積分で学んだそれから読みとるか，詳しくは，然るべき成書を見てもらうことにする．

さて，$X$の任意の部分集合 $S$に対しその触点と閉包を定義しよう．

**定義 2.13** (触点と閉包) $a \in X$が $S$の**触点**であるとは，任意の正数$\varepsilon$に対して，$a$ の$\varepsilon$近傍 $B(a,\varepsilon)$ が $S$の点を(少なくともひとつ)含むことである．また，$S$の触点の全体を $S$の**閉包**といい，$\overline{S}$で表わす． □

$a \in S$ならば，当然 $a$ は $S$の触点である．したがって，$S \subseteq \overline{S}$である．$S$に属さないような $S$の触点 $a$ を考えよう．$\varepsilon = 1/n$ $(n = 1, 2, \cdots)$ と動かしたときの $B(a, 1/n)$ は $S$の点を含んでいる．その 1 つを任意にえらんで $u_n$とおく．そうすると $\|u_n - a\| < 1/n$ $(n = 1, 2, \cdots)$ であるから，$\{u_n\}$ は $a$ に収束する．すなわち，$S$に属さないような$\overline{S}$の点 $a$ に対しては，$S$の点列 $u_n$ ($a$ とは異なる点！) で，$a$ に収束するものが存在する．このとき，$a$ は $S$の**集積点**であるという．すなわち，$S$の**閉包は，$S$自身とそのすべての集積点を併せたもの**である．

証明は省略するが，閉包に関して(直観的に明らかな)次の定理が成り立つ．

**定理 2.10** 任意の部分集合 $S$に対し$\overline{S}$は閉集合である．また，閉集合の閉包はそれ自身である． □

**定理 2.11** 閉包をとる操作は，包含関係を保存する．すなわち，$A, B$を $X$の任意の部分集合とするとき，$A \subseteq B \Longrightarrow \overline{A} \subseteq \overline{B}$ である．また，$\overline{A \cup B} = \overline{A} \cup \overline{B}$ が成り立つ． □

**定理 2.12** 部分集合 $S$に対し，$\overline{S}$は $S$を含む最小の閉集合である． □

### (g)　関数空間における稠密性と近似定理

$X = C[0,1]$ 空間において，部分集合

$$P = \{p \in X \mid p(x) \text{ は } x \text{ の多項式}\}$$

を考える．次の **Weierstrass の(多項式)近似定理**を受け入れよう．

**定理 2.13** (Weierstrass の近似定理)　有界閉区間で連続な関数 $u$ は多項式によって一様近似される． □

すなわち，$u \in X$ に対し，$p_n \to u$ ($[0,1]$ 上の一様収束) が成り立つような多項式列 $\{p_n\}$ が存在する．すなわち，$P$ の点列 $\{p_n\}$ が $\|u - p_n\| \to 0$ $(n \to \infty)$ を満たす．したがって，任意の $u \in X$ は $P$ の触点である．いいかえれば，$\overline{P} = X$ である．

次の定義を導入する．

**定義 2.14**　ノルム空間 $X$ の部分集合 $M$ が $X$ で**稠密**(ちゅうみつ；dense)であるとは，$\overline{M} = X$ が成り立つこと，すなわち，$X$ の任意の点 $u$ に対して，$u$ を極限に持つ $M$ の点列(近似列) $\varphi_n \in M$ $(n = 1, 2, \cdots)$ が存在することである． □

この用語によれば，上の結果は(区間を一般にして)次のように述べられる．

**定理 2.14**　有界閉区間 $[\alpha, \beta]$ 上の連続関数の空間 $C[\alpha, \beta]$ において多項式全体は稠密である． □

つぎに，有理数を係数とする多項式で表わされる関数の全体を $Q$ とおこう．一般の $p \in P$ が $n$ 次式

$$p = a_0 + a_1 x + a_2 x^2 + \cdots + a_n x^n \qquad (a_j \in \mathbf{R}, j = 1, 2, \cdots, n)$$

で表わされているとき，有理数 $b_0, b_1, \cdots, b_n$ を係数とする多項式

$$q = b_0 + b_1 x + b_2 x^2 + \cdots + b_n x^n$$

を考えると

$$\begin{aligned} \|p - q\| &= \max_{0 \leqq x \leqq 1} |(a_0 - b_0) + (a_1 - b_1)x + \cdots + (a_n - b_n)x^n| \\ &\leqq |a_0 - b_0| + |a_1 - b_1| + \cdots + |a_n - b_n| \end{aligned}$$

が成り立つ．ここで，$a_0, a_1, \cdots, a_n$ に対して有理数 $b_0, b_1, \cdots, b_n$ をいくらでも近くえらぶことができるから，任意の正数 $\varepsilon$ に対して，$\|p - q\| < \varepsilon/2$ が成り立つような $q \in Q$ が存在する．

したがって，任意の $u \in X$ と正数 $\varepsilon$ に対して，

$$\|u-p\| < \frac{\varepsilon}{2}, \qquad \|p-q\| < \frac{\varepsilon}{2}$$

となるような $p \in P$, $q \in Q$ がえらべるわけである．このとき，$\|u-q\| < \varepsilon$ が成り立つことは明らかである．

すなわち，区間を一般化して述べれば，

**定理 2.15** 有界閉区間 $[\alpha,\beta]$ 上の連続関数の空間 $C[\alpha,\beta]$ において，有理係数の多項式の全体 $Q$ は稠密である． □

$L^p$ 型の関数空間での稠密性を論ずる前に，$l^p$ 型の空間を考察しよう．

**例 2.19** $l^p$ 型の空間のどれにも含まれる次の集合を考える．

$$\Phi = \{x = (\xi_k)_{k=1}^{\infty} \mid \text{ただし}, \xi_k \text{は有限個の} k \text{を除いて} \xi_k = 0\}.$$

$x = (\xi_k)_{k=1}^{\infty} \in \Phi$ ならば，ある自然数 $N$ に対して

$$\xi_k = 0 \qquad (k \geqq N) \tag{2.55}$$

が成り立つ．逆に，(2.55) が成り立つような $N$ が存在すれば，$x = (\xi_k) \in \Phi$ である．

さて，$1 \leqq p < +\infty$ を満たす $p$ に対し，$X = l^p$ を考えよう．いま，任意の $x \in l^p$ をとり，$n = 1, 2, \cdots$ に対して

$$x_n = (\xi_1, \xi_2, \cdots, \xi_n, 0, 0, 0, \cdots) \tag{2.56}$$

とおく．明らかに，$x_n \in \Phi$ であり，一方

$$\|x - x_n\|_X^p = \sum_{k=n+1}^{\infty} |\xi_k|^p \longrightarrow 0 \qquad (n \to \infty)$$

が成り立つ．したがって，$x \in \overline{\Phi}$．すなわち，$\overline{\Phi} = X = l^p$．言葉で言えば，$\Phi$ は $l^p (1 \leqq p < +\infty)$ で稠密である．

$p = \infty$ のときは事情が異なる．すべての成分が 1 である $l^\infty$ の要素を $e$ で表わそう．すなわち，

$$e = (1, 1, 1, \cdots) \tag{2.57}$$

を考える．このとき，任意の $x \in \Phi$ に対して

$$\|e - x\| \geqq 1 \tag{2.58}$$

が成り立つ($\xi_k = 0$ となるような $k$ 番目の成分に対しては $(e-x)_k = 1$ であるか

ら)．すなわち，$e$ は$\Phi$の触点ではない．よって，$\Phi$は $l^\infty$ で稠密ではない．□

$L^p$型の空間についての次の定理を事実として承知しておくことにしよう．

**定理 2.16**　$1 \leqq p < +\infty$, $\Omega$を $\mathbf{R}^m$ の任意の領域とするとき，$C_0(\Omega) = \{\mathrm{supp}\, u$ が$\Omega$の有界閉集合であるような連続関数$\}$ は $L^p(\Omega)$ で稠密である．さらに $C_0^\infty(\Omega) = C^\infty(\Omega) \cap C_0(\Omega)$ も $L^p(\Omega)$ で稠密である．□

## (h)　可分な関数空間

応用上重要な関数空間の多くは次の意味で可分である．

**定義 2.15**　ノルム空間 $X$が**可分**(separable)であるとは，$X$の部分集合 $M$で次の条件 (i),(ii) を満たすものが存在することである．

(i)　$\overline{M} = X$，すなわち，$M$は $X$で稠密．

(ii)　$M$は可算集合．

すなわち，$X$の中の可算集合 $M = \{f_1, f_2, \cdots, f_n, \cdots\}$ をえらんで，任意の $u \in X$が $M$の触点になるようにできることである．□

**例 2.20**　有界閉区間上の連続関数の空間 $C[\alpha, \beta]$ は可分である．このことは，有理係数の多項式の全体 $Q$ が可算集合であることを知れば，定理 2.15 からすぐわかる．ところで，有理数が可算集合であることは御承知であろう．つぎに，たとえば，2 次以下の多項式 $b_0 + b_1 x + b_2 x^2$で有理係数のものの全体が可算集合であることも定石的な論法でわかる．すなわち，任意の自然数 $n$ に対して，次数が $n$ 以下の有理係数多項式全体は可算集合である．このことから，$Q$ 自体の可算性が(その道で)定石的な論法により導かれるのである．□

**例 2.21**　$1 \leqq p < +\infty$ ならば $l^p$は可分である．実際，例 2.19 の$\Phi$を用いて

$$\Psi = \{x \in l^p \mid x \in \Phi \text{かつ } x \text{ の成分は有理数}\}$$

を定義すれば，$l^p$で$\Psi$が稠密であること，また，$\Psi$が可算集合であることの証明は意欲のある読者に格好な演習問題であろう．□

一方，$l^\infty$ は可分ではない(理屈が好きな読者のために，その証明を誘導型の演習問題として章末に収めてある)．

$L^p$型の空間についても次の定理が成り立つ．

**定理 2.17**　$1 \leqq p < +\infty$ ならば $L^p(\Omega)$ は可分である．しかし，$L^\infty(\Omega)$ は可分ではない．□

# §2.5　関数空間における内積

## （a）　内積の公理

$X = L^2(a,b)$ が実数値関数からなっているとき，$u, v \in X$の内積(inner product)は

$$(u,v) = \int_a^b u(x)v(x)\mathrm{d}x \tag{2.59}$$

により定義される．もし，$X$が複素数値関数からなっているときには，$u, v \in X$の内積は

$$(u,v) = \int_a^b u(x)\overline{v}(x)\mathrm{d}x \tag{2.60}$$

で与えられる．ここで，$\overline{v}(x)$ は $v(x)$ の共役複素数である．どちらの場合についても

$$\|u\| = \sqrt{(u,u)} \tag{2.61}$$

が成り立つ．この意味で，$L^2$ノルムは内積から導かれるノルムである．また，(2.60),(2.61) の内積 ( , ) が高校以来おなじみのベクトルの内積の自然な拡張であることは理解しやすい．抽象的な定義に入ろう．

**定義 2.16**　$X$を実線形空間とするとき，( , ) が $X$の内積であるとは，任意の $u, v \in X$に対して実数 $(u,v)$ が定まり（すなわち，( , ) は $X \times X$から $\mathbf{R}$ への写像であり），次の内積の公理（実内積の場合）が成り立つことである．

**内積の公理**（実内積の場合）

(i)　正値性；任意の $u \in X$に対して $(u,u) \geqq 0$，かつ，$(u,u) = 0 \Leftrightarrow u = 0$.

(ii)　対称性；$(u,v) = (v,u) \quad (\forall u, v \in X)$.

(iii)　双線形性；$(u,v)$ は $u, v$いずれについても線形である．すなわち，任意の $u, v, u_1, u_2, v_1, v_2 \in X$に対し

$$(u_1 \pm u_2, v) = (u_1, v) \pm (u_2, v) \qquad \text{（複号同順）} \tag{2.62}$$

$$(u, v_1 \pm v_2) = (u, v_1) \pm (u, v_2) \qquad \text{（複号同順）} \tag{2.63}$$

$$(ku, v) = k(u,v), \quad (u, kv) = k(u,v) \qquad (\forall k \in \mathbf{R}) \tag{2.64}$$

が成り立つ．□

**定義 2.16′**　$X$を複素線形空間とするとき，$(\ ,\ )$が$X$の内積であるとは，任意の$u,v\in X$に対して複素数$(u,v)$が定まり，次の内積の公理(複素内積の場合)が成り立つことである．

**内積の公理**(複素内積の場合)

(i)　正値性；実内積の場合と同様；

$$(u,u)\geqq 0\,(\forall u\in X),\quad かつ,\quad (u,u)=0\iff u=0.$$

(ii)　共役対称性；$\overline{(u,v)}=(v,u)\ (\forall u,v\in X)$.

(iii)　準双線形性；$(u,v)$は$u$に関して線形であり，$v$に関しては共役線形である．すなわち，(2.62),(2.63)はそのまま成り立つが，(2.64)は次の(2.65)でおきかえられる．

$$(ku,v)=k(u,v),\quad (u,kv)=\overline{k}(u,v)\qquad (\forall k\in\mathbf{C})\,. \tag{2.65}$$

□

**定義 2.17**　内積が定義されている線形空間を**内積空間**，あるいは**前ヒルベルト空間**(pre-Hilbert space)という．□

**例 2.22**　多次元の領域$\Omega$の上で定義された$L^2$空間，すなわち，$L^2(\Omega)$における内積は，実数値関数，複素数値関数のどちらを考えているかにより，それぞれ

$$(u,v)=\int_\Omega u(x)v(x)\mathrm{d}x,\qquad (u,v)=\int_\Omega u(x)\overline{v}(x)\mathrm{d}x$$

で与えられる．この内積を$L^2$**内積**といい，$(\ ,\ )_{L^2(\Omega)},(\ ,\ )_{L^2}$などで特記することが多い．

また，$\rho$を$\Omega$で定義された正値の関数とするとき，

$$X=L^2(\Omega;\rho)=\left\{u=u(x)\ \middle|\ \int_\Omega |u(x)|^2\rho(x)\mathrm{d}x<+\infty\right\} \tag{2.66}$$

における内積として

$$(u,v)=\int_\Omega u(x)\overline{v}(x)\rho(x)\mathrm{d}x\qquad (u,v\in X) \tag{2.67}$$

を採用することができる．これを，$\rho$を重みとする$L^2$内積という．□

**例 2.23**　$C^1(a,b)$に属する関数$u$のうちで，条件

$$\int_a^b |u|^2 \mathrm{d}x < +\infty, \qquad \int_a^b \left|\frac{\mathrm{d}u}{\mathrm{d}x}\right|^2 \mathrm{d}x < +\infty$$

を満たすものの全体を $X$ で表わす．すなわち，

$$X = \left\{ u \in C^1(a,b) \;\middle|\; u \in L^2(a,b),\ \frac{\mathrm{d}u}{\mathrm{d}x} \in L^2(a,b) \right\}.$$

このとき

$$\begin{aligned}(u,v) &= \int_a^b u\overline{v}\mathrm{d}x + \int_a^b \frac{\mathrm{d}u}{\mathrm{d}x}\overline{\frac{\mathrm{d}v}{\mathrm{d}x}}\mathrm{d}x \qquad (2.68)\\ &= (u,v)_{L^2} + \left(\frac{\mathrm{d}u}{\mathrm{d}x}, \frac{\mathrm{d}v}{\mathrm{d}x}\right)_{L^2}\end{aligned}$$

により，$X$ の内積を定義することができる．(2.68) の形の内積は $Y = C^1[a,b]$ に対しても用いることができる．すなわち，これらの $X, Y$ は (2.68) のもとで内積空間である(ただし，これらは前ヒルベルト空間どまりであって，後で定義するヒルベルト空間ではない)．

多変数についても事情は同じである．すなわち，$\Omega$ を $\mathbf{R}^m$ の領域とするとき，

$$X = \{u \in C^1(\Omega) \mid u \in L^2(\Omega),\ \frac{\partial u}{\partial x_j} \in L^2(\Omega),\ j = 1, 2, \cdots, m\} \qquad (2.69)$$

と定めれば，$u, v \in X$ に対して，内積

$$\begin{aligned}(u,v) &= \int_\Omega u \cdot \overline{v}\mathrm{d}x + \int_\Omega \sum_{j=1}^m \frac{\partial u}{\partial x_j}\overline{\frac{\partial v}{\partial x_j}}\mathrm{d}x\\ &= (u,v)_{L^2} + \sum_{j=1}^m \left(\frac{\partial u}{\partial x_j}, \frac{\partial v}{\partial x_j}\right)_{L^2}\\ &= (u,v)_{L^2} + (\nabla u, \nabla v)_{L^2} \qquad (2.70)\end{aligned}$$

を定義することができる．

なお，上の式の最後では

$$\nabla u = \left(\frac{\partial u}{\partial x_1}, \frac{\partial u}{\partial x_2}, \cdots, \frac{\partial u}{\partial x_m}\right), \qquad \nabla v = \left(\frac{\partial v}{\partial x_j}\right)_{j=1,2,\cdots,m},$$

$$(\nabla u, \nabla v)_{L^2} = \int_\Omega \nabla u \cdot \overline{\nabla v}\mathrm{d}x \qquad (2.71)$$

という記法を用いた．この $X$ は前ヒルベルト空間にすぎないが，内積 (2.70) は

将来も活用されるものであり，ソボレフ空間での用語を先取りして，$\boldsymbol{H}^1$**内積**あるいは$\boldsymbol{H}^1(\boldsymbol{\Omega})$**内積**とよばれる．すなわち，

$$(u,v)_{H^1(\Omega)} = (u,v)_{L^2(\Omega)} + (\nabla u, \nabla v)_{L^2(\Omega)} \tag{2.72}$$

である．□

**例 2.24**

$$l^2 = \left\{ x = (\xi_1, \xi_2, \cdots, \xi_k, \cdots) \;\middle|\; \sum_{k=1}^{\infty} |\xi_k|^2 < +\infty \right\}$$

における内積は，$x = (\xi_k)_{k=1}^{\infty}$，$y = (\eta_k)_{k=1}^{\infty}$に対して

$$(x,y)_{l^2} = \sum_{k=1}^{\infty} \xi_k \overline{\eta_k} \tag{2.73}$$

とおくことによって定義される．もちろん，実$l^2$空間の場合には(2.73)の$\overline{\eta_k}$が単に$\eta_k$でおきかえられることはいうまでもない．これが内積の公理を満たすことを検証してほしい．□

### (b)　内積から導かれるノルム

$L^2$ノルムに関してすでに見た状況が次のように一般化される．

**定理 2.18**　$X$が内積空間であるとき，任意の$u \in X$に対して，$\|u\| = \sqrt{(u,u)}$とおけば，$\|\ \ \|$はノルムの公理を満たす．すなわち，$\|\cdot\| = \sqrt{(\cdot,\cdot)}$は$X$のノルムである．□

**注意 2.2**　内積空間$X$においてノルムといえば，上の$\|\cdot\|$のことであり，このノルムを**内積から導かれたノルム**という．

［証明］　内積の公理により，$\|u\| = \sqrt{(u,u)}$に対してノルムの公理を検証する．ノルムの正値性は内積の正値性から明らか．同次性$\|ku\| = |k|\|u\|$も$(ku,ku) = k\overline{k}(u,u) = |k|^2(u,u)$からただちに従う．やや骨が折れるのは3角不等式

$$\|u+v\| \leqq \|u\| + \|v\| \tag{2.74}$$

の検証である．両辺が非負であるから，(2.74)は，$(\|u+v\|)^2 \leqq (\|u\| + \|v\|)^2$と同値である．したがって，

$$(u+v, u+v) \leqq (u,u) + 2\|u\|\|v\| + (u,v)$$

と同値である．ところが(複素内積の場合について書けば)

$$(u+v,u+v)=(u,u)+(u,v)+(v,u)+(v,v)$$
$$=(u,u)+2\mathrm{Re}(u,v)+(v,v)$$

であるから，証明するべきことは

$$\mathrm{Re}(u,v)\leqq\|u\|\cdot\|v\|$$

に帰着する．ところがこれは次のシュバルツの不等式から明らか． ∎

**定理 2.19** (シュバルツの不等式) 内積空間 $X$ において

$$|(u,v)|\leqq\|u\|\cdot\|v\| \qquad (\forall u,v\in X) \tag{2.75}$$

が成り立つ．

［証明］ $v$について場合分けをする．まず，$v=0$ ならば (2.75) の両辺は 0 であり，(2.75) は等号で成立する．

つぎに，$v\neq 0$ とし $e=v/\|v\|$ とおく．次の不等式は明らかである．

$$\|u-(u,e)e\|^2=(u-(u,e)e,\ u-(u,e)e)\geqq 0\,. \tag{2.76}$$

さらに，$k=(u,e)$ とおいて，(2.76) の中央の辺を計算すると

$$(u-ke,u-ke)=(u,u)-2\mathrm{Re}(u,ke)+(ke,ke)$$
$$=\|u\|^2-2\mathrm{Re}(\overline{k}(u,e))+|k|^2\|e\|^2\,.$$

ところが，

$$\mathrm{Re}(\overline{k}(u,e))=\mathrm{Re}(\overline{k}k)=\mathrm{Re}|k|^2=|k|^2,$$
$$\|e\|^2=\left(\frac{v}{\|v\|},\frac{v}{\|v\|}\right)=\frac{1}{\|v\|^2}(v,v)=1$$

であるので，(2.76) から $\|u\|^2-|k|^2\geqq 0$，すなわち $|k|\leqq\|u\|$ が得られる．さらに，$|k|\leqq\|u\|$ において

$$|k|=|(u,e)|=\left|\left(u,\frac{v}{\|v\|}\right)\right|=\left|\frac{1}{\|v\|}(u,v)\right|=\frac{1}{\|v\|}|(u,v)|$$

と書きなおし，$\|v\|$ を掛けて分母をはらえば (2.75) が得られる． ∎

内積から導かれたノルムは $\|u\|=\sqrt{(u,u)}$ であるが，逆に内積を(それから導かれた)ノルムだけを用いて表現することができる．

まず，$X$が実内積空間のときには，任意の $u,v\in X$ に対し

$$(u,v)=\frac{1}{4}(\|u+v\|^2-\|u-v\|^2) \tag{2.77}$$

が成り立つ(右辺を展開して確かめてみよ)．さらに複素内積空間では

$$(u,v)=\frac{1}{4}(\|u+v\|^2-\|u-v\|^2)+\frac{\mathrm{i}}{4}(\|u+\mathrm{i}v\|^2-\|u-\mathrm{i}v\|^2) \qquad (2.78)$$

が成り立つ(演習問題参照)．

高校以来なじんでいる公式の一般化である次の定理が成り立つ．

**定理 2.20 (中線定理)** 内積から導かれたノルムについては，

$$\|u+v\|^2+\|u-v\|^2=2(\|u\|^2+\|v\|^2) \qquad (\forall u,v\in X) \qquad (2.79)$$

が成り立つ． □

**注意 2.3** 実は，中線定理が成り立つかどうかは，一般のノルム空間のノルムが，何らかの内積から導かれるものかどうかの判定条件なのである(von Neumann による)．この完全な証明は結構面倒である(Yosida[15])．

## (c) 内積空間での収束

内積空間における収束は，内積から導かれるノルム $\|u\|=\sqrt{(u,u)}$ による収束のことである．

**例 2.25** $L^2$内積空間での収束は $L^2$収束である．また，$H^1(\Omega)$ 内積 (2.70) を採用している関数空間で $u_n$が $u_0$に収束することは，内積から導かれるノルム

$$\|u_n-u_0\|_{H^1(\Omega)}\equiv\sqrt{\|u_n-u_0\|^2_{L^2(\Omega)}+\|\nabla u_n-\nabla u_0\|^2_{L^2(\Omega)}} \qquad (2.80)$$

を用いて，$\|u_n-u_0\|_{H^1(\Omega)}\to 0\ (n\to\infty)$ と表わされる．すなわち，$H^1(\Omega)$ 内積のもとでの収束は，関数自身の $L^2$収束および 1 階導関数の $L^2$収束をあわせた収束である □

内積空間における内積は，連続である．すなわち，次の定理が成り立つ．

**定理 2.21** 内積空間の点列について $u_n\to u_0$，$v_n\to v_0$ $(n\to\infty)$ ならば，$(u_n,v_n)\to(u_0,v_0)$ である．

[証明] $(u_n,v_n)-(u_0,v_0)=(u_n-u_0,v_n)+(u_0,v_n-v_0)$ より，シュバルツの不等式を用いて

$$|(u_n,v_n)-(u_0,v_0)|\leqq\|u_n-u_0\|\cdot\|v_n\|+\|u_0\|\,\|v_n-v_0\|. \qquad (2.81)$$

$\|v_n\|$ は有界数列である(系 2.1)．したがって，$\|u_n-u_0\|\to 0$，$\|v_n-v_o\|\to 0$

により (2.81) の右辺は 0 に収束する． ∎

### (d) 内積と直交性

2 つのベクトル $u, v$の直交性を内積を用いて表わすことは高校以来なじんでいる．

**定義 2.18** 内積空間 $X$において，$u, v \in X$が直交するとは，$(u, v) = 0$ が成り立つことである．このとき $u \perp v$と書く． □

上の直交性の定義に基づく簡単な事実を列挙しよう．

1° 0 ベクトルは，任意の $u \in X$と直交する．また，$X$の任意の要素と直交する要素は 0 ベクトルのみである（自分自身と直交するベクトルは内積の公理により 0 となるから）．

2° $u \perp v$ならば，ピタゴラスの定理（三平方の定理）が成り立つ．すなわち

$$u \perp v \implies \|u+v\|^2 = \|u\|^2 + \|v\|^2. \tag{2.82}$$

3° $X$の部分集合 $S$が与えられたとき

$$S^{\perp} = \{u \in X \mid (u, s) = 0 \, (\forall s \in S)\} \tag{2.83}$$

とおく．すなわち，$S^{\perp}$は $S$の任意要素と直交する要素の全体である．

$(u, s)$ の $u$ に関する線形性から $S^{\perp}$ は部分空間である．また，$u_n \in S^{\perp}$，$u_n \to u_0$ ($X$において) ならば，$(u_n, s) = 0 \, (\forall s \in S)$ における極限移行により (内積の連続性を用いて)，$(u_0, s) = 0 \, (\forall s \in S)$ が得られる．よって，$u_0 \in S^{\perp}$である．このことから，$S^{\perp}$は閉集合である．すなわち，$S^{\perp}$は閉部分空間である．

### (e) シュミットの直交化法

内積空間 $X$において，線形独立な点列 $\{f_1, f_2, \cdots, f_n, \cdots\}$ が与えられたとき，次の性質を満たす直交系$\{e_1, e_2, \cdots, e_n, \cdots\}$ ($(e_j, e_k) = 0 \ (j \neq k)$) を構成することができる．

$$\begin{cases} \|e_n\| = 1 \\ e_n \text{は } f_1, f_2, \cdots, f_n \text{の線形結合であり，} \\ \text{かつ，} (e_n, f_n) > 0 \, (n = 1, 2, \cdots) \text{ である．} \end{cases}$$

$\{e_n\}$ を構成する以下の手順はシュミットの直交化法とよばれる．

$e_1 = f_1/\|f_1\|$ とおく．すると $\|e_1\| = 1$ である．次に，$h_2 = f_2 - (f_2, e_1)e_1$ とおく．このとき $h_2 \neq 0$ である．なぜなら，もし $h_2 = 0$ ならば，$f_2 = (f_2, e_1)e_1$ となり，$f_2$ と $e_1$，したがって，$f_2$ と $f_1$ は線形従属になってしまうからである．一方，

$$(h_2, e_1) = (f_2, e_1) - ((f_2, e_1)e_1, e_1) = (f_2, e_1) - (f_2, e_1)(e_1, e_1)$$
$$= (f_2, e_1) - (f_2, e_1) = 0$$

により $h_2 \perp e_1$ である．したがって $e_2 = h_2/\|h_2\|$ とおけば $e_2 \perp e_1$，かつ，$\|e_2\| = 1$．さらに，$(e_2, f_2) = (f_2, f_2)/\|h_2\|$ であるので，$(e_2, f_2) > 0$．$e_1, e_2$ が構成できたところで，

$$h_3 = f_3 - (f_3, e_2)e_2 - (f_3, e_1)e_1$$

とおくと，$h_2$ の場合と同様な考察によって，$h_3 \neq 0$, $(h_3, e_2) = 0$, $(h_3, e_1) = 0$ であることがわかる．そこで，$e_3 = \dfrac{1}{\|h_3\|}h_3$ とおけば，

$$\|e_3\| = 1,\ (e_3, e_2) = 0,\ (e_3, e_1) = 0$$

が成り立つ．さらに $(e_3, f_3) = \dfrac{1}{\|h_3\|}(f_3, f_3) > 0$ であることも確かめられる．この手順を続行していけばよい．すなわち，$e_1, e_2, \cdots, e_n$ が構成できたとして，$e_{n+1}$ を

$$h_{n+1} = f_{n+1} - \sum_{k=1}^{n}(f_{n+1}, e_k)e_k$$

$$e_{n+1} = \frac{1}{\|h_{n+1}\|}h_{n+1}$$

により定義すればよい．

## §2.6 第2章への補足

### (a) 平均収束と各点収束

関数列 $u_n \in L^p(\Omega)$ が $u_0 \in L^p(\Omega)$ に $L^p$ 収束するならば，$\{u_n\}$ のしかるべき部分列 $\{u_{n_k}\}_{k=1}^{\infty}$ をえらべば，$k \to +\infty$ のとき

$$u_{n_k}(x) \longrightarrow u_0(x) \qquad (\text{a.e. } x \in \Omega)$$

が成り立つことが知られている(もとの関数列のほとんど到るところでの収束は結論できない)．このことを用いると，たとえば，$u_n(x) \geqq 0$ (a.e. $x \in \Omega$) で

あれば，極限関数 $u_0$ についても，$u_0(x) \geqq 0$ (a.e. $x \in \Omega$) が成り立つことがわかる．

### (b)　測度 0 の集合

数直線，すなわち，$\mathbf{R}^1$ の部分集合 $S$ の測度とは，$S$ の "長さ" を明確化したものである．実際，$S=$ 区間 $[a,b]$，ただし $(a<b)$ のとき，$S$ の長さが $b-a$ であることは中学生でもわかる．また，$S=\{x \mid 4 \leqq x^2 \leqq 9\}$ は共有点を持たない 2 つの区間 $[-3,-2]$，区間 $[2,3]$ の和集合であるから，$S$ の長さ（むしろ，全長）はこれらの区間の長さの和と考えるのが自然である．さらに，

$$S=\bigcup_{n=1}^{\infty}\left[n, n+\frac{1}{2^n}\right]=\left[1,\frac{3}{2}\right]\cup\left[2,\frac{9}{4}\right]\cup\left[3,\frac{25}{8}\right]\cup\cdots$$

であるときには，$S$ は共有点を持たない可算個の区間 $\left[n, n+\dfrac{1}{2^n}\right]$ の和集合であるから，$S$ の全長 = 測度は，これらの部分区間の長さを総和した

$$S\text{の測度}=\sum_{n=1}^{\infty}\frac{1}{2^n}=\frac{1}{2}+\frac{1}{2^2}+\cdots+\frac{1}{2^n}+\cdots=1 \tag{2.84}$$

である．

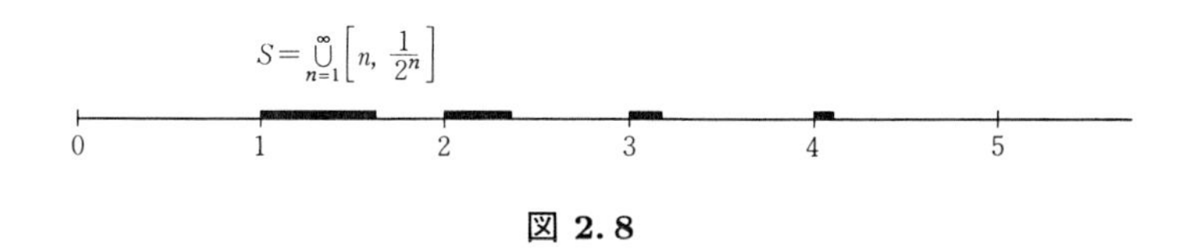


**図 2.8**

しかし，

$$S_1=\{x\in\mathbf{R} \mid 0\leqq x\leqq 1,\ \text{ただし}, x\text{は有理数}\} \tag{2.85}$$

$$S_2=\{x\in\mathbf{R} \mid 0\leqq x\leqq 1,\ \text{ただし}, x\text{は無理数}\} \tag{2.86}$$

としたときの $S_1, S_2$ の全長 = 測度がどうなるかは，簡単には見当がつかない．

実は，$\mathbf{R}$ の任意の集合に対して，その全長 = 測度が定義できるとは限らないのである．部分集合 $S$ の測度が定義できるとき，$S$ は**可測集合**(measurable set) であるといい，その測度を $m(S)$ あるいは $|S|$ で表わす（実は，いろいろな重みつきの測度も考え得るのであるが，ここでは，いわゆるルベーグ測度のみを考える）．応用上，具体的な場面で出会う集合はすべて可測である，すなわち，測

度が確定していると考えてよい．たとえば開集合や閉集合は可測であり，それらの可算無限個の和集合や共通部分も可測である．また，$S$が可測ならば，$S$の補集合も可測である(可測性の厳密な定義や可測でない集合の例について興味がある読者は，たとえば藤田・吉田[3]を見よ)．

ところで，(2.84) では$S$の測度を求めるのに，$S$を "分解" して，各部分の測度の和として計算しているが，この方法は次の形に一般化される．すなわち，次の定理が知られている．

**定理 2.22** (測度の可算加法性)　可算個の可測集合 $S_n$ $(n = 1, 2, \cdots)$ が互いに共有点を持たないならば，$S = \bigcup_{n=1}^{\infty} S_n$の測度 $m(S)$ は

$$m(S) = \sum_{n=1}^{\infty} m(S_n) \tag{2.87}$$

で与えられる．□

任意の可測集合の測度は非負であるが，$+\infty$ も測度の値として認知される．たとえば，数直線全体や半数直線の測度は$+\infty$ である．そうして，(2.87) の右辺が$+\infty$ に発散すれば，$m(S) = +\infty$ である．たとえば，

$$T = \bigcup_{n=2}^{\infty} \left[ n, n + \frac{1}{n} \right] \quad \Longrightarrow \quad m(T) = \sum_{n=2}^{\infty} \frac{1}{n} = +\infty \tag{2.88}$$

である．なお，空集合$\emptyset$も可測であり，$m(\emptyset) = 0$ である．さらに，1点から成る集合の測度は 0 である．たとえば，$a, b$ を $a < b$ を満たす任意の数とするとき，1点 $\{b\}$ の測度が 0 であるから，半開区間 $[a, b)$ の測度とそれに $\{b\}$ をつけ加えた閉区間 $[a, b]$ の測度は等しく，$b - a$ である．このことは，開区間 $(a, b)$ についても同様である．すなわち

$$m([a, b]) = m([a, b)) = m((a, b]) = m((a, b)) .$$

一方，測度 0 の集合は格別の重要性を持っている．その命名と特徴づけを記しておこう．

**定義 2.19**　$S$の測度が 0 であるとき，すなわち，$m(S) = 0$ ならば，$S$は**零集合**(null set) であるという．□

**定理 2.23** (零集合の特徴づけ)　$S \subset \mathbf{R}^1$について，$S$が零集合であるための条件は，長さの総和がいくらでも小さい可算個の区間によって$S$を覆うことができることである．すなわち，任意の$\varepsilon > 0$ に対して次の性質 (i),(ii) を持つ区

間列 $I_n$ が存在することである．

(i) $\sum_{n=1}^{\infty}|I_n|<\varepsilon$ 　（ただし，$|I_n|$ は区間 $I_n$ の長さ），

(ii) $S\subseteq\bigcup_{n=1}^{\infty}I_n$. □

**例 2.26** $S=\{x_n\}_{n=1}^{\infty}$ を実数の可算集合とする．上の特徴づけにしたがって $m(S)=0$ を検証しよう．いま正数 $\varepsilon$ が任意に与えられたとする．各 $n$ に対して区間 $I_n$ を次のように定める．

$$I_n=\left(x_n-\frac{\varepsilon}{4^n},\ x_n+\frac{\varepsilon}{4^n}\right)\qquad(n=1,2,\cdots).\tag{2.89}$$

明らかに $S\subseteq\bigcup_{n=1}^{\infty}I_n$ である．また，$|I_n|=\dfrac{2\varepsilon}{4^n}$ であるから

$$\sum_{n=1}^{\infty}|I_n|=2\varepsilon\sum_{n=1}^{\infty}\frac{1}{4^n}=2\varepsilon\times\frac{1}{3}<\varepsilon$$

により (i) も成り立つ．よって $m(S)=0$ である．なおこの事実は，$m(\{x_n\})=0$ $(n=1,2,\cdots)$ に対して (2.87) を適用することによっても得られる． □

非可算集合で測度 0 であるものの存在も知られている．

以上は 1 次元の場合であったが，2 次元 $\mathbf{R}^2$ の集合についても可測性が定義される．その基礎は，長方形 $Q=\{(x,y)\mid a\leqq x\leqq b,\ c\leqq y\leqq d\}$ の測度 = 面積が $(b-a)\cdot(c-d)$ であることである．また，2 次元の測度についても可算加法性の定理 2.22 が成り立つ．$S\subset\mathbf{R}^2$ で $m(S)=0$ のとき $S$ は 2 次元の零集合である．その特徴づけに関しては定理 2.22 において，区間 $I_n$ を長方形 $I_n$ でおきかえ，区間の長さを長方形の面積でおきかえたものが通用する．より多次元の場合への拡張の仕方は明らかであろう．

測度に関する理論を構築したわけではないが，応用家であっても，以上によりおよその概念をつかめれば，たとえば，“ほとんど到るところ云々” といった文章をおじけづかずに読むことができるはずである．

## 演習問題

**2.1** $p$ を $1\leqq p<+\infty$ とするとき，任意の正数 $\alpha,\beta$ に対して

$$(\alpha+\beta)^p\leqq 2^p(\alpha^p+\beta^p)$$

が成り立つことを示せ(ヒント：まず$\alpha \leqq \beta$の場合を，ついで$\alpha \geqq \beta$の場合を考えよ)．
また，上式を用いて$x = (\xi_k)_{k=1}^{\infty}$，$y \in (\eta_k)_{k=1}^{\infty}$について，

$$x, y \in l^p \quad \Longrightarrow \quad x + y \in l^p$$

であることを示せ．

**2.2** $X = C_0(-\infty, \infty)$とし，$\eta \in X$かつ$\eta(x) \not\equiv 0$であるような要素$\eta$を固定する．このとき，次の関数列は線形独立であることを示せ：

$$\varphi_n(x) = x^n \eta(x) \qquad (n = 0, 1, 2, \cdots, x \in \mathbf{R}^1)$$

**2.3** (i) 平面の凸集合$K$が3点A, B, Cを含めば$K$は△ABCを含むことを示せ．

(ii) 線形空間$X$の凸集合$K$が要素$a_1, a_2, \cdots, a_N$を含めば，$K$はそれらの凸結合を含むことを示せ．(ヒント：$N$に関する数学的帰納法を用いよ．)

**2.4** $\alpha, \beta$を正数とするとき，次の各項の関数が空間$L^p(0, \infty)$(ただし，$1 \leqq p < +\infty$)に属するための条件を求めよ．

(i) $f(x) = \dfrac{1}{1 + x^{\alpha}}$ (ii) $g(x) = x^{\beta - 1}\mathrm{e}^{-x}$ (iii) $h(x) = \dfrac{1}{x^{\beta}(1 + x^{\alpha})}$

**2.5** $\alpha, \beta$を正数とするとき，$\mathbf{R}^N$上で与えられた$x = (x_1, x_2, \cdots, x_N)$の関数

$$f(x) = \frac{1}{|x|^{\alpha}(1 + |x|^{\beta})}$$

が$L^p(\mathbf{R}^N)$に属するための条件を求めよ．ただし，$1 \leqq p < +\infty$．

**2.6** $L^2(a, b)$に属する実数値関数$u, v$に関するシュバルツの不等式(2.29)を不等式

$$(u(x)v(y) - u(y)v(x))^2 \geqq 0$$

の両辺を$x, y$について$(a, b) \times (a, b)$上で積分することによって示せ．

**2.7** 実数値関数からなる$X = C[0, 1]$において，次の部分集合$S_1, S_2$が開集合であるか，閉集合であるか，そのいずれでもないかを，それぞれ調べよ．

$$S_1 = \{u \in X \mid u(x) > 0 \quad (0 \leqq x \leqq 1)\}$$

$$S_2 = \{u \in X \mid u(x) \geqq 0 \quad (0 \leqq x \leqq 1)\}$$

**2.8** 実数値関数からなる$X = L^2(0, 1)$において，次の部分集合$T_1, T_2, T_3$が開集合であるか，閉集合であるか，そのいずれでもないかを調べよ．

$$T_1 = \{u \in X \mid \int_0^1 u(x)\mathrm{d}x \geqq 1\}$$

$$T_2 = \{u \in X \mid \int_0^1 u(x)\mathrm{d}x > 1\}$$

$$T_3 = \{u \in X \mid \int_0^1 \frac{u(x)}{x}\mathrm{d}x > 1\}$$

**2.9** 複素空間の内積をノルムで表現する等式 (2.78) を検証せよ．(ヒント：右辺から左辺を導け．)

**2.10** $X$を実数列からなる $l^2$空間とするとき，次の集合 $K_1, K_2$について，凸集合であるかどうか，閉集合であるかどうかを調べよ．

(i) $K_1 = \{x = (\xi_k)_{k=1}^{\infty} \in X \mid \sum_{k=1}^{\infty} \frac{1}{2^k}\xi_k \geqq 1\}$

(ii) $K_2 = \{x = (\xi_k)_{k=1}^{\infty} \in X \mid \sum_{k=1}^{\infty} |\xi_k| < +\infty,\ \sum_{k=1}^{\infty} \xi_k = 0\}$

**2.11** $X = l^{\infty}$が可分でないことの証明を次の各段階を追って完成せよ．

(i) 区間 $I = [0, 1]$ に属する任意の実数 $t$ の小数表示を，

$$t = 0.\alpha_1\alpha_2\alpha_3\alpha_4 \cdots\cdots \quad (\alpha_j \text{は } 0, 1, 2, \cdots, 9 \text{ のいずれかの数字}) \qquad (1)$$

とする．ただし，0 以外の有限小数は $0.24 = 0.23999\cdots$のように，あえて無限小数で表わす．(1) の $t$ に対し，$X = l^{\infty}$の要素

$$a = a_t = (\alpha_1, \alpha_2, \cdots, \alpha_k, \cdots) \qquad (2)$$

を対応させる．このとき，$t, s \in [0, 1]$, $t \neq s$ ならば $\|a_t - a_s\|_X \geqq 1$ であることを示せ．

(ii) $X$の部分集合 $\{a_t \in X \mid 0 \leqq t \leqq 1\}$ は可算集合ではないことを示せ(ヒント：区間 $[0, 1]$ に属する実数の集合は可算でないことを用いよ．)

(iii) $M$が $X$で稠密ならば，各 $a_t$の$\frac{1}{2}$近傍に $M$の点が少なくとも一つ含まれる．このことから，$M$は可算集合ではあり得ないことを示せ．

# 第3章

# バナッハ空間，とくにヒルベルト空間

線形空間，ノルム空間，さらに内積空間と段階を踏んで概念を構築し，かつ，具体例になじんできたが，ここで関数解析の表舞台であるバナッハ空間およびヒルベルト空間へと進もう．

**注意**　バナッハ空間の名称は，はじめてその一般論を提案し，かつ，展開したポーランド人の学者，S. Banach (1892–1945) に由来している．一方，ヒルベルト空間は公理的な現代数学の全域に亘る開祖とみなせるドイツ人の碩学，D. Hilbert (1862–1943) に由来している．

## §3.1　バナッハ空間，ヒルベルト空間の定義

微積分で学んだように，実数列 $\{x_n\}_{n=1}^{\infty}$ の収束に関して，最も基本的な事実は，コーシーの判定法が成立することである．すなわち，

$$x_n - x_m \to 0 \quad (n, m \to +\infty) \quad \Longrightarrow \quad \lim_{n\to\infty} x_n \text{ が存在する} \tag{3.1}$$

という定理が成り立つことである．一方，たとえば，数を有理数の範囲に限ってしまうとこの定理が成立しないことも学んでいる (藤田[1]-I, §1.3)．

ノルム空間 $X$ における点列 $\{u_n\}_{n=1}^{\infty}$ の極限 $u_0$ への収束は $\|u_n - u_0\| \to 0\ (n \to \infty)$ によって定義されるのであったが，その収束に関して (3.1) が成り立つかどうかは $X$ に依存する．正確な定義を導入しよう．

**定義 3.1** (コーシー列) ノルム空間 $X$ の点列 $\{u_n\}_{n=1}^{\infty}$ がコーシー列(あるいは基本列)であるとは，

$$\|u_n - u_m\| \longrightarrow 0 \qquad (n, m \to \infty) \tag{3.2}$$

が成り立つことである． □

$\{u_n\}$ が収束列ならば，それは必ずコーシー列である．なぜなら，極限 $u_0$ が存在すれば，

$$\begin{aligned} 0 \leqq \|u_n - u_m\| &= \|(u_n - u_0) - (u_m - u_0)\| \\ &\leqq \|u_n - u_0\| + \|u_m - u_0\| \to 0 \qquad (n, m \to \infty) \end{aligned}$$

が成り立つからである．問題は，“コーシー列ならば収束列であるか” である．

**定義 3.2** ノルム空間 $X$ の任意のコーシー列が収束するとき，$X$ は**完備**(complete)であるという． □

**例 3.1** 実数全体 $\mathbf{R}$ は完備である．複素数全体 $\mathbf{C}$ も完備である．また，$m$ を任意の自然数とするとき，$m$ 次元空間 $\mathbf{R}^m$ および $\mathbf{C}^m$ は完備である． □

**例 3.2** $X = C[0,1]$ におけるノルムを最大値ノルム $\|u\| = \max_{0 \leqq t \leqq 1} |u(t)|$ とする．すでに見たように，このノルムによる収束は閉区間 $[0,1]$ 上の一様収束を意味する．そうして，$\{u_n \in X\}_{n=1}^{\infty}$ がコーシー列であることは，関数列 $\{u_n\}$ が一様収束に関するコーシーの判定条件を満たすことにほかならない(藤田[1]-II, §3.2)．したがって，一様収束に関する知られた定理により，$\{u_n\}$ の一様収束極限 $u_0$ が存在し，$u_0 \in X$ かつ $\|u_n - u_0\| \to 0\ (n \to \infty)$ である．よって，$X$ は最大値ノルムのもとで完備である． □

**例 3.3** まず，反例とも言うべきものを考察する．いま，$X = C^1[-1,1]$ を，ノルムはやはり最大値ノルム

$$\|u\| = \max_{-1 \leqq t \leqq 1} |u(t)|$$

として考えると，$C[0,1]$ の部分空間でもある $X$ はノルム空間である．しかし，$X$ における関数列 $\{u_n \in X\}_{n=1}^{\infty}$ が，このノルムのもとでコーシー列であっても，$X$ の中にその極限を持つとは限らない．実際，

$$u_n(t) = \sqrt{\frac{1}{n^2} + t^2} \qquad (-1 \leqq t \leqq 1,\ n = 1, 2, \cdots) \tag{3.3}$$

とおけば，$u_n$ は $u_0 = \sqrt{t^2} = |t|$ に一様収束する．したがって，$u_n$ は最大値ノル

ムのもとではコーシー列になっているが，その極限 $u_0$ は $C^1$ 級ではなく，したがって，$u_0 \notin X$ である．よって，$X$ は最大値ノルムのもとで完備ではない．

あらためて $X$ におけるノルムを

$$\|u\| \equiv \|u\|_{C^1} = \max_{-1 \leqq t \leqq 1} |u(t)| + \max_{-1 \leqq t \leqq 1} |u'(t)| = \|u\|_C + \|u'\|_C \tag{3.4}$$

ととりなおしてみる．このノルムも $X$ のノルムとして認知できる(ノルムの公理を満たす)．この新しいノルム($C^1$ ノルムとよばれる)のもとで $\{u_n \in X\}$ がコーシー列ならば，$\|u_n - u_m\| \to 0\,(n, m \to \infty)$ から

$$\|u_n - u_m\|_C \to 0, \quad \|u_n' - u_m'\|_C \to 0 \qquad (n, m \to \infty)$$

となる．したがって，$\{u_n\}$ および，その導関数の列 $\{u_n'\}$ がともに一様収束する．よって，それぞれの一様収束極限を $u_0, v_0$ (これらは $[-1, 1]$ 上で連続である)とすると，$\|u_n - u_0\|_C \to 0$, $\|u_n' - v_0\|_C \to 0$. このことから，実は $v_0 = u_0'$ であることが導関数の一様収束に関する定理(藤田[1]-II, § 3. 2)から得られる．すなわち，$u_0 \in C^1[-1, 1] = X$ であり，

$$\|u_n - u_0\|_{C^1} = \|u_n - u_0\|_C + \|u_n' - u_0'\|_C \to 0 \qquad (n \to \infty)$$

が示される．こうして，$X = C^1[-1, 1]$ の $C^1$ ノルム (3.4) のもとでの完備性が示された．この例から察知されるように，関数空間の完備性は，その関数空間の "内容" に "ふさわしいノルム" のもとで実現するのである．　□

**定義 3.3**　完備なノルム空間を**バナッハ空間**という．　□

**定義 3.4**　内積空間 $X$ が，その内積から導かれるノルムに関して完備であるとき，$X$ を**ヒルベルト空間**という．　□

したがって，ヒルベルト空間はバナッハ空間のうちの特別なクラスである．

**例 3.4**　例 3.2 で完備性を確かめた $C[0, 1]$ は最大値ノルムのもとでバナッハ空間になっている．また，一般に $K$ を $\mathbf{R}^m$ の有界閉集合(コンパクト集合)とするとき，$K$ 上の連続関数の全体 $C(K)$ は最大値ノルムのもとでバナッハ空間である．さらに，$\Omega$ を $\mathbf{R}^m$ の領域とするとき，$\Omega$ 上の有界かつ連続な関数の全体はsupノルム，$\|u\|_{\sup} = \sup_{x \in \Omega} |u(x)|$ のもとでバナッハ空間になる．

また，例 3.3 の後半での論法により，$\Omega$ で $u$ 自身および $u$ の 1 階偏導関数

$\dfrac{\partial u}{\partial x_j}$ $(j=1,2,\cdots,m)$ が連続かつ有界である関数 $u$ の全体は

$$\|u\| = \sup_{x\in\Omega}|u(x)| + \sum_{j=1}^{m}\sup_{x\in\Omega}\left|\frac{\partial u}{\partial x_j}\right| \tag{3.5}$$

をノルムとしてバナッハ空間である． □

数列空間 $l^p$ および関数空間 $L^p(\Omega)$ も完備であり，したがって，バナッハ空間になっている．その証明，すなわち，完備性の証明は手間がかかる(とくに $L^p(\Omega)$ についてはルベーグ積分に関するかなりの知識が必要である)ので，本書では触れないこととし，結果のみを定理に掲げる(ただし，$l^2$ の完備性の証明のみは章末の演習問題で概略の方針を示す)．

**定理 3.1** $1 \leqq p \leqq +\infty$ のとき，$l^p$ は($l^p$ ノルムのもとで)バナッハ空間である． □

**定理 3.2** $\Omega$ を $\mathbf{R}^m$ の任意の領域とするとき，$1 \leqq p \leqq +\infty$ に対して，$L^p(\Omega)$ は($L^p$ ノルムのもとで)バナッハ空間である． □

**系 3.1** $l^2$ はヒルベルト空間である． □

**系 3.2** $L^2(\Omega)$ はヒルベルト空間である． □

ここで，抽象的な定理をひとつだけ，つけ加えておこう．

**定理 3.3** $X$ をバナッハ空間，$\|\ \ \|$ をそのノルムとする．また，$Y$ を $X$ の閉部分空間とする．このとき，$Y$ は $\|\ \ \|$ のもとでバナッハ空間である．

[証明] (定義を確認する演習のつもりでフォローしてほしい) $Y$ が $\|\ \ \|$ のもとでノルム空間であることは容易にわかる．$Y$ の完備性を検証しよう．$v_n \in Y$ $(n=1,2,\cdots)$ が，$\|v_n - v_m\| \to 0$ $(m,n\to\infty)$ の意味でコーシー列であるとする．このとき，$\{v_n\}$ は $X$ のコーシー列でもある．したがって，$X$ のある点 $u_0$ に収束する．すなわち，$\|v_n - u_0\| \to 0$ $(n\to\infty)$．$u_0 \in Y$ を示せば証明は完了する．ところが，$v_n \in Y$，かつ，$Y$ は閉集合であるから，$Y$ は $v_n$ の極限点($X$ での極限点) $u_0$ を含む．よって，$u_0 \in Y$． ∎

**例 3.5** $Y$ を $L^2(-1,1)$ に属する関数で偶関数であるものの全体(詳しくは，$v\in L^2(-1,1)$, $v(x)=v(-x)$ (a.e. $x\in(-1,1)$) を満たす $v$ の全体)とする．$Y$ は $L^2$ ノルムのもとでヒルベルト空間である． □

## §3.2 基礎的なソボレフ空間

関数解析的な方法で微分方程式，特に，偏微分方程式を扱うときに重要な役割を果たすのがソボレフ空間である．大ざっぱな言い方をすれば，ソボレフ空間は“指定された階数までの微分可能性”を考慮に入れた $L^p$ 型の空間である．ここでは，その最も基本的なもの，すなわち，1階までの微分可能性を考慮した，$H^1$ 空間を主として $L^2$ 型のソボレフ空間を紹介する．1次元の場合から始めよう．

**注意 3.1** ソボレフ空間の名称は，ロシア人の解析・応用解析学者 S. L. Sobolev (1908–1989) に由来している．

### (a) 関数空間 $H^1(a,b)$

開区間 $I=(a,b)$ において定義された実数値関数について考える．ここで，$a<b$ とするが，$a=-\infty$, $b=+\infty$ の場合も含めて考える．

**定義 3.5** (一般化された導関数；1次元) $I=(a,b)$ における2つの局所可積分な，すなわち，$I$ に含まれる任意の有界閉区間で可積分な2つの関数 $u,v$ について，$v$ が $u$ の一般化された導関数(generalized derivative)であるとは，$C_0^1(a,b)$ に属する任意の $\varphi$ に対して

$$-\int_a^b u(x)\varphi'(x)\mathrm{d}x=\int_a^b v(x)\varphi(x)\mathrm{d}x \tag{3.6}$$

が成り立つことである．このとき，$v=Du$ あるいは $v=\dfrac{\mathrm{d}u}{\mathrm{d}x}$ (一般化された導関数) と書く． □

説明や注意を列挙しよう．

**1°** 復習すると，$C_0^1(a,b)$ に $\varphi$ が属するとは，

(i) $\varphi\in C^1(a,b)$，すなわち，$\varphi,\varphi'$ が連続，

(ii) $\varphi$ の台が $(a,b)$ の中の有界閉集合である．すなわち，$a,b$ の近傍(あるいは，十分遠方)において $\varphi(x)\equiv 0$

が成り立つことである．したがって，(3.6) の両辺の積分は確かに存在する．

**2°** (3.6) の$\varphi$は，$v = Du$を定義する条件式における**試験関数**(test function)とよばれることがある．

**3°** 超関数の導関数の定義(藤田・吉田[3]参照)によれば，“$u$の一般化された導関数$Du$” は “$u$の超関数的導関数” にほかならない．

**4°** $u$自身が$C^1(a,b)$ならば，$u$の一般化された導関数$Du$と$u$のふつうの意味での導関数$u'$とは一致する．実際，このとき，部分積分によって

$$-\int_a^b u(x)\varphi'(x)\mathrm{d}x = \int_a^b u'(x)\varphi(x)\mathrm{d}x$$

が成り立つから，(3.6) より

$$\int_a^b \{u'(x) - v(x)\}\varphi(x)\mathrm{d}x = 0 \qquad \Bigl(\forall\varphi \in C_0^1(a,b)\Bigr) \tag{3.7}$$

となる．ここで，次の “変分法の基本補題の一般化” を用いれば，$u'(x) = v(x)$ (a.e. $x \in (a,b)$) が得られるからである．(以下のソボレフ空間の扱いではほとんど到るところ一致する 2 つの局所可積分関数は同一視するので) これから $u' = v = Du$ がいえる．

**補題 3.1** (変分法の基本補題の一般化) 任意の$\varphi \in C_0^\infty(a,b)$に対して，局所可積分な関数$f$が

$$\int_a^b f(x)\varphi(x)\mathrm{d}x = 0 \tag{3.8}$$

を満足するならば，$f(x) = 0$ (a.e. $x \in (a,b)$) である． □

**5°** $u \in C^1(a,b)$ではない例を見ておこう．$a = -\infty$, $b = +\infty$とし，$u(x) = |x|$とおく．ふつうの意味では，$u$は$x = 0$で微分可能ではない．ところが，$\varphi \in C_0^1(-\infty,\infty)$とすれば，部分積分により

$$\begin{aligned}
-\int_{-\infty}^{\infty} u\varphi'\mathrm{d}x &= -\int_{-\infty}^{\infty} |x|\varphi'(x)\mathrm{d}x = \int_{-\infty}^{0} x\varphi'(x)\mathrm{d}x - \int_0^{\infty} x\varphi'(x)\mathrm{d}x \\
&= [x\varphi]_{-\infty}^0 - \int_{-\infty}^0 \varphi(x)\mathrm{d}x - [x\varphi]_0^\infty + \int_0^\infty \varphi(x)\mathrm{d}x \\
&= -\int_{-\infty}^0 \varphi(x)\mathrm{d}x + \int_0^\infty \varphi(x)\mathrm{d}x = \int_{-\infty}^\infty \mathrm{sign}(x)\varphi(x)\mathrm{d}x
\end{aligned} \tag{3.9}$$

が導かれる．ただし，sign$(x)$ は，いわゆる符号関数であり，

$$\mathrm{sign}(x) = \begin{cases} -1 & (x < 0) \\ 0 & (x = 0) \\ 1 & (x > 0) \end{cases} \tag{3.10}$$

により与えられる．$\mathrm{sign}(x)$ の $x = 0$ の値を任意に変更しても (3.9) が満たされることに変わりはない．しかし，そのような変更は，ほとんど到るところ一致する関数を同一視する立場からはこだわらなくてよい．したがって

$$\frac{\mathrm{d}}{\mathrm{d}x}|x| = \mathrm{sign}(x) \qquad (\text{一般化された導関数})$$

と書くことができる．

**6°** 慣れてからは，そうして，一般化された導関数を考えていることが文脈から明らかなときは，$Du$ の代わりに，単に $\dfrac{\mathrm{d}u}{\mathrm{d}x}$ や $u'$ の記号を用いることが多い．

**定義 3.6** ($H^1(a,b)$) $u \in L^2(a,b)$ であり，その一般化された導関数 $Du$ も $L^2(a,b)$ に属するような関数 $u$ の全体を $H^1(a,b)$ で表わす．すなわち，

$$H^1(a,b) = \{u \in L^2(a,b) \mid Du \in L^2(a,b)\}. \tag{3.11}$$

また，$H^1(a,b)$ における内積を

$$(u,v)_{H^1} = (u,v)_{L^2} + (Du,Dv)_{L^2} \tag{3.12}$$

により定義する． □

内積空間 $H^1(a,b)$ のノルムは

$$\|u\|_{H^1} = \sqrt{(u,u)_{H^1}} = \sqrt{\|u\|_{L^2}^2 + \|Du\|_{L^2}^2} \tag{3.13}$$

である．次の定理が成り立つ．

**定理 3.4** $H^1(a,b)$ はヒルベルト空間である．

[証明] 完備性を示す．$X = H^1(a,b)$ とおき，$\{u_n\}_{n=1}^{\infty}$ を $X$ におけるコーシー列とする．すなわち，$\|u_n - u_m\|_{H_1} \to 0 \ (n,m \to \infty)$ と仮定する．このとき，

$$\|u_n - u_m\|_{L^2} \longrightarrow 0, \quad \|Du_n - Du_m\|_{L^2} \longrightarrow 0 \qquad (n,m \to \infty) \tag{3.14}$$

となることは，$H^1$ ノルムから明らかである．これより，$L^2(a,b)$ の完備性を用いると，$u_0 \in L^2(a,b)$, $v_0 \in L^2(a,b)$ が存在して

$$\|u_n - u_0\|_{L^2} \longrightarrow 0, \quad \|Du_n - v_0\|_{L^2} \longrightarrow 0 \qquad (n \to \infty) \tag{3.15}$$

が成り立つ．したがって，$v_0 = Du_0$を示せば，$u_0 \in X, \|u_n - u_0\|_{H^1} \to 0\,(n \to \infty)$ が得られ証明が完了する．さて，$Du_n$の定義から

$$-\int_a^b u_n \varphi' \mathrm{d}x = \int_a^b (Du_n)\varphi \mathrm{d}x \qquad \Big(\forall \varphi \in C_0^1(a,b)\Big) \tag{3.16}$$

が成り立っている．$\varphi \in C_0^1(a,b)$ であるから，$\varphi' \in L^2(a,b)$，かつ$\varphi \in L^2(a,b)$ である．したがって，(3.16) は $L^2$内積の記号を用いて

$$-(u_n, \varphi')_{L^2} = (Du_n, \varphi)_{L^2} \tag{3.17}$$

と書ける．ここで，$u_n \to u_0$，$Du_n \to v_0$ ($L^2$収束) であること，および，内積の連続性 (定理 2.21) を用いて，(3.17) の両辺の $n \to \infty$ に対する極限をとれば

$$-(u_0, \varphi')_{L^2} = (v_0, \varphi)_{L^2} \qquad \Big(\forall \varphi \in C_0^1(a,b)\Big) \tag{3.18}$$

が得られる．すなわち

$$-\int_a^b u_0 \varphi' \mathrm{d}x = \int_a^b v_0 \varphi \mathrm{d}x \qquad \Big(\forall \varphi \in C_0^1(a,b)\Big).$$

一般化された導関数の定義により，これは $v_0 = Du_0$を意味している．　∎

複素数値関数の場合も一般化された導関数の定義は全く同様である．$H^1(a,b)$ の定義もそのまま通用する．ただし，(3.12) の内積の定義における $(\ ,\ )_{L^2}$を複素 $L^2$内積の意味に解釈せねばならない．定理 3.4 もそのまま成り立つ．

### (b)　関数空間 $H^1(\Omega)$

多変数の場合に進もう．$\Omega$を $\mathbf{R}^m$の任意の領域とする (開集合としてもよい)．$\Omega$で定義された関数 $u = u(x)$ の $x_j$についての偏導関数$\dfrac{\partial u}{\partial x_j}$の一般化 ($j = 1, 2, \cdots, m$) の定義を述べる．

**定義 3.7** (一般化された偏導関数)　$\Omega$で定義された局所可積分な関数 $u$ と $v_j$ ($j = 1, 2, \cdots, m$) について，$v_j$が $u$ の $x_j$による一般化された偏導関数であるとは，任意の$\varphi \in C_0^1(\Omega)$ に対して

$$-\int_\Omega u \frac{\partial \varphi}{\partial x_j} \mathrm{d}x = \int_\Omega v_j \varphi \mathrm{d}x \tag{3.19}$$

が成り立つことである．このとき，$v_j = D_j u$ あるいは $v_j = \dfrac{\partial u}{\partial x_j}$(一般化された

偏導関数)と書く. □

1変数の場合に一般化された導関数について述べた諸注意は，そのまま，あるいは自明な修正だけで多変数の場合にも通用する.

**定義 3.8** ($H^1(\Omega)$) 関数空間 $H^1(\Omega)$ を

$$H^1(\Omega) = \{u \in L^2(\Omega) \mid D_j u \in L^2(\Omega),\ j = 1, 2, \cdots, m\} \tag{3.20}$$

によって定義する. そうして，$H^1(\Omega)$ における内積を

$$(u, v)_{H^1} = (u, v)_{L^2} + \sum_{j=1}^{m} (D_j u, D_j v) = (u, v)_{L^2} + (\nabla u, \nabla v)_{L^2} \tag{3.21}$$

と定める. ただし，$\nabla u = (D_1 u, D_2 u, \cdots, D_m u)$ であり，$(\nabla u, \nabla v)_{L^2}$は，2つのベクトル値関数 $\nabla u, \nabla v$の $L^2$内積である. □

1次元の場合と全く同様に次の定理を証明することができる.

**定理 3.5** $H^1(\Omega)$ は (3.21) の内積 $(\ ,\ )_{H^1}$のもとでヒルベルト空間である. □

後の境界値の問題での応用を見越して，$H^1(\Omega)$ の重要な閉部分空間 $H_0^1(\Omega)$ を定義しておこう. 多次元の場合について述べるが，もちろん1次元の場合も含んだ定義である.

まず，$C_0^1(\Omega) \subset H^1(\Omega)$ であることは明らか. そうして，$C_0^1(\Omega)$ はヒルベルト空間 $X = H^1(\Omega)$ の部分空間である. $C_0^1(\Omega)$ の $X$における閉包，すなわち，$C_0^1(\Omega)$ にその中の点列の集積点をつけ加えたものは，$X$の閉部分空間である. ここで次の定義をおく.

**定義 3.9** ($H_0^1(\Omega)$) $H^1(\Omega)$ における $C_0^1(\Omega)$ の閉包を $H_0^1(\Omega)$ で表わす. □

定理3.3により次の定理が成り立つ.

**定理 3.6** $H_0^1(\Omega)$ は $H^1$内積 (3.21) のもとでヒルベルト空間である. □

また，$H^1(\Omega)$ の定義の仕方から，次の定理が成り立つ.

**定理 3.7** $H^1(\Omega)$ に属する関数 $u$ に関する次の2つの条件(i),(ii)は同値である.

(i) $u \in H_0^1(\Omega)$.

(ii) $\varphi_n \in C_0^1(\Omega)\ (n = 1, 2, \cdots)$ で，$n \to \infty$ のとき$\varphi_n \to u \in L^2(\Omega)$，かつ，$\dfrac{\partial \varphi_n}{\partial x_j} \to D_j u \in L^2(\Omega)\ (j = 1, 2, \cdots, m)$ が成り立つような関数列 $\{\varphi_n\}$ が存在する. □

実は，$\Omega = \mathbf{R}^m$ならば，$H^1(\mathbf{R}^m)$ と $H_0^1(\mathbf{R}^m)$ とは一致する(演習問題参照)

のであるが，$\Omega$が滑らかな境界$\partial\Omega$を持つときには，$H_0^1(\Omega)$ は $H^1(\Omega)$ の関数のうちで“$\partial\Omega$上で 0 となるような関数”の全体なのである(この辺を論ずるのがいわゆるトレース(trace)の理論である)．

後の境界値問題の扱いに必要な次のポアンカレの不等式を証明しておこう．

**定理 3.8**　$\Omega$を $\mathbf{R}^m$の有界領域とする．このとき，$\Omega$に依存する正定数 $c_0$が存在し，ポアンカレの不等式

$$\|u\|_{L^2(\Omega)} \leqq c_0\|\nabla u\|_{L^2} \qquad (\forall u \in H_0^1(\Omega)) \tag{3.22}$$

が成り立つ．

［証明］　まず，(3.22) に先立って

$$\|\varphi\|_{L^2} \leqq c_0\|\nabla\varphi\|_{L^2} \qquad (\forall\varphi \in C_0^1(\Omega)) \tag{3.23}$$

を示せば十分であることに注意しよう．実際，$u \in H_0^1(\Omega)$ に対しては，$n \to \infty$ のとき $\|\varphi_n - u\|_{L^2} \to 0$, $\|\nabla\varphi_n - \nabla u\|_{L^2} \to 0$ が成り立つような近似列 $\left\{\varphi_n \in C_0^1(\Omega)\right\}$が存在している．この $\{\varphi_n\}$ に対して (3.23) が成立つとすれば，

$$\|\varphi_n\|_{L^2} \leqq c_0\|\nabla\varphi_n\|_{L^2} \qquad (n = 1, 2, \cdots)$$

であるが，ここで，$n \to \infty$ の極限をとれば (3.22) が得られる．

(3.23)の証明に入ろう．$\varphi(x)$ を$\Omega$の外では 0 とおくことにより，$\mathbf{R}^m$上に拡張したものを$\tilde{\varphi}$とおく．当然，$\tilde{\varphi} \in C_0^1(\mathbf{R}^m)$ である．つぎに，必要ならば，座標軸をとりなおし，十分大きな正数 $l$に対して，$\Omega$が次の帯状領域 $S$に含まれているものとする($\Omega$の有界性により可能である)．

$$S = \{x = (x_1, x_2, \cdots, x_m) \mid 0 < x_1 < l,\ x_j \in \mathbf{R}\ (j = 2, 3, \cdots, m)\}. \tag{3.24}$$

なお，$x' = (x_2, x_3, \cdots, x_m), x = (x_1, x')$ のような記法を用いよう．いま，$x \in S$ とすれば，$0 < x_1 < l$である．よって

$$\tilde{\varphi}(x) = \tilde{\varphi}(x_1, x') = \int_0^{x_1} \frac{\partial\tilde{\varphi}}{\partial x_1}(\xi, x')\mathrm{d}\xi$$

から，シュバルツの不等式により

$$|\tilde{\varphi}(x)|^2 \leqq \int_0^{x_1} 1\mathrm{d}\xi \cdot \int_0^{x_1} \left|\frac{\partial\tilde{\varphi}}{\partial x_1}(\xi, x')\right|^2 \mathrm{d}\xi \leqq x_1 \cdot \int_0^{l} \left|\frac{\partial\tilde{\varphi}}{\partial x_1}(\xi, x')\right|^2 \mathrm{d}\xi. \tag{3.25}$$

この両端の項を $S$で積分することにより

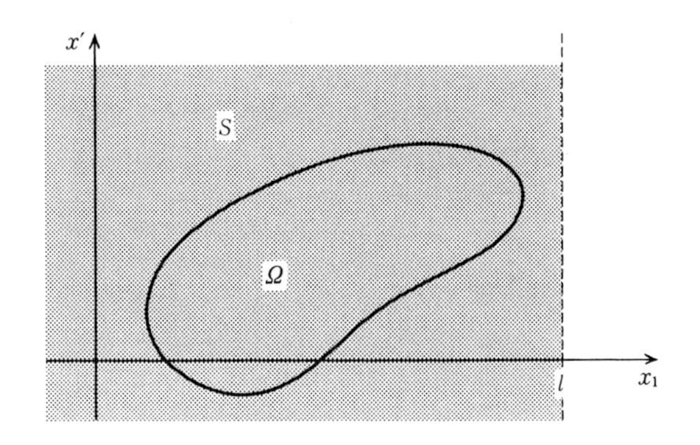


**図 3.1**

$$\begin{aligned}\int_S |\tilde{\varphi}(x)|^2 \mathrm{d}x &\leqq \int_0^l x_1 \mathrm{d}x_1 \cdot \int_{\mathbf{R}^{m-1}} \left\{ \int_0^l \left| \frac{\partial \tilde{\varphi}}{\partial x_1}(\xi, x') \right|^2 \mathrm{d}\xi \right\} \mathrm{d}x' \\ &= \frac{l^2}{2} \int_S \left| \frac{\partial \tilde{\varphi}}{\partial x_1} \right|^2 \mathrm{d}x \leqq \frac{l^2}{2} \int_S |\nabla \tilde{\varphi}|^2 \mathrm{d}x \qquad (3.26)\end{aligned}$$

に到達する．ここで，$\tilde{\varphi}$の台が$\Omega$に含まれていて，そこでは$\tilde{\varphi} = \varphi$であることを思い出せば，(3.26) は

$$\|\varphi\|^2_{L^2(\Omega)} \leqq \frac{l^2}{2} \|\nabla \varphi\|^2_{L^2(\Omega)}$$

を意味している．すなわち，$c_0 = \dfrac{l}{\sqrt{2}}$を用いて (3.23) が成り立つ． ∎

**注意 3.2** 上の証明から読み取れるように，ポアンカレの不等式 (3.22) は，$\Omega$が有界でなくても，有限幅の帯状領域に含まれているならば，成立する．しかし，有界性の制限を全くはずすと (3.22) は成立しない(演習問題参照)．

ここで，少々後もどりの感があるが，$H_0^1(\Omega)$ に属する関数に対する "近似定理" であった定理 3.7 に関連した注意を補っておこう．

**注意 3.3** 定理 3.7 の主張の前提 $u \in H^1(\Omega)$ をはずしてもよい．すなわち，$C_0^1(\Omega)$ に属する関数列$\varphi_n$の $L^2$極限が $u$ であり，かつ，$\nabla \varphi_n$も $L^2$収束するならば，実は $u \in H_0^1(\Omega)$ なのである．このことは，$D_j \varphi_n$の $L^2$極限を $v_j$とおいて $v_j = D_j u$ を検証することにより納得できるはずである．

一方，$H^1(\Omega)$ の関数に対して，同様な特徴づけを行うためには$\Omega$の境界$\partial\Omega$の(ある程度の)滑らかさが必要である．実際(証明は簡単ではないが)，$\partial\Omega$が滑らかであれば，$\overline{\Omega} = \Omega \cup \partial\Omega$の近傍で$C^1$級であるような関数列$\varphi_n$により

$$\varphi_n \to u \ (L^2(\Omega) \text{ で}), \text{ かつ}, \nabla\varphi_n \to \nabla u \ (L^2(\Omega) \text{ で}) \tag{3.27}$$

と近似できることが，$u \in H^1(\Omega)$であるための条件である．直観的に言えば，$H^1(\Omega)$に属する関数とは，自身および偏導関数が，滑らかな関数列によって$L^2$的に近似できるような関数である．

高階の導関数が関連するソボレフ空間の例として，2階のソボレフ空間$H^2(\Omega)$の説明をしておこう．$\Omega \subseteq \mathbf{R}^m$で定義された局所可積分な関数$u$が，やはり局所可積分な，一般化された偏導関数$D_{ij}u(\dfrac{\partial^2 u}{\partial x_i \partial x_j}$の一般化$)(i,j = 1,2,\cdots,m)$を持つとは，

$$\int_\Omega u\frac{\partial^2\varphi}{\partial x_i \partial x_j}\mathrm{d}x = \int_\Omega (D_{ij}u)\varphi \mathrm{d}x \qquad \left(\forall\varphi \in C_0^2(\Omega)\right) \tag{3.28}$$

が成り立つことである．この定義が(3.6)あるいは(3.19)と同様に“部分積分を通じての偏微分の一般化”にほかならないことを理解してほしい．

なお，(3.19)でも同じ事情にあるのだが，(3.28)における試験関数のクラス$C_0^2(\Omega)$を$C_0^\infty(\Omega)$でおきかえても差支えない(一般化された偏導関数を定義する条件として同値になる)．その根拠は，任意の$\varphi \in C_0^2(\Omega)$は，(supp $\varphi$を少しふくらませた台を持つような)$C_0^\infty$級の関数列$\psi_n$により，2階偏導関数を含めて一様近似(一様収束の意味で近似)され得るからである．

**定義 3.10** ($H^2(\Omega)$)　$u \in L^2(\Omega)$が$H^2(\Omega)$に属するとは，$u$の一般化された偏導関数$D_j u, D_{ij}u \, (i,j = 1,2,\cdots,m)$が$L^2(\Omega)$に属することである．また，$H^2(\Omega)$に属する任意の$u,v$に対して，それらの内積を

$$(u,v)_{H^2} = (u,v)_{L^2} + \sum_{j=1}^m (D_j u, D_j v)_{L^2} + \sum_{i,j=1}^m (D_{ij}u, D_{ij}v)_{L^2} \tag{3.29}$$

により定義する．　□

意欲のある読者は次の定理の証明を試みてほしい．

**定理 3.9**　$H^2(\Omega)$は(3.29)の$H^2$内積のもとでヒルベルト空間である．　□

## §3.3 完備性に基づく基本の定理

ヒルベルト空間やバナッハ空間における多くの定理は直接・間接に空間の完備性に基づいている．そのうちの導入部にふさわしいもの，そうして，完備性の有用性を理解するのに適切なもののいくつかを取りあげることにしよう．

### (a) 級数と完備性

$X$をバナッハ空間とする．$X$の要素の列$u_n$ $(n=1,2,\cdots)$を項とする無限級数

$$\sum_{n=1}^{\infty} u_n = u_1 + u_2 + \cdots + u_m + \cdots \tag{3.30}$$

の和 $S$ は，高校以来の微積分法で学んだ素朴な級数の場合と同様に，部分和$S_N = u_1 + u_2 + \cdots + u_N$の極限として定義されることはすでに述べた．すなわち

$$S = \sum_{n=1}^{\infty} u_n \overset{\text{def}}{=} \lim_{N\to\infty} \sum_{n=1}^{N} u_n \tag{3.31}$$

である．次の定理が成り立つ．

**定理 3.10** $X$をバナッハ空間とし，$u_n \in X$ $(n=1,2,\cdots)$とするとき

$$\sum_{n=1}^{\infty} \|u_n\| < +\infty \Longrightarrow \sum_{n=1}^{\infty} u_n \text{ は収束} \tag{3.32}$$

である． □

**定義 3.11** $\sum_{n=1}^{\infty} \|u_n\| < +\infty$ が成り立つとき(そのとき正項級数$\sum_{n=1}^{\infty} \|u_n\|$は収束！)，級数$\sum_{n=1}^{\infty} u_n$は**絶対収束**であるという． □

したがって，上の定理は“絶対収束な級数は収束する”という，おなじみの内容を主張している．

［定理 3.10 の証明］ $S_N = u_1 + u_2 + \cdots + u_N$とおく．$M > N$の場合についてかけば，

$$\|S_M - S_N\| = \Big\|\sum_{n=N+1}^{M} u_n\Big\| \leqq \sum_{n=N+1}^{M} \|u_n\| \tag{3.33}$$

は明らか．この最右辺は仮定により $M, N \to \infty$ のとき 0 に近づく．よって，

$\{S_N\}$ はコーシー列である．ところが，$X$はバナッハ空間であるので，$S_N$の極限，すなわち，級数の和が存在する．∎

### (b)　縮小写像の不動点定理

関数 $f(x)$ の不動点については微分法(藤田[1]-I, §1.5)で扱った．それは，方程式

$$x = f(x) \tag{3.34}$$

の解 $x$ のことである．たとえば，$f(x) = ax + b$ のときの不動点は，1次方程式

$$x = ax + b \tag{3.35}$$

の解である．より一般の方程式(連立方程式)も然るべき $f$を用いれば，(3.34)の形に書くことができる．このような不動点を求める問題を関数空間を舞台として考察しよう．

さて，$F$を空間 $X$の中に定義域および値域を持つ(一般に非線形な)写像とするとき

$$u = F(u) \tag{3.36}$$

を満足する $u \in X$を $F$の**不動点**(fixed point)という．

不動点の存在を構成的に証明する標準的方法の一つは**反復法**(**逐次代入法**, iteration)である．それを形式的に述べれば

(i)　まず，出発値 $u_0$(解に対する最初の近似，initial guess)を定める．

(ii)　逐次代入

$$u_{n+1} = F(u_n) \qquad (n = 0, 1, 2, \cdots) \tag{3.37}$$

により近似列 $\{u_n\}$ を構成する．

という手段からなる．当然，$\{u_n\}$ が収束し，その極限 $u$ が $F$の不動点になることを期待するのである．

この反復法が成功するための条件の予備的な考察を (3.35) について行ってみよう．その場合の近似数列 $\{x_n\}$ は

$$x_{n+1} = ax_n + b \qquad (n = 0, 1, 2, \cdots)$$

により構成される．したがって(大学受験の頃を思い出される読者もおられよう)，

$$x_{n+2} - x_{n+1} = a(x_{n+1} - x_n) \qquad (n = 0, 1, 2, \cdots)$$

が成り立つ．すなわち，階差数列 $w_n = x_{n+1} - x_n$は公比 $a$ の等比数列である．

よって，$\{x_n\}$ が収束するための条件は，($x_0$がいきなり不動点である場合は別として) $|a| < 1$ である．

ここで，舞台をバナッハ空間として本番の考察に入る．

**定義 3.12** $X$をバナッハ空間とし，$F$を $X$の中に定義域 $\mathcal{D}(F)$ および値域 $\mathcal{R}(F)$ を持つ写像とする．$F$が**縮小写像**(contraction，あるいは，contraction map)であるとは，

$$\|F(u_1) - F(u_2)\| \leqq r\|u_1 - u_2\| \qquad (u_1, u_2 \in \mathcal{D}(F)) \tag{3.38}$$

が成り立つような定数 $r$が，$0 \leqq r < 1$ の範囲に存在することである． □

**注意 3.4** (3.38) で $u_2 \to u_1$にすると $F(u_2) \to F(u_1)$ となる．すなわち，縮小写像は連続である．

**定理 3.11** $X$をバナッハ空間とし，$S$をその空でない閉集合とする．$F : S \to S$が縮小写像ならば，任意の $u_0 \in S$を出発値とする反復法 (3.37) により生成される近似列 $\{u_n\}$ は $F$の不動点$\tilde{u}$に収束する．

［証明］ $u_{n+1} = F(u_n)$, $u_n = F(u_{n-1})$ から (3.38) を用いて $\|u_{n+1} - u_n\| = \|F(u_n) - F(u_{n-1})\| \leqq r\|u_n - u_{n-1}\|$ $(n = 0, 1, 2, \cdots)$ が得られる．これをくり返して用いれば

$$\begin{aligned}\|u_{n+1} - u_n\| &\leqq r^2\|u_{n-1} - u_{n-2}\| \leqq \cdots \\ &\leqq r^n\|u_1 - u_0\| \qquad (n = 0, 1, 2, \cdots)\end{aligned} \tag{3.39}$$

が導かれる．$0 \leqq r < 1$ であるから，

$$\sum_{n=0}^{\infty} \|u_{n+1} - u_n\| \leqq \sum_{n=0}^{\infty} r^n \|u_1 - u_0\| < +\infty$$

となり，定理 3.10 によって，$\sum_{n=0}^{\infty}(u_{n+1} - u_n) = (\lim_{n\to\infty} u_{n+1}) - u_0$が存在する．すなわち，$\tilde{u} = \lim_{n\to\infty} u_n$が存在する．これより (3.37) で極限移行を行えば($F$の連続性も考慮して)，$\tilde{u} = F(\tilde{u})$ が得られる． ∎

**定理 3.12** (縮小写像の原理) $S$をバナッハ空間 $X$の空でない閉集合とするとき，縮小写像 $F : S \to S$は $S$の中に一意の不動点を持つ．

［証明］ すでに定理 3.11 が示されているから，不動点の一意性のみを示せばよい．$v_1, v_2 \in S$が $F$の不動点であるとしよう．すなわち，$v_1 = F(v_1)$, $v_2 =$

$F(v_2)$．これより (3.38) を用いて

$$\|v_1 - v_2\| = \|F(v_1) - F(v_2)\| \leqq r\|v_1 - v_2\|.$$

すなわち $(1-r)\|v_1 - v_2\| \leqq 0$．$1-r>0$ であるから，これより $\|v_1 - v_2\| = 0$．ゆえに $v_1 = v_2$． ∎

### (c) 関数空間の値をとる関数の微積分

第1章の終わり近くで紹介した熱伝導の問題のように状態 $u$ が時間 $t$ と空間変数 $x \in \Omega$ に依存する発展系の考察では，$u = u(t, \cdot)$ を，すなわち，各時刻 $t$ における状態を $\Omega$ 上の関数空間 $X$ の要素とみなすことが多い．一般に線形空間の値をとる関数を**ベクトル値関数**という．$X$ がバナッハ空間ならば，$t$ を変数としバナッハ空間 $X$ の値をとる関数（***X* 値関数**，$X$-valued function）を考えて解析をすすめることになる．

**微分法**

$X$ をバナッハ空間とし，実変数 $t$ の区間 $I$ で定義された $X$ 値関数 $u = u(t)$ を考える．

このとき，$t_0 \in I$ における $u$ の**連続性**は $u(t_0) = \lim_{t \to t_0} u(t)$ で定義される．すなわち，$\|u(t) - u(t_0)\| \to 0 \ (t \to t_0)$ のとき，$u$ は $t_0$ で連続である．

$u$ が $t = t_0$ で**微分可能**であるとは

$$\lim_{t \to t_0} \frac{u(t) - u(t_0)}{t - t_0} = u'(t_0) \in X$$

が存在することである．**導関数** $u'(t)$ の定義もふつうの微分法の場合と平行である．

ベクトル値関数の微分法で気をつけねばならないことは "平均値の定理" が成立しないことである．このことは関数空間まで持ち出さなくても，2次元の $\mathbf{R}^2$ の値をとるベクトル値関数 $u(t) = (\cos t, \sin t)$ $(0 \leqq t \leqq 2\pi)$ を考えてみればわかる．実際，$u'(t) = (-\sin t, \cos t)$ であるから，$\|u'(t)\| \equiv 1$．すなわち，$u(0) = u(2\pi) = (1, 0)$ であるにもかかわらず，$u'(\xi) = 0$ となるような $\xi$ は存在しない．一方，平均値の定理が成り立たなくても，"区間 $I$ で $u'(t) \equiv 0$ ならば，$u(t)$ は $I$ で定数（ベクトル）関数である" という定理は成り立つ．紙面の都合でこの定理の証明は成書（たとえば藤田他[4]）にゆずるが，たとえば，$\mathbf{R}^2$ の値を

とるベクトル値関数 $u(t)=(x(t),y(t))$ の場合には成分ごとに定数であることを示せばすむので簡単である．

**ベキ級数**

係数 $c_n$ がバナッハ空間 $X$ の要素であるような，**ベキ級数**

$$\sum_{n=0}^{\infty} t^n c_n \quad (t\text{ は実数}), \qquad \sum_{n=0}^{\infty} z^n c_n \quad (z\text{ は複素数})$$

の理論も数係数の場合と全く同様である．収束半径を与える Cauchy–Hadamard の定理や項別微分の定理がそのまま成り立つ(藤田[1]-II, § 3. 3–3. 4)．

**定積分**

バナッハ空間 $X$ の値をとり有界閉区間 $[\alpha,\beta]$ 上で連続な関数 $u(t)$ に対して，定積分

$$S=\int_\alpha^\beta u(t)\mathrm{d}t$$

は，ふつうの積分の場合と同様にリーマン和の極限として定義可能である(藤田[1]-I, § 2. 5)．定積分に関するおなじみの公式，たとえば

$$\int_\alpha^\beta \{u(t)+v(t)\}\mathrm{d}t=\int_\alpha^\beta u(t)\mathrm{d}t+\int_\alpha^\beta v(t)\mathrm{d}t$$

$$\int_\alpha^\beta ku(t)\mathrm{d}t=k\int_\alpha^\beta u(t)\mathrm{d}t \qquad (k\text{ は定数})$$

$$\int_\alpha^\gamma u(t)\mathrm{d}t+\int_\gamma^\beta u(t)\mathrm{d}t=\int_\alpha^\beta u(t)\mathrm{d}t, \quad \frac{\mathrm{d}}{\mathrm{d}t}\int_\alpha^t u(s)\mathrm{d}s=u(t)$$

などが，そのまま成り立つ．$u$ の原始関数 $U$ $(U'=u)$ を用いての計算法

$$\int_\alpha^\beta u(t)\mathrm{d}t=U(\beta)-U(\alpha)$$

も成立する．

一方，定積分のノルムの評価に関して基本的なのは

$$\left\|\int_\alpha^\beta u(t)\mathrm{d}t\right\| \leqq \int_\alpha^\beta \|u(t)\|\mathrm{d}t \qquad (\alpha\leqq\beta) \tag{3.40}$$

である．

最後に，$A$ を(後に説明する) $X$ における連続な線形作用素とするとき

$$A\int_\alpha^\beta u(t)\mathrm{d}t=\int_\alpha^\beta Au(t)\mathrm{d}t \tag{3.41}$$

が成り立つ．(3.40), (3.41) はリーマン和に対しての不等式，等式をそれぞれ導いてから極限移行することにより容易に示される．

**関数論**

$X$を複素バナッハ空間とする．複素平面 $\mathbf{C}$ の領域$\Omega$で定義された $X$値関数 $f:\Omega\to X$が**正則**であるとは$\Omega$の各点で $f$が微分可能なことである．

このような関数 $f$の全体，すなわち，$\Omega$で定義され $X$の値をとる正則関数の全体を $\mathcal{H}(\Omega;X)$ で表わすことにする．そうすると，歯切れよく次のことが言える．

「$\mathcal{H}(\Omega;X)$ に属する関数に対して，ふつうの関数論の定理がすべて成り立つ．」

たとえば，$z$を複素変数とするとき，ベキ級数，

$$f(z)=c_0+c_1z+c_2z^2+\cdots+c_nz^n+\cdots$$
$$(\text{ただし，}c_n\in X\ (n=0,1,\cdots))$$

は収束円板 $D=\{z\mid |z|<r_0\}$ において正則であり，項別微分も許される．ここに，収束半径 $r_0$が

$$\frac{1}{r_0}=\limsup_{n\to\infty}\sqrt[n]{\|c_n\|}$$

によって与えられること (Cauchy–Hadamard の定理) も同様である．

また，$f\in\mathcal{H}(\Omega;X)$ ならば，$\Omega$において 1 点に可縮な区分的に滑らかな閉曲線 $C$に沿っての複素積分について，コーシーの積分定理

$$\oint_C f(z)\mathrm{d}z=0$$

が成り立つ．したがって，この大定理の系である関数論の諸定理がすべて成り立つのである．

# §3.4 第3章への補足

## (a) 広義一様収束と Fréchet 空間

境界や無限遠における振舞いを規制しないで連続関数列の収束を論ずるときには，一様収束では手に余り，広義一様収束の概念が必要となることは微積分法(藤田[1]-II, §3.2)で学んでいる．たとえば，$I=(-\infty,\infty)$ において

$$u_n(x)=\sin\frac{x}{n} \qquad (n=1,2,\cdots) \tag{3.42}$$

を考えると，$x$ を固定すれば $u_n(x)\to 0\,(n\to\infty)$ である．すなわち，各点収束の極限関数は $u_0(x)\equiv 0$ である．しかし，$\|u_n-u_0\|_{\sup}=1$ であるから，$u_n\to u_0$の収束を一様収束で扱うことはできない．しかし，$K$を任意の有界区間とするとき，$n\to\infty$ に対して

$$\max_{x\in K}|u_n(x)-u_0(x)|=\max_{x\in K}|u_n(x)|\longrightarrow 0 \tag{3.43}$$

となることは明らかである．すなわち，$u_n$は$u_0$に$I$上で広義一様収束している．$I$上での広義一様収束を判定する有界区間$K$としては，たとえば，

$$K_j=[-j,j] \qquad (j=1,2,\cdots) \tag{3.44}$$

のように可算個の区間についてだけ調べれば十分である．

そこで，$u\in C(-\infty,\infty)$ に対して

$$p_j(u)=\max_{x\in K_j}|u(x)|=\max_{|x|\leqq j}|u(x)| \qquad (j=1,2,\cdots) \tag{3.45}$$

とおけば，$I=(-\infty,\infty)$ における広義一様収束は

$$p_j(u_n-u_0)\longrightarrow 0 \qquad (n\to\infty) \tag{3.46}$$

が，すべての $j=1,2,\cdots$に対して成り立つことにほかならない．

$X=C(-\infty,\infty)$ において定義された汎関数 $p_j(u)$ はノルムに似た性質を持っている．すなわち

(i) $p_j(u)\geqq 0 \quad (\forall u\in X)$,

(ii) $p_j(u+v)\leqq p_j(u)+p_j(v) \quad (\forall\, u,v\in X)$,

(iii) $p_j(\alpha u)=|\alpha|p_j(u) \quad (\forall\alpha\in K, u\in X)$.

すなわち，ノルムの公理のうち，正値性の条件の一部である“$p_j(u)=0 \Rightarrow u=0$”だけが成り立っていない．しかし，

(iv)　“$p_j(u)=0, (\forall j)$” $\Longrightarrow u=0$

は成り立っている(各自，(i)〜(iv) を確かめてみよ)．

一般に，(i)〜(iii) の性質を持つ汎関数を**半ノルム**あるいは**セミ・ノルム**という．もちろん，ノルムは半ノルムの特別な場合である．

一般に，ある線形空間 $X$ に (i)〜(iv) を満たす可算個の半ノルムが定義されているとき，$X$ は前 Fréchet 空間(pre-Fréchet space)であるという．そこでは，

$$p_j(u_n-u_0) \longrightarrow 0 \qquad (n\to\infty\ ;\ j=1,2,\cdots) \tag{3.47}$$

により，$X$ の点列 $u_n$ の極限 $u_0$ への収束を定義するのである．

前 Fréchet 空間においても，コーシー列が考えられる．すなわち，点列 $u_n \in X$ がコーシー列であるとは

$$\forall j,\ p_j(u_n-u_m) \longrightarrow 0 \qquad (n,m\to\infty) \tag{3.48}$$

が成り立つことである．そうして，バナッハ空間の定義と平行に次の定義が導入されるのである．

**定義 3.13**　任意のコーシー列が収束するような前 Fréchet 空間，すなわち，完備な前 Fréchet 空間を **Fréchet 空間**という．　□

広義一様収束に関するコーシーの判定条件を思い出せば，$C(-\infty,\infty)$ は (3.45) の可算個のノルムのもとで Fréchet 空間になっていることがわかる．

### (b)　急減少関数の空間 $\mathcal{S}$

Fréchet 空間の例でもあり，全空間(特に数直線上)での超関数の理論やフーリエ変換の理論で基礎的な役割りを果たす**急減少関数**(rapidly decreasing function)のクラス $\mathcal{S}(\mathbf{R}^m)$ の紹介をしておこう．まず，$\mathcal{S}(\mathbf{R}^1)$ からはじめる．

**定義 3.14**　$\mathbf{R}^1$ で定義された $\varphi=\varphi(x)$ が急減少関数であるとは，次の (i), (ii) が成り立つことである．

(i)　$\varphi \in C^\infty(\mathbf{R}^1)$，すなわち，$\varphi$ は何回でも微分できる．

(ii)　$\varphi$ およびその各階の導関数に任意の多項式 $p(x)$ を掛けても遠方で有界である($p$ の任意性により，遠方で 0 に近づくといっても同じことになる)．すなわち $j,k$ が任意の非負の整数であるとき，

$$p_{j,k}(\varphi) = \sup_{x \in \mathbf{R}^1} |x|^j |\varphi^{(k)}(x)| < +\infty. \tag{3.49}$$

(記号としては) $\mathbf{R}^1$ で定義された急減少関数の全体を $\mathcal{S}(\mathbf{R}^1)$ で表わす．

□

上の定義の (3.49) において，乗数を任意の多項式 $p(x)$ としないで $x^j$ を用いているが，$j = 0, 1, 2, \cdots$ と動かすのであれば，結局は同じである．

急減少関数の例として，たとえば，$f(x) = \mathrm{e}^{-\alpha x^2}$ $(\alpha > 0)$ を挙げることができる．実際，$f$ の任意階数の導関数は，(多項式) $\times \mathrm{e}^{-\alpha x^2}$ の形であり，これに $x^j$ を掛けても，$\mathrm{e}^{-\alpha x^2}$ の減衰の速さのおかげで，遠方での有界性 (実は 0 になる) が保証される．また，一般に $\varphi \in C_0^\infty(\mathbf{R}^1)$ ならば，$\varphi \in \mathcal{S}(\mathbf{R}^1)$ である．

一方，$g(x) = 1/(1 + x^2)$ は遠方での減衰が不十分なので，$\mathcal{S}(\mathbf{R}^1)$ には属さない．また，$\mathrm{e}^{-|x|}$ は遠方での減衰は十分に速いが，$x = 0$ で滑らかでないので $\mathcal{S}(\mathbf{R}^1)$ には属さない．

(3.49) の $p_{j,k}$ が半ノルムであることは明らかであろう．また，二重に添字がついているが，これらは可算個の半ノルムであり，かつ，$p_{j,0}(\varphi) = 0 \Longrightarrow \varphi \equiv 0$ である．実は次の定理が成り立つ．

**定理 3.13** 急減少関数の族 $\mathcal{S}(\mathbf{R}^1)$ は (3.49) の半ノルム $p_{j,k}$ $(j, k = 0, 1, 2, \cdots)$ のもとで Fréchet 空間である． □

多次元空間 $\mathbf{R}^m$ の上での急減少関数の定義を推測することは容易であろう．すなわち，$\varphi \in \mathcal{S}(\mathbf{R}^m)$ であるための条件は次の (i), (ii) が成り立つことである．

(i) $\varphi \in C^\infty(\mathbf{R}^m)$,

(ii) $j, k_1, k_2, \cdots, k_m$ を任意の非負の整数とするとき，

$$p_{j,k}(\varphi) = \sup_{x \in \mathbf{R}^m} |x|^j |D^k \varphi(x)| < +\infty. \tag{3.50}$$

ただし，$k = (k_1, k_2, \cdots, k_m)$, $|x| = \sqrt{x_1^2 + x_2^2 + \cdots + x_m^2}$,

$$D^k \varphi = \left(\frac{\partial}{\partial x_1}\right)^{k_1} \left(\frac{\partial}{\partial x_2}\right)^{k_2} \cdots \left(\frac{\partial}{\partial x_m}\right)^{k_m} \varphi.$$

そうして，定理 3.13 の次の自然な一般化が成り立つ．

**定理 3.14** $\mathcal{S}(\mathbf{R}^m)$ は (3.50) の半ノルムのもとで Fréchet 空間である． □

### (c)　ソボレフの埋蔵定理

簡単なソボレフ空間 $H_0^1(\alpha,\beta)$ の場合から説明をはじめよう．$u$ を $H_0^1(\alpha,\beta)$ の任意の要素とする．このとき実は，$u$ は連続関数であることを示そう．定理 3.7 によれば，$\varphi_n \in C_0^1(\alpha,\beta)$，かつ，$\|\varphi_n \to u\|_{L^2} \to 0$, $\|\varphi_n' - u'\|_{L^2} \to 0 (n \to \infty)$ であるような関数列 $\{\varphi_n\}$ が存在している．ところが，

$$
\begin{aligned}
|\varphi_n(x) - \varphi_m(x)|^2 &= \left|\int_\alpha^x (\varphi_n'(x) - \varphi_m'(x))\mathrm{d}x\right|^2 \\
&\leqq \int_\alpha^x |\varphi_n' - \varphi_m'|^2 \mathrm{d}x \cdot \int_\alpha^x \mathrm{d}x \leqq (\beta-\alpha)\int_\alpha^\beta |\varphi_n' - \varphi_m'|^2 \mathrm{d}x
\end{aligned}
$$

により，

$$
\max_{\alpha \leqq x \leqq \beta} |\varphi_n - \varphi_m| \leqq \sqrt{\beta-\alpha}\,\|\varphi_n' - \varphi_m'\|_{L^2(\alpha,\beta)}
$$

が得られる．すなわち，$\{\varphi_n\}$ は区間 $[\alpha,\beta]$ 上で一様収束する．したがって，$\lim_{n\to\infty} \varphi_n(x) = v(x)$ とおけば $v$は $[\alpha,\beta]$ 上で連続である．また，$[\alpha,\beta]$ 上の一様収束は $L^2(\alpha,\beta)$ 上での収束でもある．すなわち，$u, v$ともに $\{\varphi_n\}$ の $L^2$収束極限であるから，$L^2(\alpha,\beta)$ の要素として $u = v$である．すなわち

$$
u(x) = v(x) \quad \text{a.e.}\, x \in (\alpha,\beta).
$$

いいかえれば，$u$ と同一視してよいクラスの中に連続関数 $v$が入っているのである．そこで，そのクラスの代表元として $v$を採用することにより，"$H_0^1(\alpha,\beta)$ の任意の関数 $u$ は連続関数である" と主張することができる．この意味で，次の定理が成り立つ．

**定理 3.15**

$$
H_0^1(\alpha,\beta) \subseteq C[\alpha,\beta]. \tag{3.51}
$$

□

また，上の証明における $v$が $v(\alpha) = v(\beta) = 0$ を満たしていることも明らかである．したがって，$u$ と $v$を同一視する立場では，

$$
H_0^1(\alpha,\beta) \subseteq \{v \in C[\alpha,\beta] \mid v(\alpha) = v(\beta) = 0\}
$$

が得られる．

$H_0^1$でなくて $H^1(\alpha,\beta)$ それ自体についても (証明はかなりの修正を必要とする

が)，次の定理が成り立つ．

**定理 3.16**

$$H^1(\alpha,\beta) \subseteq C[\alpha,\beta]. \tag{3.52}$$

□

実は，(3.51)，(3.52) を導くときには，単なる包含関係以外に，左辺の空間での収束が(自動的に)右辺の空間での収束を保証するということも同時に得られるのである．この事情も込めて，たとえば，定理 3.16 の代わりに，“$H^1(\alpha,\beta)$ は $C[\alpha,\beta]$ に**埋め込まれている**(embed されている)という．

ソボレフ空間が連続関数の空間に埋め込まれるかどうかは，基礎となる領域 $\Omega$ の次元にもよる．たとえば，$\Omega \subseteq \mathbf{R}^2$ ならば，$H^1(\Omega) \subseteq C(\Omega)$ はもはや成り立たない．しかし，$\Omega \subseteq \mathbf{R}^m$ $(m \leqq 3)$ のときは，$H^2(\Omega) \subseteq C(\Omega)$ が成り立つ．さまざまな次数，そうして，$L^p$ 型のソボレフ空間に対する一般的な**埋蔵定理**が知られている．

## 演習問題

**3.1** $X,Y$ を同じ係数体上の 2 つのヒルベルト空間とする．このとき，$Z = X \times Y = \{w = (u,v) \mid u \in X, v \in Y\}$ に対して，その任意の要素 $w_1 = (u_1,v_1)$，$w_2 = (u_2,v_2)$ の内積を

$$(w_1,w_2)_Z = (u_1,u_2)_X + (v_1,v_2)_Y$$

で定義すれば，$Z$ はヒルベルト空間になることを示せ．

**3.2** $u \in H^1(a,b)$, $\eta \in C^1[a,b]$ とするとき，両者の積 $v = \eta u$ は $H^1(a,b)$ に属し，積の微分の公式

$$\frac{\mathrm{d}v}{\mathrm{d}x} = \frac{\mathrm{d}\eta}{\mathrm{d}x}u + \eta\frac{\mathrm{d}u}{\mathrm{d}x}$$

が成り立つことを示せ．

**3.3** $X = H^1(\mathbf{R}^1)$ とおく．いま，条件

(i) $\eta \in C_0^1(\mathbf{R}^1)$　(ii) $0 \leqq \eta(x) \leqq 1$ $(x \in \mathbf{R}^1)$　(iii) $\eta(x) = 1$ $(|x| \leqq 1)$

を満たす関数 $\eta$ を固定する．そうして，$X$ の任意の関数 $u$ に対して，関数列 $v_n$ を

$$v_n(x) = \eta\left(\frac{x}{n}\right)u(x) \qquad (x \in \mathbf{R}^1)$$

により定義する．このとき $\lim_{n\to\infty} v_n = u$ ($X$における収束)が成り立つことを示せ．また，このことから $H_0^1(\mathbf{R}^1) = H^1(\mathbf{R}^1)$ を導け．

**3.4**　$\eta \in C_0^1(0,\infty)$, $\eta(x) \not\equiv 0$ を満たす関数$\eta$を固定する．そうして，関数列$\varphi_n$ $(n = 1, 2, \cdots)$ を$\varphi_n(x) = \eta\left(\frac{x}{n}\right)$ $(0 < x < +\infty)$ により定義する．このとき，ノルムを $L^2(0,\infty)$ のそれとして $\lim_{n\to\infty} \frac{\|\varphi_n\|}{\|\varphi_n'\|} = +\infty$ となることを示せ．(注：これは $\Omega = (0,\infty)$ に対してポアンカレの不等式 (3.22) が成立しないことを示している)

**3.5**　$X$を $l^2$空間とし，その完備性を証明したい．いま，$x_n = \left(\xi_k^{(n)}\right)_{k=1}^{\infty}$ $(n = 1, 2, \cdots)$ が $X$のコーシー列であるとして，次の段階を追って，$\{x_n\}$ の収束性を証明せよ．

(i) $j$を任意の自然数とするとき，数列$\left\{\xi_j^{(n)}\right\}_{n=1}^{\infty}$ はある極限値$\xi_j^*$に収束する．(ヒント：$\left|\xi_j^{(n)} - \xi_j^{(m)}\right| \leqq \|x_n - x_m\|$)

(ii) 数列 $\{\|x_n\|\}_{n=1}^{\infty}$ は有界数列である．(ヒント：$|\|x_n\| - \|x_m\|| \leqq \|x_n - x_m\|$)

(iii) 上の (i) における$\xi_j^*$を並べて得られる数列を $x^* = \left(\xi_k^*\right)_{k=1}^{\infty}$ とおけば，$x^* \in X$ である．(ヒント：$\|x_n\| \leqq M (n = 1, 2, \cdots)$ とすれば，$\sum_{k=1}^{N} \left|\xi_k^{(n)}\right|^2 \leqq \|x_n\|^2 \leqq M^2$．ここで $N$ を固定して $n$ に関する極限に移行すれば，$\sum_{k=1}^{N} |\xi_k^*|^2 \leqq M^2$．このあと $N \to \infty$ にする．)

(iv) $\|x_n - x^*\| \to 0 \,(n \to \infty)$ である．(ヒント：任意の正数$\varepsilon > 0$ に対して，$\|x_n - x_m\|^2 < \varepsilon^2 \,(n, m \geqq J = J(\varepsilon))$ とすれば，$\sum_{k=1}^{N} \left|\xi_k^{(n)} - \xi_k^{(m)}\right|^2 < \varepsilon^2$．ここで $m \to \infty$ にすると $\sum_{k=1}^{N} \left|\xi_k^{(n)} - \xi_k^*\right|^2 \leqq \varepsilon^2$．ついで $N \to \infty$ にすれば $\|x_n - x^*\| \leqq \varepsilon \,(n \geqq J)$ が得られる．)

# 第4章 線形作用素の基本

今までの章で，関数解析の舞台である関数空間およびそれを抽象化したバナッハ空間やヒルベルト空間となじみを深めてきた．この章では，線形代数において行列が主役であるのと同じような意味で，関数解析における主役を努める線形作用素についての基礎事項を解説する．

関数空間における線形作用素との出会いは第1章においてすませているので，早速，一般的な考察に入ろう．なお，記述を簡単にするために，線形作用素としてはバナッハ空間 $X$ からバナッハ空間 $Y$ へのそれを扱うことにするが，定理の中には，$X, Y$ がノルム空間でさえあれば成立するものが含まれている．そのあたりを正確に区別して理解したい読者には成書(たとえば，藤田他[4])を参照していただくことをお願いしておこう．

## §4.1　線形作用素の定義

$X, Y$ をバナッハ空間とする．$A$ が $X$ から $Y$ への**線形作用素**であるとは，写像 $A : X \to Y$ による対応が線形であること，すなわち，次の (i),(ii) が成り立つことである．

(i)　$A(u+v) = Au + Av \qquad (\forall\, u, v \in X)$,

(ii)　$A(\alpha u) = \alpha A u \qquad (\forall\, \alpha \in \mathbf{K},\ \forall u \in X)$.

$A$ の値域 $\mathcal{R} = \mathcal{R}(A) = \{Au \in Y \mid u \in X\}$ は $Y$ の部分空間である．また，上の定義に従えば $A$ の定義域は $X$ 自身である．しかし，$X$ から $Y$ への線形作用素

$A$ であっても，定義域 $\mathcal{D} = \mathcal{D}(A)$ が $X$の全体ではなく $X$の部分空間になっているものも扱う．このとき，写像としては，$A : \mathcal{D}(A) \to Y$である．

**例 4.1** $X = C[0,1]$ とおくとき，$u \in X$に対し $v = Au$ を

$$v(x) = \int_0^x u(t)\mathrm{d}t \qquad (0 \leqq x \leqq 1) \tag{4.1}$$

により定義すると，$A$ は $X$から $X$への線形作用素であるが，$\mathcal{D}(A) = X$, $\mathcal{R}(A) = \{v \in C^1[0,1] \mid v(0) = 0\}$ である(検証することはやさしい)．

一方，$\mathcal{D}(B) = C^1[0,1] \subset X$を定義域とする作用素 $B$を

$$(Bv)(x) = \frac{\mathrm{d}}{\mathrm{d}x}v \qquad (v \in \mathcal{D}(B))$$

により定義すると，$B$は線形作用素で，その値域は $X$全体と一致する．

次に $\mathcal{D}(B_0) = \{v \in C^1[0,1] \mid v(0) = 0\}$ として

$$(B_0 v) = \frac{\mathrm{d}}{\mathrm{d}x}v \tag{4.2}$$

により作用素 $B_0$を定義しよう．すると，やはり $B_0$の値域は $X$全体である．実際，上の $A$ と対比すると

$$Au = v \Longleftrightarrow u = B_0 v \ (v \in \mathcal{D}(B_0)) \tag{4.3}$$

であることがわかる．よって，$B_0$は $A$ の逆作用素である．すなわち，$B_0 = A^{-1}$．このように，逆作用素を含めて考察せねばならないときは，作用素の定義域を空間全体になるものと限定してしまうと窮屈である． □

線形作用素 $A : \mathcal{D}(A) \to \mathcal{R}(A)$ が 1 対 1 の対応であるとき，$A$ の逆作用素 $A^{-1}$が存在し，$\mathcal{D}(A^{-1}) = \mathcal{R}(A)$, $\mathcal{R}(A^{-1}) = \mathcal{D}(A)$ となる．

なお，一般に，線形作用素 $A$ に対して

$$\mathcal{N}(A) = \{u \in \mathcal{D}(A) \mid Au = 0\} = \{A \text{ の零点 }\} \tag{4.4}$$

とおき，$A$ の**零点集合**，あるいは，(代数流のよび方で) $A$ の**核**(kernel)とよぶ．ただし，本書では積分作用素の核との混乱を避けるために，零点集合というよび方を採用する．$A$ が 1 対 1 であるための条件，すなわち $A^{-1}$が存在するための条件が $\mathcal{N}(A) = \{0\}$ であることは線形代数で学んだ通りである．

## §4.2 有界線形作用素

### (a) 連続性と有界性

$A$ を $\mathcal{D}(A) \subseteq X$ を定義域とし，$R(A) \subseteq Y$ である線形作用素とする．ただし，$X, Y$ はバナッハ空間である．$A$ が $u_0 \in \mathcal{D}(A)$ において**連続**であるとは，もちろん

$$u \to u_0 \text{のとき} \quad Au \to Au_0 \tag{4.5}$$

が成り立つことである．$A$ の線形性により次の同値関係が成り立つ．

$A$ が原点 0 で連続 $\Longleftrightarrow$ $A$ は $\mathcal{D}(A)$ の任意の点で連続．

したがって，線形作用素 $A$ の連続性を調べるには，原点 $u = 0$ での連続性を調べれば十分である．これに関連して次の定義を導入する．

**定義 4.1** 線形作用素 $A : \mathcal{D}(A) \to \mathcal{R}(A)$ が**有界**(bounded)であるとは，次の条件が成り立つような定数 $M$ が存在することである．

$$\|Au\| \leqq M\|u\| \qquad (\forall\, u \in \mathcal{D}(A)). \tag{4.6}$$

なお，有界でない線形作用素は**非有界**(unbounded)であるという． □

**例 4.2** 上の例 4.1 で扱った $X = C[0,1]$ における作用素 $A$ は有界である．実際

$$|(Au)(x)| = \left|\int_0^x u(t)\mathrm{d}t\right| \leqq \int_0^x \|u\|\mathrm{d}t = x\|u\| \leqq \|u\| \qquad (0 \leqq x \leqq 1)$$

より，$\|Au\| \leqq \|u\|$ が成り立つからである．たまたま，$M = 1$ として (4.6) が得られたわけであるが，もし，区間が $[\alpha, \beta]$ ならば，同じように $A$ を定義したとき，$\|Au\| \leqq (\beta - \alpha)\|u\|$ が導かれる．

一方，$A$ の逆作用素 $B_0$ は有界ではない．実際，$n$ を自然数として，$v_n = v_n(x) = x^n$ $(0 \leqq x \leqq 1)$ とおけば，$\|v_n\| = \max\limits_{0 \leqq x \leqq 1} |x^n| = 1$ であるが，他方，

$$B_0 v_n = \frac{\mathrm{d}}{\mathrm{d}x} x^n = nx^{n-1}$$

であるから，$\|B_0 v_n\| = n$ である．したがって

$$\frac{\|B_0 v_n\|}{\|v_n\|} = n \to +\infty. \tag{4.7}$$

すなわち，$\|B_0 v\| \leqq M\|v\|\ (\forall v \in \mathcal{D}(B_0))$ となるような正数 $M$ は存在しない．この例が示唆するように，一般的に言えば，積分作用素は有界になりやすいが，微分作用素は(定義域と値域を同種のノルムで測るときは)通常，非有界である．

□

**定理 4.1** 線形作用素に関しては，有界性と連続性は同値である．

[証明] 有界⟹連続．(4.6) が成り立っているとする．すると，$\|u\| \to 0$ のとき $\|Au\| \to 0$ である．よって，$u = 0$ において $A$ が連続である．

連続⟹有界．背理法により証明する．$A$ が連続であるにもかかわらず，$A$ は非有界であると仮定してみる．$A$ が非有界ならば，任意の自然数 $n$ に対して

$$\|Au_n\| > n\|u_n\| \qquad (u_n \in \mathcal{D}(A)) \tag{4.8}$$

となるような $u_n$ が存在する(何故か)．(4.8) によれば，$u_n = 0$ ではあり得ない．そこで

$$v_n = \frac{1}{n}\frac{u_n}{\|u_n\|} \qquad (n = 1, 2, \cdots)$$

とおけば，$\|v_n\| = \dfrac{1}{n}$．したがって，$v_n \to 0$ である．一方，(4.8) を用いれば

$$\|Av_n\| = \left\|\frac{1}{n\|u_n\|}Au_n\right\| = \frac{1}{n\|u_n\|}\|Au_n\| > \frac{1}{n}\frac{1}{\|u_n\|}n\|u_n\| = 1\,.$$

すなわち，$\|Av_n\| > 1$ である．ここで，$A$ の連続性と $v_n \to 0$ であることを考慮しながら $n \to \infty$ の極限をとると，$Av_n \to A0 = 0$ により $0 \geqq 1$ が得られて矛盾となる． ∎

## (b) 有界な線形作用素の定義域の拡張

線形作用素 $A$ の定義域 $\mathcal{D}(A)$ が全空間 $X$ と一致していないが，$A$ が有界になっている場合を考える．このとき

**補題 4.1** $A$ の連続性を保って，$A$ の定義域を $\overline{\mathcal{D}(A)}$ = "$\mathcal{D}(A)$ の閉包" に拡張することができる(連続性を保つという条件のもとで，この拡張は一意である)．

[証明] $u_0$ を $\overline{\mathcal{D}(A)}$ に属する任意の点とすると，(閉包の定義を思い出せば) $u_n \in \mathcal{D}(A)$，かつ，$u_n \to u_0$ であるような点列 $\{u_n\}$ が存在する．そうして，$A$ が有界で (4.6) が成り立っているとすると，

$$\|Au_n - Au_m\| = \|A(u_n - u_m)\| \leqq M\|u_n - u_m\|$$

であるから，$n, m \to \infty$ のとき，$u_n - u_m \to 0$（これは $\{u_n\}$ の収束性による）のおかげで，$Au_n - Au_m \to 0$ となることがわかる．$Y$もバナッハ空間と仮定しているので，$v_0 = \lim_{n\to\infty} Au_n \in Y$の存在が保証される．この $v_0$を $Au_0$と定義すればよい．この拡張された $A$ が$\overline{\mathcal{D}(A)}$で連続であることを確かめるには，$\|Au_n\| \leqq M\|u_n\|$ において $n \to \infty$ の極限をとる．そのとき $Au_n \to Au_0$，$u_n \to u_0$から $\|Au_0\| \leqq M\|u_0\|$ が得られて，拡張された $A$ の有界性，したがって，連続性がわかる．∎

特に重要なのは，$\mathcal{D}(A)$ が $X$で稠密な場合である．このとき$\overline{\mathcal{D}(A)} = X$であるから，次の定理が成り立つ．

**定理 4.2**　$X$において**稠密に定義された有界な線形作用素** $A$ は，連続性を保って（連続性により），$X$全体で定義された線形作用素に一意に拡張される．□

### （c）　作用素のノルムと作用素の空間 $\mathcal{L}(X, Y)$

**定義 4.2**　$X, Y$をバナッハ空間としたとき，$X$を定義域とし $Y$の値をとる有界な線形作用素の全体を $\mathcal{L}(X, Y)$ で表わす．□

**定義 4.3**　$A \in \mathcal{L}(X, Y)$ のとき，(4.6) の条件

$$\|Au\| \leqq M\|u\| \qquad (\forall u \in X) \tag{4.9}$$

を満たすような定数 $M$のうちで最小なものを $\|A\|$，あるいは $\|A\|_{\mathcal{L}(X,Y)}$で表わし，$A$ の**作用素ノルム**という．□

**補題 4.2**　$A \in \mathcal{L}(X, Y)$ に対して

$$\|A\| = \sup_{u\neq 0} \frac{\|Au\|}{\|u\|} = \sup_{\|u\|=1} \|Au\| \tag{4.10}$$

である．

［証明］　定数 $M$に対して (4.9) が成り立つかどうかの吟味では，$u \neq 0$ を要求しても変わりがない．したがって，(4.9) は

$$\frac{\|Au\|}{\|u\|} \leqq M \qquad (\forall u \in X,\ u \neq 0) \tag{4.11}$$

と同値である．これが成立するような $M$のうちの最小数は (4.11) の左辺の上限にほかならない．

一方，$u \neq 0$ のとき，$v = u/\|u\|$ とおけば，$\|v\| = 1$ であり，かつ，

$$\frac{\|Au\|}{\|u\|} = \left\| A\left(\frac{u}{\|u\|}\right)\right\| = \|Av\|$$

である．したがって，$\sup_{u\neq 0}(\|Au\|/\|u\|)$ と $\sup_{\|v\|=1}\|Av\|$ とは一致する． ∎

なお，(4.10) によれば，$A$ の有界性は，球面 $\|u\|=1$ 上での汎関数 $\|Au\|$ の有界性にほかならない．

さて，線形作用素の和は線形であり，連続写像の和は連続であることから，$A, B \in \mathcal{L}(X,Y)$ ならば $A+B \in \mathcal{L}(X,Y)$ である．また，$\alpha \in \mathbf{K}$ のとき，$A \in \mathcal{L}(X,Y)$ ならば$\alpha A \in \mathcal{L}(X,Y)$ は明らか．すなわち，有界な線形作用素の集合 $\mathcal{L}(X,Y)$ は線形空間になっている．さらに次の補題が成り立つ．

**補題 4.3** $\mathcal{L}(X,Y)$ は作用素ノルムのもとでノルム空間である．

［証明］ $A \in \mathcal{L}(X,Y)$ とすると，$\|A\| = \sup_{u\neq 0}\frac{\|Au\|}{\|u\|}$ から，$\|A\| \geqq 0$ である．そうして，

$$\|A\| = 0 \Longleftrightarrow \|Au\| \equiv 0 \Longleftrightarrow A = 0$$

である(ノルムの正値性)．

次に，$A, B \in \mathcal{L}(X,Y)$ とすると，$\|Au\| \leqq \|A\|\,\|u\|$，および $\|Bu\| \leqq \|B\|\,\|u\|$ $(\forall u \in X)$ を用いて

$$\begin{aligned}\|(A+B)u\| = \|Au + Bu\| &\leqq \|Au\| + \|Bu\| \\ &\leqq (\|A\| + \|B\|)\|u\| \qquad (\forall u \in X)\end{aligned}$$

が得られる．これより

$$\|A+B\| = \sup_{u\neq 0}\frac{\|(A+B)u\|}{\|u\|} \leqq \|A\| + \|B\|$$

が得られる(ノルムの3角不等式)．

最後に，$\alpha \in \mathbf{K}$ とすると

$$\begin{aligned}\|\alpha A\| &= \sup_{u\neq 0}\frac{\|\alpha Au\|}{\|u\|} = \sup_{u\neq 0}\frac{|\alpha|\,\|Au\|}{\|u\|} = |\alpha|\sup_{u\neq 0}\frac{\|Au\|}{\|u\|} \\ &= |\alpha|\|A\|\end{aligned}$$

が得られる(ノルムの同次性)． ∎

$\mathcal{L}(X,Y)$ が作用素ノルムのもとで，ノルム空間になっていることから，有界な線形作用素の列 $A_n \in \mathcal{L}(X,Y)$ の収束を定義することが可能となる(実は，作

用素の収束にはいろいろあるが，その一つ)．

**定義 4.4** 有界な線形作用素の列 $A_n \in \mathcal{L}(X,Y)$ が $A_0 \in \mathcal{L}(X,Y)$ に $\|A_n - A_0\| \to 0$ $(n \to \infty)$ の意味で収束するとき，$A_n$は $A_0$に**作用素ノルムの意味で収束**(convergence in operator norm)する，あるいは，$\mathcal{L}(X,Y)$ で収束するという． □

$A_n$が $A_0$に $\mathcal{L}(X,Y)$ で収束するとき，$u$ を $X$の任意の要素とすれば，

$$\|A_n u - A_0 u\| \leqq \|(A_n - A_0)u\| \leqq \|A_n - A_0\|\,\|u\| \tag{4.12}$$

により，$\displaystyle\lim_{n\to\infty} A_n u = A_0 u$ $(\forall u \in X)$ が得られる．

すなわち，$A_n$は $A_0$に $X$において "各点収束" でもある．しかし，この "各点収束" が必ずしも作用素ノルムでの収束を意味しない．実際，(4.12) において $\|u\| = 1$ とおいてみればわかるように，作用素ノルムによる収束は，

$$\sup_{\|u\|=1} \|A_n u - A_0 u\| \leqq \|A_n - A_0\| \to 0 \qquad (n \to \infty)$$

であること，つまり，$X$の球面上での一様収束と同値なのである．

$\mathcal{L}(X,Y)$ に関する事項としては，次の定理を掲げる(証明は省略し成書(たとえば，藤田他[4])に託すが，$Y$の完備性の仮定が本質的である)．

**定理 4.3** $X, Y$をバナッハ空間とするとき，$X$から $Y$への有界な線形作用素の全体は作用素ノルムのもとでバナッハ空間になっている． □

### (d) 作用素の空間 $\mathcal{L}(X) = \mathcal{L}(X,X)$

$\mathcal{L}(X,Y)$ において，$Y = X$の場合は $\mathcal{L}(X,X)$ であるが，これを $\mathcal{L}(X)$ と簡単に書くことにする．$\mathcal{L}(X)$ において著しいことは，それに属する作用素の "積" が定義されることである．実際，$A, B \in \mathcal{L}(X)$ とすれば，

$$(AB)u = A(Bu) \qquad (\forall u \in X)$$

によって定義される作用素 $AB$は線形であり，"連続写像の合成は連続である" という一般論により，連続である(したがって有界！)．すなわち，$AB \in \mathcal{L}(X)$ となる．直接に作用素ノルムを評価すれば次の補題が得られる．

**補題 4.4** $A, B \in \mathcal{L}(X)$ ならば，$AB \in \mathcal{L}(X)$ であり，

$$\|AB\| \leqq \|A\| \cdot \|B\| \tag{4.13}$$

が成り立つ．さらに $A_n, B_n$ $(n = 1, 2, \cdots)$, $A_0, B_0$が $\mathcal{L}(X)$ の要素であり，$A_n \to$

$A_0$, $B_n \to B_0$ならば，$A_nB_n \to A_0B_0$である．すなわち，$\mathcal{L}(X)$ における作用素の積は連続である．

［証明］ $\|Au\| \leqq \|A\|\,\|u\|$, $\|Bu\| \leqq \|B\|\,\|u\|$ $(\forall u \in X)$ を用いれば，

$$\|(AB)u\| = \|A(Bu)\| \leqq \|A\| \cdot \|Bu\| \leqq \|A\| \cdot \|B\|\,\|u\|.$$

したがって，

$$\|AB\| = \sup_{u \neq 0} \frac{\|(AB)u\|}{\|u\|} \leqq \|A\| \cdot \|B\|.$$

こうして，(4.13) が得られた．

次に，$\|A_n - A_0\| \to 0$, $\|B_n - B_0\| \to 0$ と仮定する．そうして，等式

$$A_nB_n - A_0B_0 = A_n(B_n - B_0) + (A_n - A_0)B_0$$

に対して，ノルムの3角不等式および (4.13) を用いると

$$\|A_nB_n - A_0B_0\| \leqq \|A_n\|\,\|B_n - B_0\| + \|A_n - A_0\| \cdot \|B_0\|.$$

ここでさらに，ノルム空間における収束列のノルムは有界であること (系2.1) を用いると，$\|A_n\| \leqq K$となる定数$K$が存在するので

$$\|A_nB_n - A_0B_0\| \leqq K\|B_n - B_0\| + \|A_n - A_0\| \cdot \|B_0\| \longrightarrow 0$$

が得られる．　■

### (e)　作用素のベキ級数

$X$をバナッハ空間とするとき，$\mathcal{L}(X)$ が作用素ノルムのもとでバナッハ空間になっていて，かつ，そこでは要素どうしの掛け算が可能であることの応用として，作用素の簡単なベキ級数を考察しよう．

まず，$A \in \mathcal{L}(X)$ のとき，$n$ を自然数として，

$$A^n = \underbrace{A \cdot A \cdot \cdots \cdot A}_{n\text{ 回}} \in \mathcal{L}(X),$$

$$\|A^n\| \leqq \|A\|^n \tag{4.14}$$

が成り立つことは補題4.4から明らかである．なお，

$$A^0 = I \qquad (\text{恒等作用素}) \tag{4.15}$$

と約束する．

さて，等比級数の公式

$$\frac{1}{1-x} = 1 + x + x^2 + \cdots + x^n + \cdots \qquad (|x| < 1)$$

を連想しながら，次の作用素の級数を考える．すなわち，$A \in \mathcal{L}(X)$ を

$$\|A\| < 1 \tag{4.16}$$

を満たすものとして，無限級数

$$S = I + A + A^2 + \cdots + A^n + \cdots = \sum_{n=0}^{\infty} A^n \tag{4.17}$$

を考える．この級数の各項をノルムでおきかえた級数

$$\|I\| + \|A\| + \|A^2\| + \cdots + \|A^n\| + \cdots \tag{4.18}$$

が収束すれば，(4.17) は絶対収束であり，和 $S = \lim_{N\to\infty} \sum_{n=0}^{N} A^n$ が $\mathcal{L}(X)$ の要素として定まる．ところが (4.14) によれば，$\|A\|$ を公比とする等比級数 $\sum_{n=0}^{\infty} \|A\|^n$ が (4.18) の優級数であり，かつ，この等比級数は (4.16) の仮定のもとでは収束する．よって，(4.17) の級数の和 $S$ は，$S \in \mathcal{L}(X)$ であり，かつ，

$$\|S\| \leqq \sum_{n=0}^{\infty} \|A^n\| \leqq \sum_{n=0}^{\infty} \|A\|^n = \frac{1}{1-\|A\|} \tag{4.19}$$

が成り立つ．

次に，$S = (I-A)^{-1}$ であることを確かめよう．いま，$T = I - A \in \mathcal{L}(X)$ とおいて，$TS$, $ST$ を次のように計算する．

$$TS = (I-A)\sum_{n=0}^{\infty} A^n = \sum_{n=0}^{\infty} A^n - \sum_{n=0}^{\infty} A^{n+1} = I,$$

$$ST = \left(\sum_{n=0}^{\infty} A^n\right)(I-A) = \sum_{n=0}^{\infty} A^n - \sum_{n=0}^{\infty} A^{n+1} = I\,.$$

ただし，詳しくいうと，

$$\begin{aligned} A\sum_{n=0}^{\infty} A^n &= A \cdot \lim_{N\to\infty} \sum_{n=0}^{N} A^n = \lim_{N\to\infty}\left(A \cdot \sum_{n=0}^{N} A^n\right) \\ &= \lim_{N\to\infty} \sum_{n=0}^{N} A^{n+1} = \sum_{n=0}^{\infty} A^{n+1} \end{aligned}$$

といった等式変形を確認せねばならない．その最初から 2 番目の等号は補題 4.4 で示した“積の連続性”によるものである．

結局，$TS=I$, $ST=I$が得られ，$S$が$T=I-A$の逆作用素であることが示された．この結果は重要であるので定理にまとめておこう．なお，作用素の無限等比級数(4.17)を**ノイマン級数**という．

**定理 4.4**　$X$をバナッハ空間とするとき，$A \in \mathcal{L}(X)$が$\|A\|<1$を満たすならば，$(I-A)^{-1} \in \mathcal{L}(X)$であり，

$$(I-A)^{-1} = \sum_{n=0}^{\infty} A^n = I + A + A^2 + \cdots + A^n + \cdots$$

とノイマン級数により表わされる．また，このとき$\|(I-A)^{-1}\| \leqq \dfrac{1}{1-\|A\|}$が成り立つ．□

もう一つの例として，$A$を$\mathcal{L}(X)$の任意の要素とし，$t$を実変数(あるいは複素変数でもよい)として，作用素の指数関数$\mathrm{e}^{tA}$を

$$\mathrm{e}^{tA} = \sum_{n=0}^{\infty} \frac{t^n A^n}{n!} = I + tA + \frac{t^2A^2}{2!} + \cdots + \frac{t^nA^n}{n!} + \cdots \tag{4.20}$$

により定義することが可能である．実際，この級数が$\mathcal{L}(X)$の要素に絶対収束することは，不等式

$$\sum_{n=0}^{\infty} \left\| \frac{t^n A_n}{n!} \right\| \leqq \sum_{n=0}^{\infty} \frac{|t|^n}{n!} \|A\|^n \leqq \mathrm{e}^{|t|\|A\|}$$

を用いて容易に確かめられる．定義(4.20)から指数関数の基本性質

$$\begin{cases} \mathrm{e}^{tA}\ |_{t=0} = I \\ \mathrm{e}^{sA}\mathrm{e}^{tA} = \mathrm{e}^{(s+t)A} \end{cases} \tag{4.21}$$

が成り立つこと，さらに

$$\frac{\mathrm{d}}{\mathrm{d}t}\mathrm{e}^{tA} = \lim_{h\to 0} \frac{\mathrm{e}^{(t+h)A} - \mathrm{e}^{tA}}{h} = A\mathrm{e}^{tA} \tag{4.22}$$

が成り立つことが導かれるのである．

## §4.3　有界作用素の例

線形作用素の有界性やノルムの評価になじむための例をいくつか記しておこう．

### (a) 有限次元空間における作用素

$X=\mathbf{R}^N$とし，行列 $A=(a_{ij})$, $i,j=1,2,\cdots,N$を $X$から $X$への線形作用素として考察する．すなわち，$x=(\xi_k)_{k=1}^N$に対して，$y=Ax$ を

$$y=(\eta_k)_{k=1}^N, \quad \eta_i=\sum_{j=1}^N a_{ij}\xi_j \qquad (i,j=1,2,\cdots,N) \tag{4.23}$$

によって定義する．$X$ のノルムとしてはユークリッドノルム(すなわち $N$ 次元の $l^2$ ノルム)を採用する．このとき，

$$\nu(A)=\sqrt{\sum_{i,j=1}^N |a_{ij}|^2} \tag{4.24}$$

とおけば，

$$\|A\| \leqq \nu(A) \tag{4.25}$$

であることを検証しよう．実際，(4.23) からシュバルツの不等式により

$$|\eta_i|^2 \leqq \sum_{j=1}^N |a_{ij}|^2 \sum_{j=1}^N |\xi_j|^2 = \sum_{j=1}^N |a_{ij}|^2 \cdot \|x\|^2 .$$

この両辺を $i$ について総和すれば

$$\|y\|^2 \leqq \left(\sum_{i=1}^N \sum_{j=1}^N |a_{ij}|^2\right)\|x\|^2 = \nu(A)^2\|x\|^2 .$$

よって，$\|y\| \leqq \nu(A)\|x\|$ $(\forall x \in X)$ が得られ，$\|A\| \leqq \nu(A)$ が示された．$\nu(A)$ を行列 $A$ の **Schmidt ノルム**とよぶ．

実は，$\|A\|$ を正確に求めることは一般に難しい．たとえば，(ベクトルのノルムがユークリッド型で) $A$ がエルミート行列である特別の場合には

$\|A\|=$ “$A$ の固有値の絶対値の最大値”

であるので，$\|A\|$ を正確に求める難しさは，固有値問題の難しさに匹敵する．それだけに，$\|A\|$ の良い評価を求めることが応用上も大切である．なお，実用性のあるいくつかの評価法を演習問題の形で提示してあるので試みてほしい．

### (b) 積分作用素(連続核)

$X=C[\alpha,\beta]$ とするとき，連続核 $K(x,y)$ を持つ積分作用素 $A\in\mathcal{L}(X)$ を

$$(Au)(x) = \int_\alpha^\beta K(x,y)u(y)\mathrm{d}y \tag{4.26}$$

により定義する．$X$のノルムは最大値ノルムである．そうすると

$$\mu_0(A) = \max_{\alpha \leqq x \leqq \beta} \int_\alpha^\beta |K(x,y)|\mathrm{d}y$$

は，$\|A\|$ の上界になる．実際

$$|(Au)(x)| \leqq \int_\alpha^\beta |K(x,y)|\,\|u\|\mathrm{d}y \leqq \mu_0(A)\|u\|$$

により，$\|Au\| \leqq \mu_0(A) \cdot \|u\|$ $(\forall u \in X)$ が成り立つからである．さらに，

$$M = \max_{x,y \in [\alpha,\beta]} |K(x,y)| \tag{4.27}$$

を用いて，$\mu_1(A) = M(\beta - \alpha)$ とおけば，$\mu_0(A) \leqq \mu_1(A)$ は明らかである．よって$\mu_1(A)$ も $\|A\|$ の上界である(精度は悪いが簡明なもの)．

なお，$A^2$も積分作用素であり，その積分核 $K^{(2)}$は

$$K^{(2)}(x,y) = \int_\alpha^\beta K(x,z)K(z,y)\mathrm{d}z \tag{4.28}$$

で与えられる．実際

$$(A^2u)(x) = (Av)(x), \quad ただし\ v(z) = (Au)(z)$$

とおいて計算すると，

$$\begin{aligned}(A^2u)(x) &= \int_\alpha^\beta K(x,z)v(z)\mathrm{d}z = \int_\alpha^\beta K(x,z)\left\{\int_\alpha^\beta K(z,y)u(y)\mathrm{d}y\right\}\mathrm{d}z \\ &= \int_\alpha^\beta K^{(2)}(x,y)u(y)\mathrm{d}y\end{aligned}$$

が得られる．

さて，(4.27) の $M$を用いると

$$\left|K^{(2)}(x,y)\right| \leqq M^2(\beta - \alpha).$$

したがって，

$$\mu_0(A^2) = \max_{\alpha \leqq x \leqq \beta} \int_\alpha^\beta \left|K^{(2)}(x,y)\right| \mathrm{d}y \leqq M^2(\beta - \alpha)^2.$$

これより，$\|A^2\| \leqq M^2(\beta-\alpha)^2$が得られるが，この最後の結果は$\|A^2\| \leqq \|A\|^2 \leqq \mu_1(A)^2$からも得られるものである．

### (c) Hilbert–Schmidt 型積分作用素

$\Omega$を$\mathbf{R}^m$の任意の領域とし，$K=K(x,y)$を$\Omega\times\Omega$で自乗可積分な与えられた関数とする．すなわち

$$\int_\Omega\int_\Omega |K(x,y)|^2\mathrm{d}x\mathrm{d}y < +\infty\,. \tag{4.29}$$

このとき，$X=L^2(\Omega)$における積分作用素$A$を

$$(Au)(x)=\int_\Omega K(x,y)u(y)\mathrm{d}y \qquad (x\in\Omega) \tag{4.30}$$

によって定義する．そうすると，

$$\nu(A)=\sqrt{\int_\Omega\int_\Omega |K(x,y)|^2\mathrm{d}x\mathrm{d}y}$$

に対して

$$\|Au\| \leqq \nu(A)\|u\| \qquad (\forall u\in X) \tag{4.31}$$

が成り立つ．これを検証するための計算は本節(a)における行列についての計算と平行で，添字についての和を$\Omega$での積分でおきかえればよい．

(4.29)を満たす積分核を用いて定義される(4.30)の積分作用素を**Hilbert–Schmidt 型積分作用素**といい，$\nu(A)$をその Schmidt ノルムという．このタイプの積分作用素は，後に考察する完全連続な作用素の典型である．

### (d) たたみ込み作用素

$X=L^2(-\infty,\infty)$において，たたみ込み型の積分作用素$A$を

$$(Au)(x)=\int_{-\infty}^{\infty}\rho(x-y)u(y)\mathrm{d}y \qquad (-\infty<x<+\infty) \tag{4.32}$$

により定義しよう．ただし，$\rho$は$L^1(-\infty,\infty)$に属する与えられた関数である．すなわち

$$\int_{-\infty}^{\infty}|\rho(t)|\mathrm{d}t < +\infty\,. \tag{4.33}$$

このとき，$A \in \mathcal{L}(X)$ であり，

$$\|A\| \leqq \|\rho\|_{L^1} \tag{4.34}$$

が成り立つ(その検証は演習問題とする)．なお，“たたみ込み(convolution(英)，Faltung(独))”とは，形式的に言えば数直線上の2つの関数 $f, g$から，$f * g$で表わされる関数(それを $f, g$の**たたみ込み**という)を

$$(f * g)(x) = \int_{-\infty}^{\infty} f(x-y)g(y)\mathrm{d}y = \int_{-\infty}^{\infty} g(x-y)f(y)\mathrm{d}y$$

により構成する操作である．

### (e) 掛け算作用素

$X = L^2(\Omega)$ とし，$p = p(x)$ を$\Omega$で与えられた連続関数とする．このとき，

$$(Au)(x) = p(x)u(x) \qquad (x \in \Omega) \tag{4.35}$$

で定義される作用素 $A$，すなわち $p$ を掛けるという**掛け算作用素**を考える．$p$ が有界であり，ある定数 $M$に対して

$$|p(x)| \leqq M$$

が成り立つならば，$A \in \mathcal{L}(X)$ となり，

$$\|Au\| \leqq M\|u\| \qquad (\forall u \in X)$$

が成り立つ，したがって，$\|A\| \leqq M$である．もし，$p$ が有界でないとすると，$A$ の定義域は

$$\mathcal{D}(A) = \left\{ u \in X \;\middle|\; \int_{\Omega} |p(x)u(x)|^2 \mathrm{d}x < +\infty \right\}$$

と制限され $X$とは一致しない．そのときには，$\|\varphi_n\| = 1$ で $\|A\varphi_n\| \to +\infty$ となるような $\{\varphi_n \in X\}$ を構成できて，$A$ は有界でなくなる(演習問題参照)．

### (f) ずらし作用素

$X = L^2(-\infty, \infty)$ で考える．$h$ を定数とするとき，関数 $u$ に対して，新しい関数 $v$を

$$v(x) = u(x-h) \qquad (-\infty < x < +\infty)$$

により定義すると，$v$のグラフは $u$ のそれを右に $h$ だけ平行移動したものになっている．$h$ を固定し，任意の $u \in X$に対して，

$$(Au)(x) = u(x-h) \qquad (-\infty < x < \infty) \tag{4.36}$$

により作用素 $A$ を定義すると，$A \in \mathcal{L}(X)$ であり

$$\|Au\|^2 = \int_{-\infty}^{\infty} |u(x-h)|^2 \mathrm{d}x = \|u\|^2$$

である．したがって，$\|A\| = 1$ であることがわかる．この $A$ のように

$$\|Au\| = \|u\| \qquad (\forall u \in X)$$

を満たすような線形作用素を**等長作用素**という．なお，(4.34) で定義された作用素 $A$ を**ずらし作用素**，あるいは，**平行移動作用素**という．

## 演習問題

**4.1** $X = l^2$で働く行列作用素 $A = (a_{ij})$ $(i,j = 1,2,\cdots)$ のノルムを考察する．ただし，$y = Ax$ は，$x = (\xi_k)_{k=1}^{\infty}$，$y = (\eta_k)_{k=1}^{\infty}$の成分間の関係で表わせば $\eta_i = \sum_{j=1}^{\infty} a_{ij}\xi_j$ $(i = 1,2,3,\cdots)$ を意味するとする．いま

$$M_1 = \sup_i \sum_{j=1}^{\infty} |a_{ij}| < +\infty, \qquad M_2 = \sup_j \sum_{i=1}^{\infty} |a_{ij}| < +\infty$$

ならば，$\|A\|_{\mathcal{L}(X)} \leqq \sqrt{M_1 M_2}$であることを示せ．

さらに，$Y = l^{\infty}$，$Z = l^1$とおけば，$A \in \mathcal{L}(Y)$ かつ $A \in \mathcal{L}(Z)$ であり，$\|A\|_{\mathcal{L}(Y)} = M_1$, $\|A\|_{\mathcal{L}(Z)} = M_2$であることを示せ．

**4.2** $\rho = \rho(x)$ $(-\infty < x < \infty)$ を$\rho(x) \geqq 0$, $\int_{-\infty}^{\infty} \rho(x)\mathrm{d}x < +\infty$ を満たす関数とする．このとき，

$$(Au)(x) = (\rho * u)(x) = \int_{-\infty}^{\infty} \rho(x-y)u(y)\mathrm{d}y$$

により，$X = L^2(R^1)$ における作用素 $A$ を定義すれば，

$$\|Au\| \leqq \|\rho\|_{L^1}\|u\| \qquad (\forall u \in X)$$

が成り立つことを示せ．(ヒント：まず

$$|Au(x)|^2 = \left| \int_{-\infty}^{\infty} \sqrt{\rho(x-y)} \cdot \sqrt{\rho(x-y)}u(y)\mathrm{d}y \right|^2$$

にシュバルツの不等式を適用し，ついで $x$ による積分を実行せよ.)

**4.3** $X = L^2(0,1)$ において，掛け算作用素 $A = \dfrac{1}{x}\times$，すなわち，$(Au)(x) =$

$\dfrac{1}{x}u(x)\,(x \in (0,1))$ によって定義される作用素 $A$ が有界でないことを，次の関数列 $\varphi_n$ に対して，$\|\varphi_n\|$ および $\|A\varphi_n\|$ を計算することにより証明せよ;

$$\varphi_n(x) = \begin{cases} 0 & \left(0 < x < \dfrac{1}{n}, \dfrac{2}{n} < x < 1\right) \\ \sqrt{n} & \left(\dfrac{1}{n} \leqq x \leqq \dfrac{2}{n}\right) \end{cases}$$

ただし，$n = 3, 4, \cdots$.

# 第5章

# 射影定理とそれからの展開

ヒルベルト空間における最大の基本定理は閉部分空間の上への射影(正射影)の存在を保証する射影定理である．この章では，幾何学的な，そうして，(応用家が得意とする)直観的な理解が可能なこの定理から，共役作用素などの基礎概念や境界値問題の弱解といった，応用解析の立場からも重要な基本事項が明快に導かれる様子をお見せしたい．一方，本定理とのつながりを頼りにバナッハ空間のいくつかの重要事項についても，概念と事実の納得に努めよう．

## §5.1　射影定理

任意のベクトル $u$ を直線 $l$ 上に正射影することは高校以来なじんでいる．正射影を作図するには，$u$ を位置ベクトルとする点Pから直線 $l$ へ垂線を引いたが，この垂線の足は $l$ の点のうちでPに最も近い点であったことを思い出しておこう．以下，特に断らなければ $X$ はヒルベルト空間を表わす．

**定義 5.1**　$L$ を $X$ の閉部分空間とし，$u$ を $X$ の任意の要素とする．このとき，次の性質をもつ $v$ を $u$ の $L$ の上への**正射影**(orthogonal projection)あるいは単に**射影**といい，$P_L u$ で表わす(図5.1)．

$$v \in L \quad かつ \quad u - v \perp L. \tag{5.1}$$ □

すなわち，$v = P_L u$ であるとは

$$u = v + w \qquad (v \in L,\ w \perp L) \tag{5.2}$$

が成り立つことである．

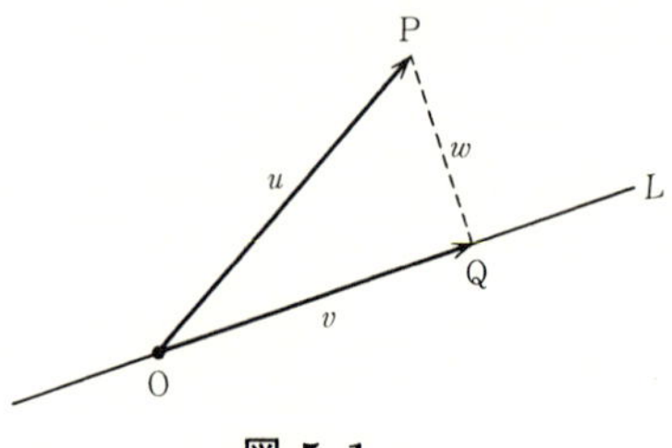


**図 5.1**

$u, L$ が与えられたとき，$P_L u$ が存在すれば一意である．実際

$$u = v_1 + w_1 = v_2 + w_2 \qquad (v_j \in L,\ w_j \perp L,\ j = 1, 2)$$

とすれば，$v_1 - v_2 = w_2 - w_1$．この両辺と $v_1 - v_2$の内積をとり $\|v_1 - v_2\|^2 = (v_1 - v_2, w_2 - w_1) = 0$ を得る．ゆえに，$v_1 = v_2$．また，$w_1 = w_2$．

(5.2) から "三平方の定理" が成り立つ；

$$\|u\|^2 = \|v\|^2 + \|w\|^2 = \|P_L u\|^2 + \|u - P_L u\|^2 . \tag{5.3}$$

**例 5.1** $X = L^2(-1, 1)$, $L = \{u \in X \mid u(x)$ が偶関数 $\}$．このとき，任意の $u \in X$に対して

$$v = \frac{1}{2}\{u(x) + u(-x)\} \tag{5.4}$$

とおけば，$v = P_L u$ である．実際，$v \in L$ は明らかであり，一方，$w = u - v = \dfrac{1}{2}\{u(x) - u(-x)\}$ は奇関数であるから，$L$ の任意の関数と直交している． □

**例 5.2** $\varphi_2, \varphi_2, \cdots, \varphi_N \in X$が正規直交系であるとする．すなわち，$(\varphi_j, \varphi_k) = \delta_{jk}\,(j, k = 1, 2, \cdots, N)$．この $\{\varphi_j\}_{j=1}^N$の張る線形部分空間を $L$ とおく．$L$ は有限次元であるので閉部分空間である．このとき，任意の $u \in X$に対して

$$v = \sum_{j=1}^N (u, \varphi_j)\varphi_j \tag{5.5}$$

とおけば，$v = P_L u$ である．実際，$v \in L$ は明らか．一方，$(u - v, \varphi_k) = (u, \varphi_k) - (v, \varphi_k) = (u, \varphi_k) - \left(\sum_{j=1}^N (u, \varphi_j)\varphi_j, \varphi_k\right) = (u, \varphi_k) - (u, \varphi_k) = 0\,(k = 1, 2, \cdots, N)$ により，$(u - v) \perp \varphi_k\,(k = 1, 2, \cdots, N)$．ゆえに，$(u - v) \perp L$． □

**定理 5.1** (射影定理) $L$ をヒルベルト空間 $X$の閉部分空間，$u$ を $X$の任意の要素とする．このとき，$u$ の $L$ 上への正射影 $v = P_L u$ が一意に存在する．すなわち，$u$ は

$$u = v + w \qquad (v \in L,\ w \in L^{\perp}) \tag{5.2}$$

の形に一意に表わされる．

［証明］ 一意性はすでに考察済みである．$P_L u$ の存在を示せばよい．まず，$u$ から $L$ への最短距離 $\mathrm{dis}\,(u, L)$，すなわち $\delta = \inf\{\|u-h\| \mid h \in L\}$ に着目する．$\delta \geqq 0$ であり，inf の定義から

$$h_n \in L, \quad \|u - h_n\| \to \delta \qquad (n \to \infty) \tag{5.6}$$

であるような点列 $\{h_n\}$ が存在する．この $\{h_n\}$ が収束すれば，その極限 $v$ が求める $P_L u$ であることが次のようにしてわかる．まず，$h_n \in L$ で，$L$ は閉であるから，$v = \lim_{n\to\infty} h_n \in L$．またこのとき，$\|u - h_n\| \to \|u - v\| = \delta$ であるから

$$\|u - v\| = \min_{h \in L} \|u - h\| \tag{5.7}$$

が成り立つ．そこで，$h$ を $L$ の任意の要素，$t$ を実数として，$\|u-(v+th)\|^2$ を考えれば，これは $t=0$ で最小値をとる．ところが

$$\begin{aligned}\eta(t) &\equiv \|u-(v+th)\|^2 = \|(u-v)-th\|^2 \\ &= \|u-v\|^2 - 2t\mathrm{Re}\,(u-v, h) + t^2\|h\|^2\end{aligned}$$

であるから，$\eta'(0) = 0$ より

$$\mathrm{Re}\,(u-v, h) = 0 \tag{5.8}$$

が得られる．$h \in L$ は任意であったから，(5.8) の $h$ を $\mathrm{i}h$ (i は虚数単位) でおきかえた $\mathrm{Re}(u-v, \mathrm{i}h) = 0$ も成り立つ．ところが，これは

$$\mathrm{Im}\,(u-v, h) = 0 \tag{5.9}$$

を意味している．あらためて，(5.8) と (5.9) を合わせ用いると

$$(u-v, h) = 0 \qquad (h \in L)$$

となり，これから，$v = P_L u$ である．

$\{h_n\}$ の収束性を示すために，$\{h_n\}$ がコーシー列であることを導こう．$u - h_n, u - h_m$ に中線定理(定理 2.20) を適用すれば

$$\|(u-h_n)+(u-h_m)\|^2 + \|h_m - h_n\|^2 = 2\|u-h_n\|^2 + 2\|u-h_m\|^2 .$$

これより

$$4\left\|u - \frac{h_n + h_m}{2}\right\|^2 + \|h_m - h_n\|^2 = 2\|u-h_n\|^2 + 2\|u-h_m\|^2 .$$

ここで，$\dfrac{h_n+h_m}{2}\in L$ により $\left\|u-\dfrac{h_n+h_m}{2}\right\|^2\geqq\delta^2$ であることを用いると

$$\|h_m-h_n\|^2\leqq 2\|u-h_n\|^2+2\|u-h_m\|^2-4\delta^2 \tag{5.10}$$

が得られる．この右辺は $n,m\to\infty$ のとき $2\delta^2+2\delta^2-4\delta^2=0$ に収束する．よって，$\|h_n-h_m\|\to 0\ (n,m\to\infty)$ が得られ証明が完了する． ∎

ここで，いわゆる**凸解析**(convex analysis)の基本定理であり，また，応用上も変分不等式の理論などに登場する，“閉凸集合への射影”にふれておこう．

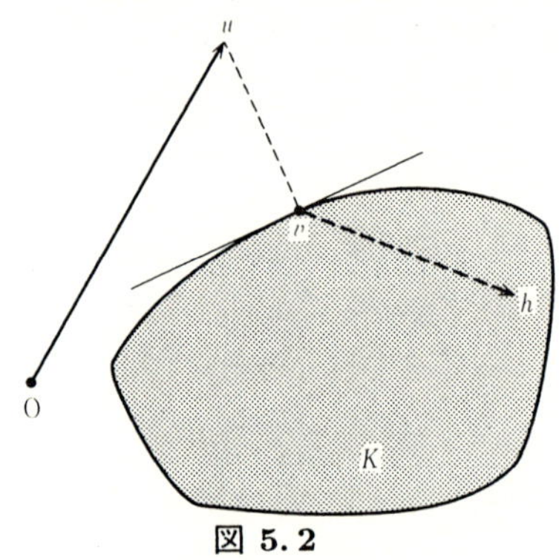


**図 5.2**

**定義 5.2**　$K$をヒルベルト空間$X$の閉凸集合，$u$を$X$の任意の要素とするとき，次の性質をもつ$v\in K$を$u$の$K$の上への射影といい，$P_K u$で表わす．

$$\mathrm{Re}\,(u-v,h-v)\leqq 0 \qquad (\forall h\in K). \tag{5.11}$$ □

実は，$v$は$u$から$K$への最短距離を実現する点である．また，この特徴づけに基づき，射影定理と基本的に同じ論法により，$v=P_K u$の存在を示すことができる．証明に興味がある読者は藤田他[4]の定理3.3を見ていただきたい．

射影定理の理論的な応用の一つとして，次の定理を示しておこう．

**定理 5.2**　$M$をヒルベルト空間の線形部分空間とする．$M$が$X$で稠密であるための条件，すなわち，$\overline{M}=X$が成り立つための必要十分条件は，

$$M^\perp=\{0\} \tag{5.12}$$

である($\overline{M}$は$M$の閉包，$M^\perp$は$M$の直交空間，念のため)．

［証明］ **必要性**　$\overline{M}=X$とする．このとき，$h\in M^\perp$ならば，$h\perp X$となり，$h$は自分自身と直交する．よって，$h=0$.

**十分性**　対偶により示す．すなわち，$\overline{M}\subsetneqq X$とする．このとき，$L=\overline{M}$とおけ

ば，閉部分空間 $L$ に属さない $X$ の要素 $u$ が存在する．そうして，$v = P_L u$, $w = u - v$ とおけば，

$$u = v + w \qquad (v \in L,\ w \perp L). \tag{5.13}$$

(5.13)において，$w = 0$ ではあり得ない($w = 0$ なら $u = v \in L$ となり矛盾するから)．一方，$w \in L^\perp$．したがって，$w \in M^\perp$ ($\overline{M}$ に直交すれば，もちろん，$M$ に直交する！)．よって，$M^\perp \neq \{0\}$． ∎

理論好きの読者のために，もう一つの定理を証明抜きで掲げておこう．

**定理 5.3** $L$ をヒルベルト空間 $X$ の閉部分空間とするとき，$(L)^{\perp\perp} = L$ である．なお，$L^{\perp\perp}$ は $(L^\perp)^\perp$ を表わす．

**注意 5.1** 上の意味で閉部分空間 $L$ と $L^\perp$ は互いに直交補空間である．

## §5.2　完全正規直交系

射影定理を用いて，正規直交系による展開の考察を深めよう．いま，$\Phi = \{\varphi_n \in X\}_{n=1}^\infty$ をヒルベルト空間 $X$ における**正規直交系**とする．すなわち

$$(\varphi_j, \varphi_k) = \delta_{jk} = \begin{cases} 1 & (j = k), \\ 0 & (j \neq k). \end{cases}$$

任意の $u \in X$ について，次の数列 $\{\alpha_n\}_{n=1}^\infty$ を，$u$ の $\Phi$ による**展開係数**(**フーリエ型展開係数**)という．

$$\alpha_n = (u, \varphi_n) \qquad (n = 1, 2, \cdots). \tag{5.14}$$

**補題 5.1** (5.14)の係数 $\{\alpha_n\}$ を用いて，

$$v = \sum_{n=1}^\infty \alpha_n \varphi_n = \sum_{n=1}^\infty (u, \varphi_n)\varphi_n \tag{5.15}$$

とおけば，この級数は $X$ において収束する．

［証明］ $v$ を表わす級数の部分和を $S_N$ $(N = 1, 2, \cdots)$ とおく．また，$\varphi_1, \varphi_2, \cdots, \varphi_N$ の張る線形部分空間を $L_N$ で表わすと，例 5.2 により $S_N$ は $u$ の $L_N$ への射影である．したがって

$$\|S_N\|^2 + \|u - S_N\|^2 = \|u\|^2 \tag{5.16}$$

が成り立つ．一方，$\Phi$の正規直交性により

$$\|S_N\|^2 = \sum_{n=1}^{N} |\alpha_n|^2 \tag{5.17}$$

であることが，容易に得られる．これと(5.16)から

$$\sum_{n=1}^{N} |\alpha_n|^2 + \|u - S_N\|^2 = \|u\|^2 . \tag{5.18}$$

よって，特に

$$\sum_{n=1}^{N} |\alpha_n|^2 \leqq \|u\|^2$$

となるが，これより，$\sum_{n=1}^{\infty} |\alpha_n|^2$が収束し，

$$\sum_{n=1}^{\infty} |\alpha_n|^2 = \sum_{n=1}^{\infty} |(u, \varphi_n)|^2 \leqq \|u\|^2 \tag{5.19}$$

が成り立つ．(5.19)を**Besselの不等式**とよぶことがある．

さて，自然数$M, N$について，$M > N$とすれば，$\Phi$の正規直交性を用いて

$$\|S_M - S_N\|^2 = \left\| \sum_{n=N+1}^{M} \alpha_n \varphi_n \right\|^2 = \sum_{n=N+1}^{M} |\alpha_n|^2$$

がわかる．(5.19)によれば，上式の最右辺は$M, N \to \infty$のとき 0 に近づく．よって$\{S_N\}$がコーシー列となり，したがって，収束する． ∎

**補題 5.2** $\Phi = \{\varphi_n\}$の生成する線形部分空間を$M$とし，その閉包を$L$で表わすと，(5.15)の$v$は$u$の$L$上への射影である．

［証明］ 前補題の証明における記号を用いる．$S_N \in M$であるから，その極限である$v$は$L$に属する．一方，

$$(u - v, \varphi_k) = (u, \varphi_k) - \left( \sum_{n=1}^{\infty} \alpha_n \varphi_n, \varphi_k \right) = \alpha_k - \alpha_k = 0 .$$

すなわち，$u - v \perp \varphi_k \, (k = 1, 2, \cdots)$．よって，$u - v \perp M$である．これより，$u - v \perp L$となることも明らかである．すなわち，$v = P_L u$． ∎

有限次元のユークリッド空間では，次元に等しい個数のベクトルからなる正規直交系により任意のベクトルを展開することができる．このような，“欠陥”のない正規直交系の概念の無限次元版が完全正規直交系の概念である．

**定義 5.3** 与えられた正規直交系$\Phi = \{\varphi_n\}_{n=1}^{\infty}$により，$X$の任意の要素$u$が

$$u=\sum_{n=1}^{\infty}(u,\varphi_n)\varphi_n \tag{5.20}$$

と展開されるとき，$\Phi$は**完全正規直交系**(complete orthonormal system)であるという．完全正規直交系を$X$の**基底**ということがある．□

**例 5.3** $X=L^2(0,\pi)$において，$\varphi_n=\sqrt{2/\pi}\sin nx$とおけば，$\Phi=\{\varphi_n\}_{n=1}^{\infty}$は完全正規直交系であることが知られている(**フーリエ正弦展開**)．同じく，

$$\psi_0=\sqrt{\frac{1}{\pi}},\quad \psi_n=\sqrt{\frac{2}{\pi}}\cos nx \qquad (n=1,2,\cdots)$$

とおけば，$\Psi=\{\psi_n\}_{n=0}^{\infty}$は$X$の完全正規直交系であることが知られている(**フーリエ余弦展開**)．□

**例 5.4** $X=L^2(-\pi,\pi)$において，$\varphi_k=\dfrac{1}{\sqrt{2\pi}}e^{ikx}\ (k=0,\pm1,\pm2,\cdots)$とおけば，正規直交系$\Phi=\{\varphi_k\}_{k=-\infty}^{+\infty}$は完全であることが知られている(**複素フーリエ展開**)．□

正規直交系の完全性の特徴づけ(あるいは判定条件)を紹介しよう．

**定義 5.4** $\Phi=\{\varphi_n\}_{n=1}^{\infty}$を正規直交系とする．任意の$u\in X$に対して

$$\|u\|^2=\sum_{n=1}^{\infty}|(u,\varphi_n)|^2 \tag{5.21}$$

が成り立つとき，$\Phi$は**Parsevalの等式**を満たすという．□

**定理 5.4** 正規直交系について，Parsevalの等式が成り立つことと，完全性(展開可能性)とは同値である．

[証明] (5.18)により，Parsevalの等式と$\|u-S_N\|\to 0\ (N\to\infty)$が同値である．■

Parsevalの等式は，$u$のノルムを$\Phi$による展開係数で表現したものである．Parsevalの等式が成り立つような完全正規直交系では，$X$の任意要素$u,v$の内積がそれらの展開係数によって次のように表わされる．

$$(u,v)=\sum_{n=1}^{\infty}(u,\varphi_n)(\varphi_n,v)\,. \tag{5.22}$$

Parsevalの等式から(5.22)を導くには，内積をノルムで表現する公式(2.77)，(2.78)を利用すればよい．

“欠陥のある正規直交系”ならば，メンバーを補充して拡大することが可能な

はずである．この見地から次の定義をおく．

**定義 5.5**　正規直交系 $\Phi=\{\varphi_n\}_{n=1}^{\infty}$ が**極大**(maximal)であるとは，正規直交系として $\Phi$ を拡大することが不可能なことである．すなわち

$$h \perp \varphi_n \quad (n=1,2,\cdots) \quad \Longrightarrow \quad h=0 \tag{5.23}$$

が成り立つことである．□

念のために注意すれば，(5.23) が不成立のときは，$h \perp \varphi_n\,(\forall n)$ かつ $h \neq 0$ であるような $h$ が存在することになる．このとき，$e=h/\|h\|$ とおけば，$\Phi \cup \{e\}$ は拡大された正規直交系を与える．

**定理 5.5**　正規直交系について，完全性と極大性は同値である．

［証明］ $\Phi=\{\varphi_n\}_{n=1}^{\infty}$ を考える正規直交系とする．まず，$\Phi$ が完全ならば，任意の $h \in X$ に対して Parseval の等式

$$\|h\|^2=\sum_{n=1}^{\infty}|(h,\varphi_n)|^2$$

が成り立つ．したがって，$(h,\varphi_n)=0\,(\forall n)$ ならば，$\|h\|=0$，すなわち，$h=0$ となり (5.23) が成り立つ．よって，$\Phi$ は極大である．

次に，$\Phi$ が極大であるとする．いま，$M$ を $\Phi=\{\varphi_n\}$ の張る線形部分空間とすれば，$M$ は $X$ で稠密である．なぜなら，$h \perp M$ ならば当然 $h \perp \varphi_n\,(\forall n)$ であるから，$\Phi$ の極大性により $h=0$ となる．すなわち，$M^{\perp}=\{0\}$．よって定理 5.2 により $\overline{M}=X$ となるからである．そうすると補題 5.2 により，(5.20) の右辺は $u$ の $X$ 上への射影，すなわち，$u$ 自身を表わす．すなわち，(5.20) がつねに成り立ち，$\Phi$ は完全である．■

## §5.3　正規直交系に関する補足

### (a)　完全正規直交系の存在

$X$ を可分なヒルベルト空間とする．このとき，$X$ には完全正規直交系が存在することを示そう．$X$ が可分であるから，$X$ で稠密な可算集合 $\{v_j\}_{j=1}^{\infty}$ が存在する．$v_1$ から調べて，最初の 0 でない $v_j$ を $f_1$ とする．次に $f_1$ と最初に線形独立となる $v_j$ を取り出して $f_2$ とする．その次には，$f_1, f_2$ と線形独立となる最初の $v_j$ を取り出して $f_3$ とする…．この操作により，点列 $F=\{f_n\}_{n=1}^{\infty}$ を構成すれ

ば，$F$は線形独立な要素からなり，かつ，$F$の張る線形部分空間 $M$は $\{v_j\}_{j=1}^{\infty}$ を含んでいる．したがって，$M$は $X$で稠密である．次に $F$に Schmidt の直交化をほどこして，正規直交系 $\Phi = \{\varphi_n\}_{n=1}^{\infty}$を作ったとする．$\Phi$の張る線形部分空間は $M$のそれと同じであり，$X$で稠密である．したがって，$\Phi^{\perp} = \{0\}$ となり$\Phi$は極大である．こうして次の定理が得られた．

**定理 5.6** 可分なヒルベルト空間は完全正規直交系をもつ． □

### (b) 同型なヒルベルト空間

$X$を可分なヒルベルト空間，$\Phi = \{\varphi_n\}_{n=1}^{\infty}$を $X$の完全正規直交系とする．また，$Y = l^2$とおく．さて，任意の $u \in X$に対して，数列 $Ju = \{(u, \varphi_n)\}_{n=1}^{\infty}$ とおけば，Parseval の不等式により，$Ju \in l^2 = Y$であること，また，写像 $J: X \to Y$が 1 対 1 かつ $Y$の上への写像であることがわかる．$J$の線形性も明らかである．さらに，(5.22) によれば

$$(u, v)_X = (Ju, Jv)_Y \qquad (\forall u, v \in X) \tag{5.24}$$

が成り立つ．

一般に，2 つのヒルベルト空間 $X, Y$の間に，全単射(1 対 1 かつ “上への”写像)かつ線形な写像 $J: X \to Y$が存在し，さらに，$J$が (5.24) の意味で内積を保存するとき，$X$と $Y$はヒルベルト空間として**同型**であるという．このとき，$J$ を $X$から $Y$への**同型写像**とよぶ．この用語法を用いると次の定理が成り立つ．

**定理 5.7** 可分なヒルベルト空間は $l^2$と同型である． □

$L^2(\Omega)$ は可分であることをすでに知っている．したがって，

**定理 5.8** (Riesz–Fischer の定理) $L^2(\Omega)$ は $l^2$と同型である． □

### (c) 可分でないヒルベルト空間の基底

可分でないヒルベルト空間の基底，すなわち，“完全”正規直交系は，可算個よりも濃度の大きい要素からなる．完全性の特徴づけは極大性によるのが最も簡明である．可分でないヒルベルト空間は普通の応用解析には現われない．

## §5.4　Rieszの表現定理

関数空間 $X$ で定義され，数の値をとる写像を $X$ の上の汎関数とよぶことはすでに承知している．そのうち，特に重要なのが連続な**線形汎関数**である．この節および次節では，ヒルベルト空間の上の連続な線形汎関数に関するRieszの表現定理およびその応用が目標であるが，一般的な定義から始めよう．

**定義 5.6**　$X$ をバナッハ空間とするとき，$X$ の上の連続な線形汎関数の全体を $X$ の**共役空間**といい，$X'$ で表わす．§4.2で導入した記号を用いれば，

$$X' = \mathcal{L}(X, \mathbf{K}) \qquad (\mathbf{K}\text{は複素数，あるいは実数}). \tag{5.25}$$ □

**例 5.5**　$X = C[0,1]$ とし，$a$ を $0 \leqq a \leqq 1$ を満たす定数とする．このとき

$$F(u) = u(a) \qquad (u \in X) \tag{5.26}$$

により $F : X \to \mathbf{K}$ を定義すれば，$F$ は線形である．実際，$F(u+v) = u(a) + v(a) = F(u) + F(v)$，$F(\alpha u) = \alpha u(a) = \alpha F(u)\,(u, v \in X,\ \alpha \in \mathbf{K})$．また，

$$|F(u)| \leqq \max_{0 \leqq x \leqq 1} |u(x)| = \|u\| \tag{5.27}$$

により，$F$ は有界であり，したがって連続である．よって，$F \in \mathcal{L}(X, \mathbf{K})$．　□

**例 5.6**　$X = L^2(\Omega)$，ただし，$\Omega$ は $\mathbf{R}^3$ の有界領域とする．このとき

$$F(u) = \text{“}u\text{の平均値”} = \frac{1}{|\Omega|}\int_\Omega u(x)\,\mathrm{d}x \qquad (u \in X) \tag{5.28}$$

により $F : X \to \mathbf{K}$ を定義する．ただし，$|\Omega|$ は $\Omega$ の体積である．明らかに $F$ は線形である．また，シュバルツの不等式により

$$|F(u)| \leqq \frac{1}{|\Omega|}\sqrt{\int_\Omega |u|^2\,\mathrm{d}x}\sqrt{\int_\Omega 1\,\mathrm{d}x} = \frac{1}{\sqrt{|\Omega|}}\|u\|$$

が得られるので，$F$ は有界，したがって，連続である．　□

これから，$X$ はヒルベルト空間であるとする．このとき，$a \in X$ を固定して

$$F(u) = (u, a) \qquad (u \in X) \tag{5.29}$$

とおけば，この汎関数 $F$ が有界線形であることは，内積の性質から明らかである．すなわち，$F \in X'$．逆に，次の定理が成り立つ．

**定理 5.9**（Rieszの表現定理）　$X$ をヒルベルト空間とし，$F$ を $X$ の上の連続

な線形汎関数とする．このとき，次の表現が成り立つような $a\in X$が一意に存在する；

$$F(u)=(u,a)\qquad(\forall u\in X). \tag{5.30}$$

［証明］ **一意性** $F(u)=(u,a_1)=(u,a_2)\ (\forall u\in X)$ とすれば，$(u,a_1-a_2)=0\ (\forall u\in X)$．これより，$a_1-a_2=0$，すなわち，$a_1=a_2$．

**存在** $F=0$ ならば，$a=0$ を採用すればよい．よって，$F\neq 0$ の場合を考える．このとき

$$L=\mathcal{N}(F)=\text{“}F\text{の零点集合”}=\{u\in X\mid F(u)=0\} \tag{5.31}$$

とおけば，$L\neq X$．また，$F$ の連続性により $L$ は閉部分空間である．ゆえに $b\neq 0$ かつ $b\perp L$ を満たす $b$ が存在する(定理5.2)．このとき，$F(b)\neq 0$ である．

ここで，任意の $u\in X$に対して，(唐突ながら)

$$w=u-\frac{F(u)}{F(b)}b \tag{5.32}$$

とおく．そうすると，$F$の線形性により

$$F(w)=F(u)-\frac{F(u)}{F(b)}F(b)=F(u)-F(u)=0$$

となり，$w\in L$ である．したがって，$w\perp b$．すなわち，$(w,b)=0$．これより

$$(u,b)-\frac{F(u)}{F(b)}\|b\|^2=0.$$

ゆえに

$$F(u)=\frac{F(b)}{\|b\|^2}(u,b)=\left(u,\frac{\overline{F(b)}}{\|b\|^2}b\right)\qquad(\forall u\in X). \tag{5.33}$$

ここで，$a=\left(\overline{F(b)}/\|b\|^2\right)b$ とおけば(5.30)が成り立つ． ∎

**例 5.7** 前例の(5.28)で定義された $F$については，(5.30)の $a$ は定数関数 $a(x)\equiv 1/|\Omega|$ により与えられる． □

**例 5.8** $X=H_0^1(-1,1)$，ただし，内積は

$$(u,v)_X=(u',v')_{L^2}=\int_{-1}^{1}u'(x)v'(x)\,\mathrm{d}x$$

を採用する．ここで

$$F(u)=u(0)\qquad(\forall u\in X) \tag{5.34}$$

によって定義される汎関数 $F$ を考える．$F$ の線形性は明らか．$F$ の有界性は，

$$|u(0)| = \left|\int_{-1}^{0} u'(x)\mathrm{d}x\right| \leqq \sqrt{\int_{-1}^{0} |u'|^2 \mathrm{d}x}\sqrt{\int_{-1}^{0} 1\mathrm{d}x} \leqq \|u\|_X$$

からわかる．したがって，Riesz の定理により

$$u(0) = (u, a)_X = (u', a')_{L^2} \qquad (\forall u \in X) \tag{5.35}$$

が成り立つような $a \in X$ が存在する．この $a$ が具体的に

$$a(x) = \frac{1}{2}(1 - |x|) \tag{5.36}$$

で与えられることの検証は演習問題としよう．□

さて，§4.2 で述べた一般論に従えば，有界線形汎関数全体からなる $X' = \mathcal{L}(X, \mathbf{K})$ は，

$$\|F\| = \sup_{u \neq 0} \frac{|F(u)|}{\|u\|} \tag{5.37}$$

をノルムとして，バナッハ空間をつくっている．上の $\|F\|$ を $F$ の**汎関数ノルム**といい，$X'$ でのノルムであることを強調したいときは，特に，$\|F\|_{X'}$ と記す．

Riesz の定理において $F$ を表現する((5.30) における) $a$ については，

$$\begin{cases} |F(u)| = |(u, a)| \leqq \|u\| \, \|a\| & (u \in X) \\ \text{ただし，} u = a \text{ のときは等号} \end{cases}$$

が成り立つので，$\|F\|_{X'} = \|a\|$ である．すなわち，$F \in X'$ と $a \in X$ とは等長となる．

## §5.5　境界値問題の弱解

### (a)　Riesz の定理の応用例

Riesz の定理の応用例として，次の境界値問題を扱ってみよう．

$$\begin{cases} -\Delta u + ku = f & (\Omega \text{において}), \quad (5.38) \\ u\,|_{\partial\Omega} = 0 & (\partial\Omega \text{上で}). \quad (5.39) \end{cases}$$

$\Omega$ は $\mathbf{R}^m$ の有界または非有界の領域である．$k$ は正の定数，$f$ は $\Omega$ で与えられた関数であり，$f \in L^2(\Omega)$ であると仮定しよう．本書では (5.38) を **Helmholtz型**

**方程式**とよぶ(本来の Helmholtz 方程式では $k<0$ である). (5.39)は未知関数 $u$ に対する境界条件である(同次の **Dirichlet 条件**). $\Omega$が非有界のときには遠方での境界条件

$$u(x) \to 0 \qquad (|x| \to +\infty) \tag{5.40}$$

が課せられる.

以下, (5.38)～(5.40)の解 $u$ を求める境界値問題の考察を進める. その第一歩は, 問題を**弱い形**(weak form)に定式化することである. 簡単のために, 関数はすべて実数値関数であると仮定しよう.

さて, 上の境界値問題の解 $u$ が $C^2$級の関数であると仮定して, 任意の$\varphi \in C_0^\infty(\Omega)$ と(5.38)の両辺との $L^2$内積をつくる. $\partial\Omega$の近くや十分遠方では$\varphi(x) \equiv 0$ であるから, 左辺において部分積分(グリーンの公式の適用)を行うのに何の支障もない. その結果

$$(\nabla u, \nabla\varphi)_{L^2} + k(u,\varphi)_{L^2} = (f,\varphi)_{L^2} \qquad (\forall\varphi \in C_0^\infty(\Omega)) \tag{5.41}$$

が得られる. 逆に, (5.41)を満足する $u$ が滑らかでありさえすれば, (5.41)の左辺をグリーンの公式により逆向きに変形して

$$(-\Delta u, \varphi)_{L^2} + k(u,\varphi)_{L^2} = (f,\varphi)_{L^2} \qquad (\forall\varphi \in C_0^\infty(\Omega)) \tag{5.42}$$

が得られ, $\varphi$ の任意性により,

$$-\Delta u + ku = f \qquad (\text{a.e.}\, x \in \Omega) \tag{5.43}$$

の意味で(5.38)が成り立つ. 以上を予備的な考察として, あらためて, 境界値問題の弱解を次のように定義する.

**定義 5.7** $\Omega$で定義された関数 $u=u(x)$ が境界値問題(5.38)～(5.40)の**弱解**(weak solution)であるとは, 次の(i),(ii)が成り立つことである.

(i) $u \in H_0^1(\Omega)$, (5.44)

(ii) $(\nabla u, \nabla\varphi)_{L^2} + k(u,\varphi)_{L^2} = (f,\varphi)_{L^2} \qquad (\forall\varphi \in C_0^\infty(\Omega))$. (5.45) □

定義に先立つ考察により(ii)が方程式(5.38)を肩代わりする条件であることは納得できたはずである. (5.45)を(5.38)の**弱方程式**とよぶ. また, (5.45)における$\varphi$ を弱方程式の**試験関数**(test function)という. 実は, 試験関数のクラスを $C_0^\infty(\Omega)$ でなく, $C_0^1(\Omega)$ に広げても同じことになる. それは, 与えられた $\psi \in C_0^1(\Omega)$ を $C_0^\infty(\Omega)$ に属する関数列によって然るべく近似することができる

(ことが知られている)からである．

一方，条件(i)により，$\dfrac{\partial u}{\partial x_j}$は一般化された偏導関数として存在し，$L^2(\Omega)$に属している．(5.45)における最初の項

$$(\nabla u, \nabla\varphi)_{L^2} = \sum_{j=1}^{m}\left(\frac{\partial u}{\partial x_j}\frac{\partial \varphi}{\partial x_j}\right)_{L^2}$$

の意味はそのように解釈される．さらに条件$u \in H_0^1(\Omega)$には，境界条件(5.39)および(5.40)が(一般化された意味ながら)取り込まれている．

さて，Rieszの定理を応用して，上の弱解$u$が一意に存在することを示そう．まず$X = H_0^1(\Omega)$は$H^1(\Omega)$の部分空間であり，ヒルベルト空間として扱うときの内積は

$$(u, v)_{H^1} = (\nabla u, \nabla v)_{L^2} + (u, v)_{L^2} \tag{5.46}$$

が標準的であるが，これを変更して

$$(u, v)_X = (\nabla u, \nabla v)_{L^2} + k(u, v)_{L^2} \tag{5.47}$$

を$X = H_0^1(\Omega)$の内積に採用してもよい．

この新しい内積を用いれば，弱解$u$の満たすべき条件(ii)は

$$(u, \varphi)_X = (f, \varphi)_{L^2} \qquad (\forall\varphi \in C_0^\infty(\Omega)) \tag{5.48}$$

と書き表わされる．ここで，$C_0^\infty(\Omega)$が$H_0^1(\Omega)$で稠密である($H_0^1(\Omega)$の関数$\psi$は$C_0^\infty(\Omega)$の関数列$\varphi_n$で然るべく近似できる)ことを用いれば，(5.48)を

$$(u, \psi)_X = (f, \psi)_{L^2} \qquad (\forall\psi \in X = H_0^1(\Omega)) \tag{5.49}$$

でおきかえてよい．

(5.49)により，まず，弱解の**一意性**を示そう．いま，$u_1, u_2 \in X$がともに弱解であるとすれば

$$(u_1, \psi)_X = (f, \psi), \quad (u_2, \psi)_X = (f, \psi) \qquad (\forall\psi \in X). \tag{5.50}$$

したがって，辺々引き算すると

$$(u_1 - u_2, \psi)_X = 0 \qquad (\forall\psi \in X). \tag{5.51}$$

ここで，$\psi = u_1 - u_2$を代入すれば(これが可能なように試験関数のクラスを$X = H_0^1(\Omega)$にまで拡張しておいた)，$\|u_1 - u_2\|_X^2 = 0$，すなわち，$u_1 = u_2$が導かれて，一意性が示される．

次に弱解の**存在**を示そう．(5.49)の右辺は，$f$を固定しているので，$\psi \in X =$

$H_0^1(\Omega)$ を変数とする汎関数 $F(\psi)=(\psi,f)_{L^2}$ であり，その線形性は明らかである．さらに

$$|F(\psi)| \leqq \|f\|_{L^2}\|\psi\|_{L^2} \leqq \|f\|_{L^2}\frac{1}{\sqrt{k}}\sqrt{\|\nabla\psi\|_{L^2}^2+k\|\psi\|_{L^2}^2} \leqq \frac{1}{\sqrt{k}}\|f\|_{L^2}\|\psi\|_X$$

であるから，$F: X \to \mathbf{R}$ は有界である．したがって，Riesz の定理により，

$$F(\psi)=(\psi,a)_X \qquad (\forall\psi\in X)$$

であるような $a\in X$ が存在する．$F(\psi)$ を具体的に書けば，$a\in X$ は

$$(\psi,f)_{L^2}=(\psi,a)_X \qquad (\forall\psi\in X)$$

を満たしている．すなわち，この $a$ が求める弱解である．以上より

**定理 5.10**　$f\in L^2(\Omega)$ のとき，Helmholtz 型方程式(5.38)の Dirichlet 境界条件(5.39)(および，遠方での境界条件(5.40))のもとでの弱解 $u\in H_0^1(\Omega)$ が一意に存在する．　□

### (b)　ノイマン境界条件

ここまで考察してきた境界値問題で，境界条件だけを**ノイマン境界条件**

$$\frac{\partial u}{\partial n}=0 \qquad (\partial\Omega\text{上で}) \tag{5.52}$$

でおきかえた問題(すなわち，方程式(5.38)のノイマン境界条件のもとでの境界値問題)について触れておこう．なお，(5.52)における $\partial/\partial n$ は外向き単位法線 $n$ に沿っての微分である．こちらの問題の弱解の定義を次のように与える．ただし，$\partial\Omega$ は有界で滑らかな曲面であるとする．

**定義 5.8**　方程式(5.38)，境界条件(5.52)(および，$\Omega$ が非有界ならば(5.40))からなる境界値問題の弱解 $u$ とは，次の条件(i),(ii)を満たす関数である．

(i)　$u\in H^1(\Omega)$, $\tag{5.53}$

(ii)　$(\nabla u,\nabla\psi)_{L^2}+k(u,\psi)_{L^2}=(f,\psi)_{L^2} \qquad (\forall\psi\in H^1(\Omega)).$ $\tag{5.54}$ □

上の定義では，最初から試験関数 $\psi$ のクラスを $H^1(\Omega)$ にとっているが，それは話を端折るためである．また，上の(i),(ii)にはノイマン境界条件(5.52)が全然考慮されていないようにみえるが，それは，(5.54)に組み込まれているのである．実際，$u$ が $\overline{\Omega}=\Omega\cup\partial\Omega$ において滑らかであるとして，(ii)から(5.38)

および(5.52)を導いてみよう．そのために，まず，$\varphi \in C_0^\infty$を任意にとると，$C_0^\infty(\Omega) \subset H^1(\Omega)$であるから，

$$(\nabla u, \nabla \varphi)_{L^2} + k(u, \varphi)_{L^2} = (f, \varphi)_{L^2} \qquad (\forall \varphi \in C_0^\infty(\Omega))$$

が成り立つ．これから

$$-\Delta u + ku = f \qquad (\text{a.e.}\, x \in \Omega) \tag{5.55}$$

を導く論法は以前と同じである．そのうえで，今度は，$\overline{\Omega} = \Omega \cup \partial\Omega$の中に有界な台を持つ$C^1$級の任意の関数$\psi$を採って，(5.54)を考察する($\psi$は遠方では恒等的に0となるが，$\partial\Omega$上の値の制限を受けていない)．そうすると，グリーンの公式により

$$(-\Delta u + ku, \psi) + \int_{\partial\Omega} \frac{\partial u}{\partial n} \psi \mathrm{d}S = (f, \psi)$$

が得られる．ここに(5.55)を用いると

$$\int_{\partial\Omega} \frac{\partial u}{\partial n} \psi \mathrm{d}S = 0 \qquad (\forall \psi)$$

が得られ，$\partial\Omega$上での$\psi$の任意性により(5.52)が結論される．いいかえれば，(5.52)は条件(ii)から自然に従う，**自然な境界条件**(natural boundary condition)なのである．

さて，(5.53),(5.54)を満たす弱解$u$の一意存在の証明は，前の境界値問題のそれと全く同じ論法で行われる．基礎となるヒルベルト空間$X$が$H_0^1(\Omega)$から$H^1(\Omega)$に変わるだけである．すなわち，次の定理が成り立つ．

**定理 5.11** $f \in L^2(\Omega)$のとき，Helmholtz型方程式(5.38)，ノイマン境界条件(5.52)($\Omega$が非有界ならば(5.40)も加わる)からなる境界値問題の弱解が一意に存在する． □

境界値問題の学習としては，(5.38)において$k = 0$とした場合，すなわち，**ポアッソン方程式**

$$-\Delta u = f \qquad (\Omega\text{において}) \tag{5.56}$$

をはずすことはできない(理論上も応用上も最重要だから)．ただし，$\Omega$は有界とし，境界条件はDirichlet条件(5.39)であるとする．この場合の弱解の定義は次のようになる．

**定義 5.9** ポアッソン方程式(5.56)と境界条件(5.39)からなる境界値問題の

弱解 $u$ とは，次の条件(i),(ii)を満たす関数 $u$ である．

(i) $u \in H_0^1(\Omega)$,

(ii) $(\nabla u, \nabla\varphi)_{L^2} = (f, \varphi)_{L^2} \qquad (\forall\varphi \in C_0^\infty(\Omega))$. □

この弱解の一意存在の証明も最初に考察した境界値問題の弱解のそれと平行である．ただし，基礎となるヒルベルト空間 $X = H_0^1(\Omega)$ の内積として，今度は Dirichlet 内積，すなわち，

$$(u, v)_X = (\nabla u, \nabla v)_{L^2} \tag{5.57}$$

を採用する必要がある．この内積が $H_0^1(\Omega)$ の内積として採用可能なことは，$\Omega$ の有界性に基づく Poincaré の不等式(定理 3.8)による．結果を定理に掲げよう．

**定理 5.12** $\Omega$が有界で $f \in L^2(\Omega)$ のとき，ポアッソン方程式(5.56)と Dirichlet 境界条件(5.39)からなる境界値問題の弱解が一意に存在する． □

以上で扱った境界値問題の弱解 $u$ は，まず，ソボレフ空間 $H^1(\Omega)$ の中でとらえられたのであるが，実際は，もっと微分可能性がよく，$f \in L^2(\Omega)$ のもとでは $u \in H^2(\Omega)$ である．さらに $f$ 自身が $H^1(\Omega)$ に属すれば，$u$ は $H^3(\Omega)$ に属すること，… が知られている．この結果は，楕円型方程式の解の微分可能性の理論として偏微分方程式論の専門家にとっては重要である．

### (c) 変分法と境界値問題との関連

上で扱った境界値問題は，関数空間において(非線形の)汎関数の最小値を求める変分問題と関係が深い．Helmholtz 型方程式(5.38)と Dirichlet 境界条件(5.39)からなる境界値問題について例示しよう．簡単のために，$\Omega$は有界とする．この境界値問題の解を$\tilde{u}$で表わす．

いま，$V = H_0^1(\Omega)$ を許容集合として，汎関数

$$J[u] = \frac{1}{2}\|\nabla u\|_{L^2}^2 + \frac{k}{2}\|u\|^2 - (f, u)_{L^2} \tag{5.58}$$

を最小にする問題を考える．ただし，$k > 0$, $f \in L^2(\Omega)$ である．

いま，この最小問題，すなわち，**変分問題**(variational problem)が，解 $u^* \in V$を持ったとする．すなわち

$$J[u^*] = \min_{u \in V} J[u] \tag{5.59}$$

であるとしよう．そのとき，$\psi \in V$を任意にとり，$t$を任意の実数として

$$\eta(t) = J[u^* + t\psi]$$

とおけば，$\eta$は$t=0$において最小値をとる．具体的に計算すれば，

$$\begin{aligned}\eta(t) = J[u^*] + t\{(\nabla u^*, \nabla\psi)_{L^2} + k(u^*, \psi)_{L^2} - (f, \psi)\} \\ + \frac{t^2}{2}\{\|\nabla\psi\|_{L^2}^2 + k\|\psi\|_{L^2}^2\}.\end{aligned} \tag{5.60}$$

したがって，$\eta'(0) = 0$から

$$(\nabla u^*, \nabla\psi)_{L^2} + k(u^*, \psi)_{L^2} = (f, \psi)_{L^2} \qquad (\forall\psi \in V)$$

が得られ，$u^*$が境界値問題の弱解であることがわかる．

逆に，境界値問題の弱解を$\tilde{u}$とし，$u$を任意の許容関数とし，$\psi = u - \tilde{u}$とおく．そうして，$J[u] = J[\tilde{u} + \psi]$を計算する．計算は(5.60)と同様であり，そこで，弱方程式$(\nabla\tilde{u}, \nabla\psi)_{L^2} + k(\tilde{u}, \psi)_{L^2} = (f, \psi)_{L^2}$を用いると

$$J[u] = J[\tilde{u}] + \frac{1}{2}\{\|\nabla\psi\|_{L^2}^2 + k\|\psi\|_{L^2}^2\} \tag{5.61}$$

が得られる．これより，$J[u]$は，$\psi = 0$のとき，すなわち，$u = \tilde{u}$のときに限り最小値$J[\tilde{u}]$に到達することがわかる．

こうして，境界値問題と変分問題が同等であることがわかった．なお，この事実を連想する用語法として，境界値問題の弱解のことを**変分解**(variational solution)とよぶことがある．

## §5.6 ヒルベルト空間の共役作用素

線形代数における行列$A = (a_{jk})$において，$A$の転置行列$A' = (a'_{jk})$(ただし，$a'_{jk} = a_{kj}$)および$A$の転置共役行列$A^* = (a^*_{jk})$(ただし，$a^*_{jk} = \overline{a}_{kj}$)の概念が大切であったことを思い出していただきたい．

この転置共役行列の概念を一般化したものが，ヒルベルト空間における共役作用素である．これは形式的には第4章で登場するべき話題なのであるが，その理論的根拠にRieszの定理を用いるので，この節で解説することにした．この節でも，$X$は複素ヒルベルト空間を表わすものとする．また，作用素としては，$\mathcal{L}(X)$に属するもの，すなわち，$X$から$X$への有界線形作用素を主として

考察する．なお，非有界作用素の共役作用素は本書のレベルを少々超えるのであるが，その応用上での重要性を考慮して，“理解への入り口”だけは紹介することとした．

### (a) 共役作用素の定義と例

**定義 5.10** $A \in \mathcal{L}(X)$ とするとき，

$$(Au, v) = (u, Bv) \qquad (\forall u, v \in X) \tag{5.62}$$

を満たす $B \in \mathcal{L}(X)$ を $A$ の**共役作用素**といい，$A^*$で表わす．すなわち，$A^*$は

$$(Au, v) = (u, A^*v) \qquad (\forall u, v \in X) \tag{5.63}$$

を満たす作用素である． □

$A \in \mathcal{L}(X)$ に対して，$A^*$は一通りに決まる．なぜなら

$$(Au, v) = (u, B_1 v) = (u, B_2 v) \qquad (\forall u, v \in X)$$

が成り立つとすれば，$(u,\ (B_1 - B_2)v) = 0\ (\forall u \in X)$ が成り立ち，これより，$(B_1 - B_2)v = 0$，すなわち $B_1 v = B_2 v\,(\forall v \in X)$ が結論されるからである．一方，任意の $A \in \mathcal{L}(X)$ の共役作用素の存在が Riesz の定理に基づいて示される(演習問題参照)．すなわち，

**定理 5.13** ヒルベルト空間 $X$において，任意の $A \in \mathcal{L}(X)$ に対して，その共役作用素 $A^*$が一意に定まり，$\mathcal{L}(X)$ に属する． □

**例 5.9** $X = \mathbf{C}^n$において，行列 $A = (a_{jk})\,(a_{jk} \in \mathbf{C},\ j, k = 1, 2, \cdots, N)$ を考える．$u = (\xi_n)_{n=1}^N$，$v = (\eta_n)_{n=1}^N$のとき

$$(Au, v) = \sum_{j=1}^{N} \left( \sum_{k=1}^{N} a_{jk} \xi_k \right) \overline{\eta}_j = \sum_{k=1}^{N} \xi_k \overline{\left( \sum_{j=1}^{N} \overline{a_{jk}} \eta_j \right)}$$

$$= \sum_{k=1}^{N} \xi_k \overline{\left( \sum_{j=1}^{N} b_{kj} \eta_j \right)}. \tag{5.64}$$

ただし，$b_{kj} = \overline{a_{jk}}$である．すなわち，$B =$ “$A$ の転置共役行列” を用いれば $(Au, v) = (u, Bv)\ (u, v \in X)$ が成り立つ． □

**例 5.10** $X = L^2(\Omega)$ とし，積分核 $K = K(x, y)$ を用いて，

$$(Au)(x) = \int_\Omega K(x, y) u(y) \mathrm{d}y \tag{5.65}$$

で定義される積分作用素を考える．ただし，$K \in L^2(\Omega \times \Omega)$ であり，したがって，$A$ は Hilbert–Schmidt 型の積分作用素であるとする．このとき，(5.64) における計算を，和を積分でおきかえながら繰り返すと

$$
\begin{aligned}
(Au, v) &= \int_\Omega \left\{ \int_\Omega K(x,y)u(y)\mathrm{d}y \right\} \cdot \overline{v(x)}\mathrm{d}x \\
&= \int_\Omega u(y) \left\{ \overline{\int_\Omega K^*(y,x)v(x)\mathrm{d}x} \right\} \mathrm{d}y
\end{aligned} \tag{5.66}
$$

が得られる．ただし，

$$
K^*(y,x) = \overline{K(x,y)} \tag{5.67}
$$

である．したがって，$K^*$を積分核とする積分作用素

$$
(Bu)(x) = \int_\Omega K^*(x,y)u(y)\mathrm{d}y = \int_\Omega \overline{K(y,x)}u(y)\mathrm{d}y \tag{5.68}
$$

を考えると(変数 $x, y$の用い方に気をつければ)，(5.66) は，$(Au, v) = (u, Bv)$ を意味することがわかる．$B$はやはり Hilbert–Schmidt 型の積分作用素である．このように，積分作用素 $A$ の共役作用素は積分核の変数を入れかえた上で，複素共役をとったものを積分核とする積分作用素である．　□

**例 5.11**　$X = L^2(\Omega)$ とし，$\rho = \rho(x)$ を$\Omega$で有界な関数とする．掛け算作用素$\rho\times$を $A$ で表わそう．すなわち

$$
(Au)(x) = \rho(x)u(x) \qquad (u \in X). \tag{5.69}
$$

そうすると，

$$
(A^*v)(x) = \overline{\rho(x)}v(x) \qquad (v \in X)
$$

となる．すなわち，$A^*$は$\overline{\rho(x)}$を掛ける掛け算作用素となる．　□

**例 5.12**　$X = L^2(-\infty, \infty)$, $Y = L^2(0, \infty)$ において考える．いま，$h$ を正定数として，

$$
(Au)(x) = u(x+h) \tag{5.70}
$$

で定義される作用素 $A$ を考える．関数のグラフでいえば，$A$ は $h$ だけの左への平行移動である．まず，$X$において $A$ の共役作用素を見出そう．$u, v \in X = L^2(-\infty, \infty)$ とすれば，積分変数の変換 $x + h = y$を用いて計算すると

$$
(Au, v)_X = \int_{-\infty}^{\infty} u(x+h)\overline{v(x)}\mathrm{d}x = \int_{-\infty}^{\infty} u(y)\overline{v(y-h)}\mathrm{d}y = (u, A^*v)_X
$$

により，

$$(A^*v)(x) = v(x-h) \tag{5.71}$$

であることがわかる．すなわち，$X$において，$A^*$は逆向きへの平行移動(ずらし作用素)である．

次に，$u, v \in Y = L^2(0,\infty)$において計算すると

$$(Au, v)_Y = \int_0^\infty u(x+h)\overline{v(y)}\mathrm{d}y = \int_h^\infty u(y)\overline{v(y-h)}\mathrm{d}y$$

となるが，これが$(u, A^*v)_Y$と表わされるためには

$$(A^*v)(x) = \begin{cases} v(x-h) & (x>h) \\ 0 & (0<x<h) \end{cases} \tag{5.72}$$

にとらねばならない．すなわち，$A^*$は，グラフでいえば，右へ$h$だけ平行移動し，空いた区間$0<x<h$では恒等的に0の関数のグラフを補うことになる(図5.3)．　□

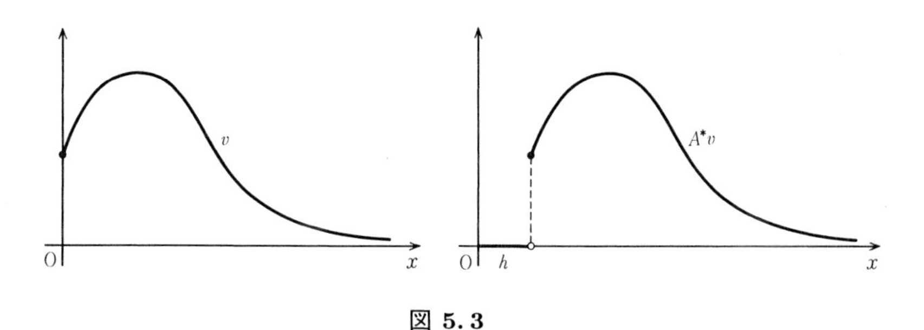


**図 5.3**

## (b) 共役作用素に関する公式

以下，$A, B \in \mathcal{L}(X)$, $\alpha \in \mathbf{C}$とする．

**公式 1**　$$(A+B)^* = A^* + B^*, \quad (\alpha A)^* = \overline{\alpha}A^* \tag{5.73}$$

が成り立つ．これを検証するのは，極めてやさしい．

**公式 2**　$$A^{**} = A,\ \text{ただし，}\ A^{**} = (A^*)^*. \tag{5.74}$$

これは

$$(A^*u, v) = (\overline{v, A^*u}) = (\overline{Av, u}) = (u, Av)$$

から明らかである．さらに

**公式3**　$\|A^*\| = \|A\|$　(5.75)

も導いておこう．まず

$$\|Au\| = \sup_{v \in X} \frac{|(Au, v)|}{\|v\|} = \sup_{v \in X} \frac{|(u, A^*v)|}{\|v\|}$$
$$\leqq \sup_{v \in X} \frac{\|u\|\|A^*v\|}{\|v\|} = \|u\| \sup_{v \in X} \frac{\|A^*v\|}{\|v\|} = \|A^*\|\|u\| \tag{5.76}$$

から

$$\|A\| \leqq \|A^*\| \tag{5.77}$$

を導く．これを $B = A^*$ に適用して得られる $\|B\| \leqq \|B^*\| = \|(A^*)^*\|$ に(5.74)を用いて $\|A^*\| \leqq \|A\|$．これと(5.77)から(5.75)が導かれる．

作用素の合成，すなわち，積については，

**公式4**　$(AB)^* = B^*A^*$.　(5.78)

これは，$(ABu, v) = (A(Bu), v) = (Bu, A^*v) = (u, B^*(A^*v)) = (u, B^*A^*v)$ $(\forall u, v \in X)$ から明らか．

最後に，$A \in \mathcal{L}(X)$ が逆作用素 $A^{-1} \in \mathcal{L}(X)$ を持つ場合を考えよう．このとき，$A^*$ も逆作用素を持ち，

**公式5**　$(A^*)^{-1} = (A^{-1})^*$　(5.79)

となる．この検証は演習問題としておく．

### (c)　自己共役作用素

**定義 5.11**　$A \in \mathcal{L}(X)$ が $A = A^*$ を満たすとき，$A$ は**自己共役**(self-adjoint)であるという．すなわち，$A \in \mathcal{L}(X)$ が自己共役であるための条件は

$$(Au, v) = (u, Av) \qquad (\forall u, v \in X). \tag{5.80}$$ □

自己共役作用素のいくつかの例を掲げよう．

**例 5.13**　$X = L^2(\Omega)$ において Hilbert–Schmidt 型の積分作用素 $A$，すなわち

$$(Au)(x) = \int_\Omega K(x, y)u(y)\mathrm{d}y$$

が自己共役であるための条件は

$$K(x, y) = \overline{K(y, x)} \qquad (\text{a.e. } x, y \in \Omega) \tag{5.81}$$

である. □

**例 5.14** $X = L^2(\Omega)$ のとき, (5.69) で定義される掛け算作用素 $A$ が自己共役であるための条件は $\rho = \rho(x)$ が実数値なことである. □

**例 5.15** 抽象的な一例を挙げよう. $L$ を $X$ の閉部分空間とし, $P$ で $L$ の上への正射影を表わす. $P$ は $X \to X$ の写像として線形である. また

$$u = Pu + w \qquad (w \perp L)$$

から得られる $\|u\|^2 = \|Pu\|^2 + \|w\|^2$ により $\|Pu\| \leqq \|u\|$ $(\forall u \in X)$. ゆえに, $\|P\| \leqq 1$ (実は, $L \neq \{0\}$ ならば等号). よって, $P \in \mathcal{L}(X)$. つぎに, 任意の $u, v \in X$ に対して

$$u = Pu + w_1, \quad v = Pv + w_2 \qquad (w_1, w_2 \perp L)$$

と書いて計算すると

$$(Pu, v) = (Pu, Pv + w_2) = (Pu, Pv),$$
$$(u, Pv) = (Pu + w_1,\ Pv) = (Pu, Pv).$$

よって, $(Pu, v) = (u, Pv)$ $(\forall u, v \in X)$ が成り立ち, $P = P^*$ である. □

なお, 射影作用素に関する基本的な事柄を補足しておこう. 上の例で $L =$ "$P$ の値域" $= PX$ であることは明らかであるが, $P$ のもう 1 つの特性は

$$P^2 = P \qquad (\text{ベキ等性}) \tag{5.82}$$

が成り立つことである. 実際, $u \in X$ に対して $Pu \in L$ であるから, それをさらに $L$ に射影しても変わりがない. よって, $P^2 u = Pu$ $(\forall u \in X)$ が成り立つ. 実は, この逆も成り立つ. すなわち,

**定理 5.14** ヒルベルト空間 $X$ において, $P \in \mathcal{L}(X)$ がある閉部分空間 $L$ の上への正射影作用素であるための必要十分条件は

$$P^* = P, \text{ かつ } P^2 = P \tag{5.83}$$

である. □

自己共役性に関する基礎事項として, 次の 2 つの定理を掲げておこう.

**定理 5.15**　(複素ヒルベルト空間 $X$ において) $A \in \mathcal{L}(X)$ が自己共役であるための必要十分条件は2次の汎関数(2次形式)

$$Q[u] = (Au, u) \qquad (\forall u \in X) \tag{5.84}$$

がつねに実数値をとることである．

［証明］ **必要性**　$A = A^*$ ならば，$(Au, u) = (u, Au) = \overline{(Au, u)}$ が成り立つ．

**十分性**　$u, v \in X$ に対して，$w = u + v$ とおけば，$(Aw, w)$ が実数であるから，$(Aw, w) = (w, Aw)$ が成り立つ，すなわち

$$(A(u+v),\ u+v) = (u+v,\ A(u+v)).$$

この両辺を展開し，$(Au, u) = (u, Au)$, $(Av, v) = (v, Av)$ に注意すれば，

$$(Au, v) + (Av, u) = (u, Av) + (v, Au).$$

これより

$$\mathrm{Im}(Au, v) = \mathrm{Im}(u, Av) \tag{5.85}$$

が得られる．ここで，$u$ を $\mathrm{i}u$ でおきかえると

$$\mathrm{Re}(Au, v) = \mathrm{Re}(u, Av)$$

も成り立つことになる．これと(5.85)とを合わせて

$$(Au, v) = (u, Av) \qquad (\forall u, v \in X)$$

となり，$A$ の自己共役性が得られた．∎

**定理 5.16**　$A \in \mathcal{L}(X)$ が自己共役ならば

$$\|A\| = \sup_{u \neq 0} \frac{|(Au, u)|}{\|u\|^2}. \tag{5.86}$$

［証明］

$$M = \sup_{u \neq 0} \frac{|(Au, u)|}{\|u\|^2} \tag{5.87}$$

とおく．まず，$M \leqq \|A\|$ は次式から明らかである；

$$|(Au, u)| \leqq \|Au\| \cdot \|u\| \leqq \|A\| \|u\|^2.$$

逆に，$M \geqq \|A\|$ の証明には技巧がいる．まず，(5.87)によれば，任意の $u, v$ に対し，(5.84)の記号 $Q[\ ]$ を用いて

$$|Q[u+v]| \leqq M\|u+v\|^2, \quad |Q[u-v]| \leqq M\|u-v\|^2 \tag{5.88}$$

が成り立つ．これより $|Q[u+v] - Q[u-v]| \leqq M(\|u+v\|^2 + \|u-v\|^2)$ が従う．

ここで，左辺の絶対値の中味が，$2(Au,v)+2(Av,u)=2(Au,v)+2(v,Au)=2(Au,v)+2\overline{(Au,v)}=4\mathrm{Re}(Au,v)$ と変形できることを用い，かつ右辺で中線定理を利用すれば

$$4|\mathrm{Re}(Au,v)| \leqq 2M(\|u\|^2+\|v\|^2) \tag{5.89}$$

が得られる．さて，$u\neq 0$, $Au\neq 0$ を満たす $u$ を任意に固定し，$v$を

$$v=\frac{\|u\|}{\|Au\|}Au \tag{5.90}$$

ととる．そうすると，$\|v\|=\|u\|$ および

$$\mathrm{Re}(Au,v)=\frac{\|u\|}{\|Au\|}\mathrm{Re}(Au,Au)=\frac{\|u\|}{\|Au\|}\|Au\|^2=\|u\|\cdot\|Au\|\,.$$

よって，(5.89)から $4\|u\|\|Au\| \leqq 4M\|u\|^2$．すなわち，

$$\|Au\| \leqq M\|u\|\,. \tag{5.91}$$

$u=0$ あるいは $Au=0$ のときは，(5.91)を直接に調べて，その成立がわかる．したがって，(5.91)は任意の $u\in X$に対して成り立つ．(5.91)から $\|A\|\leqq M$ が結論され，結局，$\|A\|=M$が証明された． ∎

## (d) ユニタリ作用素

**定義 5.12** $U\in\mathcal{L}(X)$ が**ユニタリ**(unitary)**作用素**であるとは，$U$の値域 $\mathcal{R}(U)$ が $X$であり，かつ，次の意味で内積を保存することである；

$$(Uu,Uv)=(u,v) \qquad (\forall u,\ v\in X)\,. \tag{5.92}$$

□

ユニタリ作用素$U$は等長である．実際，(5.92)で $v=u$ とおけば

$$\|Uu\|=\|u\| \qquad (\forall u\in X) \tag{5.93}$$

が得られる．よって，$Uu=0 \Longrightarrow u=0$ となり，$U$は1対1の写像である．一方，$U$の値域 $\mathcal{R}(U)=X$であるので，$U$の逆写像 $U^{-1}$が $X$から $X$への線形作用素として定まる．そこで，任意の $w\in X$に対して，$U^{-1}w=u$ とおいて(5.93)に代入すると

$$\|w\|=\|U^{-1}w\| \qquad (\forall w\in X)$$

が得られる．すなわち，$U^{-1}$も等長であり，特に $U^{-1}\in\mathcal{L}(X)$ である．そこで(5.92)において，$v=U^{-1}w$とおけば

$$(Uu, w) = (u, U^{-1}w) \qquad (\forall u, w \in X) \tag{5.94}$$

が成り立つ．これより，$U^* = U^{-1}$．よって，

$$U^*U = I, \qquad UU^* = I\,. \tag{5.95}$$

結果を次の定理にまとめておこう．

**定理 5.17** $U \in \mathcal{L}(X)$ がユニタリであるための条件は，$U^*U = I$, $UU^* = I$ が成り立つこと，すなわち，$U^* = U^{-1}$である． □

次の定理も明らかであろう．

**定理 5.18** $U$がユニタリならば，$U^{-1}$もユニタリである．また，$U^*$もユニタリである． □

ユニタリ作用素の具体例を記しておこう．

**例 5.16** (5.69)により定義した掛け算作用素$\rho\times$がユニタリであるための条件は $|\rho(x)| = 1$ (a.e. $x \in \Omega$) が成り立つことである． □

**例 5.17** 前出の例 5.12 で考察した(5.70)の "ずらし" 作用素 $A$ は $X = L^2(-\infty, \infty)$ ではユニタリである．しかし，$Y = L^2(0, \infty)$ では等長性が成り立たず，ユニタリではない．なお，$Y$において，$A^*$は等長であるが，値域が$Y$全体ではなく，したがってユニタリではない． □

応用上で最も重要なユニタリ作用素は $L^2(\mathbf{R}^m)$ における**フーリエ変換**である．$m = 1$ の場合について少々ていねいに説明しよう．

フーリエ変換 $\mathcal{F}$を急減少関数の空間 $S(\mathbf{R}^1)$ において考えるときは，$\mathcal{F}\varphi$ は次の式で表わされる．

$$(\mathcal{F}\varphi)(x) = \frac{1}{\sqrt{2\pi}} \int_{-\infty}^{\infty} \mathrm{e}^{-\mathrm{i}xy} \varphi(y) \mathrm{d}y\,. \tag{5.96}$$

そうして，この変換 $\mathcal{F}$は $S(\mathbf{R}^1) \to S(\mathbf{R}^1)$ の線形写像として 1 対 1 であり，かつ，"上への写像" であることが知られている(たとえば，藤田・吉田[3]参照)．また，逆写像が，次の共役フーリエ変換で与えられるのである．

$$(\mathcal{F}^{-1}\psi)(x) = \frac{1}{\sqrt{2\pi}} \int_{-\infty}^{\infty} \mathrm{e}^{\mathrm{i}xy} \psi(y) \mathrm{d}y\,. \tag{5.97}$$

$\mathcal{F}$および $\mathcal{F}^{-1}$は積分核が，それぞれ$\dfrac{1}{\sqrt{2\pi}}\mathrm{e}^{-\mathrm{i}xy}$, $\dfrac{1}{\sqrt{2\pi}}\mathrm{e}^{\mathrm{i}xy}$の積分作用素である．また，$\mathcal{F}, \mathcal{F}^{-1}$は $S(\mathbf{R}^1)$ の中で働くのであるが，そこで $L^2(\mathbf{R}^1)$ の内積を保存する．このことは，

$$
\begin{aligned}
(\mathcal{F}\varphi_1, \mathcal{F}\varphi_2)_{L^2} &= \int_{-\infty}^{\infty} (\mathcal{F}\varphi_1)(x)\overline{\mathcal{F}\varphi_2(x)}\mathrm{d}x \\
&= \frac{1}{\sqrt{2\pi}} \int_{-\infty}^{\infty} (\mathcal{F}\varphi_1)(x) \left\{ \int_{-\infty}^{\infty} \mathrm{e}^{\mathrm{i}xy}\overline{\varphi_2(y)}\mathrm{d}y \right\} \mathrm{d}x \\
&= \int_{-\infty}^{\infty} \left\{ \frac{1}{\sqrt{2\pi}} \int_{-\infty}^{\infty} \mathrm{e}^{\mathrm{i}yx}(\mathcal{F}\varphi_1)(x)\mathrm{d}x \right\} \overline{\varphi_2(y)}\mathrm{d}y \\
&= \int_{-\infty}^{\infty} (\mathcal{F}^{-1}\mathcal{F}\varphi_1)(y)\overline{\varphi_2(y)}\mathrm{d}y = \int_{-\infty}^{\infty} \varphi_1(y)\overline{\varphi_2(y)}\mathrm{d}y \\
&= (\varphi_1, \varphi_2)_{L^2}
\end{aligned}
$$

によって確かめられる．$\mathcal{F}^{-1}$についても同様である．

さて，$S(\mathbf{R}^1)$ は $X = L^2(\mathbf{R}^1)$ において稠密なことが知られている．そこで，任意の $u \in X$に対して，$L^2$ ノルムに関し$\varphi_n \to u$ となるような $S(\mathbf{R}^1)$ の関数列$\varphi_n$を採用し

$$
v_n = \mathcal{F}\varphi_n \qquad (n = 1, 2, \cdots) \tag{5.98}
$$

を考察する．もちろん，$\{\varphi_n\}$ は $L^2$ ノルムに関する収束列であるからコーシー列でもある．$\mathcal{F}$が $L^2$内積を保存することから，$v_n$も $L^2$ ノルムに関してコーシー列になることが

$$
\|v_m - v_n\|_{L^2} = \|\mathcal{F}(\varphi_m - \varphi_n)\|_{L^2} = \|\varphi_m - \varphi_n\|_{L^2}
$$

からわかる．この $v_n$の極限 $v$を $\mathcal{F}u$ と定義するのである．すなわち

$$
\mathcal{F}u = \lim_{n\to\infty} \mathcal{F}\varphi_n \qquad (L^2\text{極限}). \tag{5.99}
$$

このようにして定義した $\mathcal{F}$が等長であることは，$\|v_n\| = \|\mathcal{F}\varphi_n\|_{L^2} = \|\varphi_n\|_{L^2}$ において $n \to \infty$ とすれば容易にわかる．すなわち

$$
\|\mathcal{F}u\| = \|u\| \qquad (\forall u \in X = L^2(\mathbf{R}^1))
$$

である．同様に $\mathcal{F}$が $L^2$内積を保存することも容易にわかる．$\mathcal{F}$の値域が $X$全体であることを見るのには，任意の $v \in X$に対して，$L^2$ ノルムに関し$\psi_n \to v$が成り立つような$\psi_n \in S(\mathbf{R}^1)$ を採用し，$\varphi_n = \mathcal{F}^{-1}\psi_n$とおく．そうすると，$\{\varphi_n\}$ が $L^2$ ノルムに関しコーシー列をなすことが $\mathcal{F}^{-1}$の等長性からわかる．そこで $u = \lim_{n\to\infty} \varphi_n$ ($L^2$極限) とおけば，

$$
\mathcal{F}u = \lim_{n\to\infty} \mathcal{F}\varphi_n = \lim_{n\to\infty} \mathcal{F}(\mathcal{F}^{-1}\psi_n) = \lim_{n\to\infty} \psi_n = v
$$

が導かれ，$\mathcal{F}$の値域が $X$ 全体であることが示される．こうして，次の定理が得られる(結果は多次元について書かれているが)．

**定理 5.19** フーリエ変換は $L^2(\mathbf{R}^m)$ においてユニタリ作用素である． □

## (e) 非有界作用素の共役作用素

$A$ が有界でない線形作用素の場合の $A^*$ の定義は難しくなるが，微分作用素などの扱いでは避けて通れない．基本だけを紹介しておこう．

定義域 $\mathcal{D}(A)$ を持つ(非有界な) $X$ の線形作用素 $A:\mathcal{D}(A)\to X$ を考える．ただし，$\mathcal{D}(A)$ は $X$ において稠密であるとする．このとき，$A$ を $X$ において稠密に定義された作用素というが，応用上重要な非有界作用素の多くは稠密に定義された作用素である．

**例 5.18** $X=L^2(\Omega)$，ただし，$\Omega$ は $\mathbf{R}^m$ の有界領域とする．ここで

$$\begin{cases} \mathcal{D}(A) &= H^2(\Omega)\cap H_0^1(\Omega), \\ Au &= -\Delta u \qquad (u\in\mathcal{D}(A)) \end{cases} \tag{5.100}$$

により定義される作用素 $A$ を考える．明らかに，$C_0^2(\Omega)$ は $H^2(\Omega)$ にも $H_0^1(\Omega)$ にも属している．また，$C_0^2(\Omega)$ は $L^2(\Omega)$ で稠密である．よって，$A$ は稠密に定義された線形作用素である．微分作用素が一般にそうであるように，この $A$ は非有界である． □

さて，$A$ が $X$ で稠密に定義された線形作用素であるとき，任意の $v\in X$ に対して

$$\sup_{u\in\mathcal{D}(A)}\frac{|(Au,v)|}{\|u\|}=\mu(v) \tag{5.101}$$

を考える．$\mu(v)<+\infty$ であるかどうかが問題である．$v=0$ は $\mu(v)<+\infty$ となる $v$ の一例である．さて，

$$\mathcal{D}^*=\{v\mid\mu(v)<+\infty\}$$

とおく．このとき，$\mathcal{D}^*$ は，線形部分空間となる．さて，$v\in\mathcal{D}^*$ ならば，

$$(Au,v)=(u,v^*) \qquad (\forall u\in\mathcal{D}(A)) \tag{5.102}$$

が成り立つような，$v^*\in X$ が一意に存在することを Riesz の定理を用いて確かめよう．そのために，$v\in\mathcal{D}^*$ を固定して

$$F_v(u) = (Au, v) \qquad (\forall u \in \mathcal{D}(A))$$

とおけば，$F_v$ は $\mathcal{D}(A)$ で定義され，そこで

$$|F_v(u)| \leqq \mu(v)\|u\|$$

を満たす有界汎関数である．また，$\mathcal{D}(A)$ が $X$ で稠密であることにより，定理4.2が適用可能となり，$F_v$ は $X$ 全体の上に連続性により拡張できる．その拡張を $\widetilde{F}_v$ で表わせば

$$|\widetilde{F}_v(u)| \leqq \mu(v)\|u\| \qquad (\forall u \in X) \tag{5.103}$$

が成り立つ．よって，Riesz の定理により

$$\widetilde{F}_v(u) = (u, v^*) \qquad (\forall u \in X) \tag{5.104}$$

が成り立つような $v^* \in X$ が存在する．$u \in \mathcal{D}(A)$ に限れば，(5.104)の左辺は $F_v(u) = (Au, v)$ にほかならない．よって，(5.102) の $v^*$ の存在が確かめられた．なお，$v$ を与えたときの (5.102) の $v^*$ の一意性は $\mathcal{D}(A)$ が稠密であることを用いれば，容易にわかる．このようにして，$v \in \mathcal{D}^*$ に対応する $v^*$ を $A^*v$ と書き，作用素 $A^*$ を定義するのである．

**定義 5.13** 稠密に定義された線形作用素 $A : \mathcal{D}(A) \to X$ の共役作用素は

$$\mathcal{D}(A^*) = \left\{ v \in X \;\middle|\; \sup_{u \in \mathcal{D}(A)} \frac{|(Au, v)|}{\|u\|} < +\infty \right\} \tag{5.105}$$

を定義域とし，

$$(Au, v) = (u, A^*v) \qquad (\forall u \in \mathcal{D}(A),\ v \in \mathcal{D}(A^*)) \tag{5.106}$$

を満たすような作用素 $A^*$ として定義される． □

**例 5.19** (5.100)で定義した $A = -\Delta$ を考える．$v \in C_0^2(\Omega)$ ならば

$$(Au, v) = (-\Delta u, v) = (\nabla u, \nabla v) = -(u, \Delta v)$$

と変形できるので，

$$\mu(v) = \sup_{u \in \mathcal{D}(A)} \frac{|(Au, v)|}{\|u\|} = \sup_{u \in \mathcal{D}(A)} \frac{|(u, \Delta v)|}{\|u\|} \leqq \|\Delta v\| < +\infty$$

が成り立つ．よって，$v \in \mathcal{D}(A^*)$．そうして，$(Au, v) = (u, -\Delta v)\ (\forall u \in \mathcal{D}(A))$ が成り立つ．すなわち，$C_0^2(\Omega) \subset \mathcal{D}(A^*)$，かつ，$v \in C_0^2(\Omega)$ ならば，$A^*v = -\Delta v$ であることがわかる．しかし，$\mathcal{D}(A^*)$ をきちんと特徴づける作業は難しい課題であり，本書の趣旨を超える解析の問題である．結果だけを記せば，($\partial\Omega$ の

ある程度の滑らかさを必要とするが)実は

$$\mathcal{D}(A^*) = H^2(\Omega) \cap H_0^1(\Omega), \qquad A^* v = -\Delta v \qquad (v \in \mathcal{D}(A^*)) \tag{5.107}$$

である．すなわち，$A^* = A$ が成り立つのである． □

上の例のように，非有界作用素であっても，定義域の一致を含めて，$A^* = A$ が成り立つことがある．次の定義を掲げよう．

**定義 5.14** 稠密に定義された(有界または非有界の)線形作用素 $A$ につき，$A^* = A$ が成り立つとき，すなわち

$$\mathcal{D}(A^*) = \mathcal{D}(A)$$

$$\text{かつ}, (Au, v) = (u, Av) \qquad (u, v \in \mathcal{D}(A))$$

が満たされるとき，$A$ は**自己共役**であるという． □

作用素 $A$ が自己共役であることが検証されると，$A$ が非有界であっても固有関数展開(あるいはその一般化であるスペクトル分解)が成り立ち，理論的扱いが明快になる．このことは，量子力学の数学的扱いでは基本的であるが(黒田[16] 参照)，詳細は関数解析の上級専門書(たとえば，Kato[14]，Yosida[15]，藤田他[4])にゆずろう．

ここでは，意外に応用の多い次の定理だけにふれておく．

**定理 5.20** ヒルベルト空間の線形作用素 $A : \mathcal{D}(A) \to X$ の逆作用素 $G$ が $\mathcal{L}(X)$ に属し自己共役であるならば，実は $A$ も自己共役である(すなわち，有界な自己共役作用素の逆作用素は非有界になったとしても自己共役である)．

［証明］ $G \in \mathcal{L}(X)$，かつ，$G^* = G$ であるから

$$(Gu, v) = (u, Gv) \qquad (\forall u, v \in X) \tag{5.108}$$

が成り立つ．また，$G = A^{-1}$ であるので，

$$\mathcal{D}(A) = \mathcal{R}(G) \tag{5.109}$$

である．この $\mathcal{D}(A) = \mathcal{R}(G)$ が $X$ で稠密であることは，次のようにしてわかる．$h \perp \mathcal{R}(G)$ ならば

$$(h, Gu) = 0 \ (\forall u \in X) \Rightarrow (Gh, u) = 0 \ (\forall u \in X) \Rightarrow Gh = 0$$

となるが，一方，$G^{-1} = A$ が存在するので $Gh = 0 \Rightarrow h = 0$．よって $\mathcal{R}(G)^\perp = \{0\}$，したがって $\overline{\mathcal{R}(G)} = X$ である(定理 5.2)．

さて，証明するべきことは，(5.105)で定義される $\mathcal{D}(A^*)$ に関し

$$\mathcal{D}(A)=\mathcal{D}(A^*) \quad (\equiv \widetilde{\mathcal{D}}\text{とおく}) \tag{5.110}$$

が成り立つこと，および，恒等式

$$(Au,v)=(u,Av) \qquad (u\in\widetilde{\mathcal{D}},\ v\in\widetilde{\mathcal{D}}) \tag{5.111}$$

である．そのために，まず，$v\in\mathcal{D}(A)$ と仮定する．そうして $v=Gw$，すなわち，$Av=w$とおけば

$$(Au,v)=(Au,Gw)=(GAu,w)=(u,w) \qquad (\forall u\in\mathcal{D}(A))\,.$$

これより，$v\in\mathcal{D}(A^*)$, $w=A^*v$が結論される．すなわち

$$\mathcal{D}(A)\subseteq\mathcal{D}(A^*),\ \text{かつ},\ \mathcal{D}(A)\ \text{上で},\ A^*v=Av\,. \tag{5.112}$$

次に，$v\in\mathcal{D}(A^*)$ と仮定する．すると

$$(Au,v)=(u,A^*v) \qquad (\forall u\in\mathcal{D}(A))$$

が成り立っているが，ここで，$u=Gw$とおけば，$(AGw,v)=(Gw,A^*v)$ より

$$(w,v)=(w,GA^*v) \qquad (\forall w\in X)$$

が得られる．$w$の任意性から，$v=GA^*v=A^{-1}A^*v$が成り立ち，$v\in\mathcal{D}(A)$ および $Av=A^*v$が導かれる．すなわち，

$$\mathcal{D}(A^*)\subseteq\mathcal{D}(A),\ \text{かつ},\ \mathcal{D}(A^*)\ \text{上で}\ Av=A^*v\,. \tag{5.113}$$

これと(5.112)から定理が得られる． ∎

## §5.7 第5章への補足

### (a) 線形汎関数の拡張に関する Hahn–Banach の定理

バナッハ空間を正面から扱う場合には，線形汎関数の拡張に関する **Hahn–Banach の定理**が基本的である．本章での学習内容にもとづいて，この定理の意味を理解することにしよう．

ヒルベルト空間 $X$の場合にもどり，$X$の部分空間(必ずしも閉じているとは限らない)$M$を定義域とする線形汎関数 $f_0:M\to\mathbf{K}$ が条件

$$c_0\equiv\sup_{u\neq0,u\in M}\frac{|f_0(u)|}{\|u\|}<+\infty \tag{5.114}$$

を満足しているものとする．(5.114)は，$M$の上で定義された線形汎関数 $f_0$のノルムが $c_0$であることを意味している．この $f_0$を $X$全体の上に汎関数として

のノルムを保存して拡張する問題を考える．すなわち，$f \in X' = \mathcal{L}(X, \mathbf{K})$ で

$$f(u) = f_0(u) \quad (u \in M), \quad \|f\| \equiv \sup_{u \neq 0, u \in X} \frac{|f(u)|}{\|u\|} = c_0 \tag{5.115}$$

を満たすものを構成したい．そこで，まず，$L = \overline{M}$ の上に $f_0$ を拡張する．それには§4.2(b)で説明した連続性による拡張 $\tilde{f}_0$ を採用すればよい．そうすると

$$\sup_{v \neq 0, v \in L} \frac{|\tilde{f}_0(v)|}{\|v\|} = c_0 \tag{5.116}$$

が成立する．

次に，任意の $u \in X$ に対して，汎関数 $f$ を次のように定義する．まず，$u$ を

$$u = v + w \qquad (v = P_L u \in L,\ w \perp L) \tag{5.117}$$

と分解し，

$$f(u) = \tilde{f}_0(v) \qquad (\forall u \in X) \tag{5.118}$$

と定義するのである．そうすると，汎関数 $f: X \to \mathbf{K}$ が線形であることは容易にわかる．問題は $f$ の有界性とそのノルムである．ところが，任意の $u \in X$, $u \neq 0$ に対して，(5.117)を用いると

$$\frac{|f(u)|}{\|u\|} = \frac{|\tilde{f}_0(v)|}{\sqrt{\|v\|^2 + \|w\|^2}} \leqq \frac{|\tilde{f}_0(v)|}{\|v\|} \tag{5.119}$$

は明らかである．一方，$u \in L$, $u \neq 0$ ならば(5.119)の $\leqq$ が等号で成立する．したがって

$$\sup_{u \in X, u \neq 0} \frac{|f(u)|}{\|u\|} = \sup_{v \in L, v \neq 0} \frac{|\tilde{f}_0(v)|}{\|v\|} = c_0$$

となり，$\|f\| = \|f\|_{X'} = c_0$ が得られた．このように射影定理を用いることにより，ヒルベルト空間の場合には，部分空間上での有界線形汎関数を全空間上にノルムを保存して拡張できることが示された．一般のバナッハ空間の場合にも(証明法は異なるが)結果的に次の定理が成り立つ．

**定理 5.21** (Hahn–Banach の定理)　バナッハ空間の部分空間 $M$ で定義された線形汎関数が(5.114)の意味で有界であるとき，$f_0$ を $X$ の共役空間の要素である $f$ に，ノルムを保存して拡張することが可能である．　□

ここで，一般のバナッハ空間の場合にも(さらに一般の線形位相空間の場合にも)用いられる記法を紹介しておこう．すなわち

**定義 5.15**（双対の記法）　$u \in X$, $f \in X'$のとき，汎関数$f$の$u$における値を$\langle f, u\rangle$で表わし，$f$と$u$の**取り合せ**(**pairing**, 対ともいう)という．　□

$f(u)$を表わすのに，わざわざ$\langle f, u\rangle$という記号を持ち出すのは，ヒルベルト空間の場合の内積との類似性を連想させるためと，$f, u$の立場の(およその)対等性を表示するためである．$\langle f, u\rangle$において，$f \in X'$, $u \in X$を特に強調したいときは${}_{X'}\langle f, u\rangle_X$といった手の込んだ記法を用いることがある．

$\langle f, u\rangle$の対称性の一面として次の等式の組を掲げよう．

$$\|f\|_{X'} = \sup_{u \in X} \frac{|\langle f, u\rangle|}{\|u\|}, \quad \|u\|_X = \sup_{f \in X'} \frac{|\langle f, u\rangle|}{\|f\|}. \tag{5.120}$$

この第1式は汎関数ノルム$\|\ \ \|_{X'}$の定義そのものである．一方，第2式を導くには，明らかな不等式

$$|\langle f, u\rangle| \leqq \|f\|\|u\| \tag{5.121}$$

において等号が成り立つような$f \in X'$の存在が言えればよい．$u = 0$ならば$f \in X'$は0以外の任意のものでよい．$u \neq 0$の場合には，まず，1次元の部分空間$M = \{tu \mid t \in \mathbf{K}\}$において，汎関数$g_0$を$g_0(tu) = t\|u\|^2$により定義し，この$g_0$をHahn–Banachの定理により$X'$の要素にノルムを保存して拡張したものを$g$とする．そうすると，$\|g\|_{X'} = \|u\|$, $g(u) = g_0(u) = \|u\|^2$となるので，$f = g$に対して(5.121)の等号が成り立つ．

## (b)　共役空間の具体的な表現

バナッハ空間$X$の共役空間は，$X' = \mathcal{L}(X, \mathbf{K})$として抽象的に定義されている．しかし，いくつかの関数空間については，$X'$を具体的に表現することができる．$L^p$型の空間について説明しよう．簡単のために，実数値関数の空間に話を限ることにする．

まず，$X = L^2(\Omega)$を考える．そうするとRieszの定理により，任意の$f \in X'$は$X$の要素$a = a(x)$を用いて，次式のように表現される；

$$\langle f, u\rangle = (u, a) = \int_\Omega u(x)a(x)\mathrm{d}x. \tag{5.122}$$

次に，$1 < p < +\infty$として$X = L^p(\Omega)$を考える．このとき，$q$を$p$の共役指

数，すなわち，$\dfrac{1}{p}+\dfrac{1}{q}=1$を満たす定数(自然に$1<q<+\infty$になる)として，$L^q(\Omega)$に属する$a=a(x)$をとり，汎関数$f_a$を

$$f_a(u)=\int_\Omega u(x)a(x)\mathrm{d}x$$

により定義しよう．すると，Hölderの不等式(定理2.3)により$f_a\in X'$がわかる．逆に，任意の$f\in X'$に対して，一意な$a\in L^q(\Omega)$が存在して

$$\langle f,u\rangle=\int_\Omega u(x)a(x)\mathrm{d}x \qquad (\forall u\in X) \tag{5.123}$$

が成り立つことが知られている．この意味で，$L^p(\Omega)$の共役空間は$L^q(\Omega)$で代表される．すなわち

$$(L^p(\Omega))'=L^q(\Omega)\,. \tag{5.124}$$

$p=1$の場合にも，$q=+\infty$を用いて，(5.124)が成り立つことが知られている．しかし，$p=+\infty$のときには，$q=1$となるが，$(L^\infty(\Omega))'$は$L^1(\Omega)$を含むものの，それより広くなり，(5.124)は成り立たない．

### (c) 反射的なバナッハ空間

$X$をバナッハ空間とすると，その共役空間$X'$もバナッハ空間である．$Y=X'$とおくと，$Y$の共役空間$Y'$を考えることができる．この$Y'=(X')'=X''$を$X$の第2共役空間という．いま，$a\in X$を固定し，任意の$f\in Y=X'$に対して

$$F_a(f)=\langle f,a\rangle \tag{5.125}$$

とおくと，$F_a:Y\to\mathbf{K}$は線形である．また

$$|F_a(f)|\leqq\|f\|\cdot\|a\|=\|a\|\|f\|$$

であるから，$F_a$は有界である．すなわち，$F_a\in Y'=X''$である．しかし，(ヒルベルト空間におけるRieszの定理と平行に)任意の$F\in X''$に対して，$F(f)=\langle f,a\rangle$ $(\forall f\in X')$となるように$a\in X$がえらべるかどうかは$X$によることである．たとえば，$1<p<+\infty$のときに$L^p(\Omega)$や$l^p$はそうなっているが，$L^1(\Omega), L^\infty(\Omega), l^1, l^\infty$はそうなっていない．

**定義 5.16** $X''$の任意の要素$F$が$a\in X$を用いて(5.125)の形に表現されるとき，空間$X$は**反射的**(reflective)であるという． □

任意のヒルベルト空間は反射的である．また，$1 < p < +\infty$ ならば，$L^p$型，$l^p$型の空間は反射的である．

## 演習問題

**5.1** $X = L^2(\alpha, \beta)$ とおく．ただし，$\alpha < \beta$は定数．このとき，多項式列

$$p_n(x) = \left(\frac{\mathrm{d}}{\mathrm{d}x}\right)^n \{(\beta - x)^n (x - \alpha)^n\} \qquad (n = 0, 1, \cdots)$$

は $X$の直交系であることを示せ．また，$e_n = p_n / \|p_n\|$ により正規直交系 $\{e_n\}_{n=0}^{\infty}$ を定義すれば，$\{e_n\}$ は完全であることを示せ．（ヒント：多項式全体が $X$で稠密であることを用いてよい．）

**5.2** (5.36)の関数 $a$ が条件(5.35)を満たすことを検証せよ．

**5.3** 関数は実数値とする．$\varphi \in C_0^1(\mathbf{R}^1)$ に対して，

$$\varphi(0)^2 = \int_{-\infty}^{0} \frac{\mathrm{d}}{\mathrm{d}x} \varphi^2 \mathrm{d}x = 2 \int_{-\infty}^{0} \varphi \varphi' \mathrm{d}x$$

を利用し，$|\varphi(0)| \leqq \|\varphi\|_{H^1(\mathbf{R}^1)}$ $\bigl(\forall \varphi \in C_0^1(\mathbf{R}^1)\bigr)$が成り立つことを示せ．ついで，$C_0^1(\mathbf{R}^1)$ が $H^1(\mathbf{R}^1)$ で稠密であることを用いて，$X = H^1(\mathbf{R}^1)$ 上で定義された汎関数 $F(u) = u(0)$ $(u \in X)$ が有界であることを示し，Riesz の定理により，$u(0) = (u, a)_{H^1(\mathbf{R}^1)}$ $(\forall u \in X)$ を満たす $a \in X$の存在を証明せよ．また，この $a$ の具体形を求めよ．

**5.4** $k$を任意の正数とするとき $X = H^1(\Omega)$ は内積

$$(u, v)_X = (\nabla u, \nabla v)_{L^2(\Omega)} + k(u, v)_{L^2(\Omega)}$$

のもとでヒルベルト空間をなすことを示せ．また，この内積から導かれるノルムは通常の $H^1(\Omega)$ のノルムと同値であることを示せ．

**5.5** $q = q(x)$ $(0 \leqq x \leqq 1)$ が正値で有界な連続関数であるとき，境界条件(1.1)のもとでの方程式(1.27)の境界値問題の弱解の定義を述べ，その存在を示せ．（ヒント：$X = H_0^1(0, 1)$ に，内積

$$(u, v)_X = (u', v')_{L^2} + (qu, v)_{L^2}$$

を導入し，§5.5(a)の論法にならえ．）

**5.6** $X$をヒルベルト空間とするとき，任意の $A \in \mathcal{L}(X)$ に対し，その共役作用

素 $A^* \in \mathcal{L}(X)$ が存在することを，Riesz の定理を用いて示せ．（ヒント：定義 5.13 に先立つ所論に(簡単化しながら)ならえ.）

**5.7**　$X$をヒルベルト空間とする．$A \in \mathcal{L}(X)$ かつ $A^{-1} \in \mathcal{L}(X)$ ならば，$(A^*)^{-1} = (A^{-1})^*$であることを示せ．

# 第6章

# 固有値からスペクトルへ

$A$ を $N \times N$ の行列とするとき，$A$ の固有値問題

$$A\varphi = \lambda\varphi \qquad (\lambda \in \mathbf{C},\ \varphi \neq 0)$$

は，振動問題等でそれ自身の応用が認められるが，理論的には線形方程式

$$Au - \lambda u = f$$

の可解性（$\lambda$が固有値でないことが一意可解性の条件），さらには，固有ベクトル展開を通じて $A$ の関数の構成に関係が深い．後者について復習すれば，$A$ が対角化可能なとき，すなわち，$N$個の線形独立な固有ベクトルの列$\varphi_1, \varphi_2, \cdots, \varphi_N$とそれぞれに対応する固有値$\lambda_1, \lambda_2, \cdots, \lambda_N$が得られたとすれば（すなわち，$A\varphi_k = \lambda_k\varphi_k$ $(k = 1, 2, \cdots, N)$），任意のベクトル $u$ は

$$u = \alpha_1\varphi_1 + \alpha_2\varphi_2 + \cdots + \alpha_N\varphi_N$$

と固有ベクトル展開され，たとえば $A$ の累乗について，

$$\begin{aligned} Au &= \alpha_1\lambda_1\varphi_1 + \alpha_2\lambda_2\varphi_2 + \cdots + \alpha_N\lambda_N\varphi_N \\ A^2u &= \alpha_1\lambda_1^2\varphi_1 + \alpha_2\lambda_2^2\varphi_2 + \cdots + \alpha_N\lambda_1^2\varphi_N \\ &\cdots\cdots \end{aligned}$$

といった表示が成り立つのであった．

固有値問題を通じて線形方程式の可解性を調べたり，作用素の関数を構成することは，無限次元の関数空間を舞台とする関数解析においても重要性をもっている．この章と次章では，関数空間における固有値問題の微妙さに注意しながら，ラプラス作用素の固有値問題の変分法的扱い（の関数解析化！）に焦点を合せた講義を行うことにしよう．

## §6.1　スペクトルとリゾルベントの概念

簡単のために，しばらく有界作用素についてのみ考える．ただし，空間 $X$ はバナッハ空間(係数体は $\mathbf{C}$)としておく．

**定義 6.1**　$A \in \mathcal{L}(X)$ が与えられたとき，複素数 $z$ について，

(i)　$z - A = zI - A$ が $\mathcal{L}(X)$ に属する逆をもつとき，すなわち，$(z-A)^{-1} \in \mathcal{L}(X)$ のとき，$z$ は $A$ の**リゾルベント集合** (resolvent set) $\rho(A)$ に属するという．すなわち，

$$\rho(A) = \{z \in \mathbf{C} \mid (zI - A)^{-1} \in \mathcal{L}(X)\}. \tag{6.1}$$

(ii)　$z \notin \rho(A)$ のとき，$z$ は $A$ の**スペクトル** (spectrum, spectre) $\sigma(A)$ に属するという．すなわち，

$$\sigma(A) = \mathbf{C} \setminus \rho(A) = \{z \in \mathbf{C} \mid z \notin \rho(A)\}. \tag{6.2}$$

□

**定義 6.2**　$z \in \rho(A)$ に対し，$R(z) = (z-A)^{-1}$ とおけば，$R(z)$ は $\rho(A)$ を定義域とし，$\mathcal{L}(X)$ の値をとる関数(作用素値の関数)とみなすことができる．これを，$A$ の**リゾルベント** (resolvent) あるいは**リゾルベント作用素**という．　□

**例 6.1**　$X = \mathbf{C}^N$ とし，$A = (a_{ij})$ を $N \times N$ の正方行列とする．このとき，

$$\begin{aligned}(z-A)^{-1} \in \mathcal{L}(X) &\Longleftrightarrow (z-A)^{-1}\text{が存在する}\\ &\Longleftrightarrow z - A : X \to X \text{が 1 対 1 である}\\ &\Longleftrightarrow \det(z-A) \neq 0 \Longleftrightarrow z\text{は固有値でない}\\ &\Longleftrightarrow \mathcal{R}(z-A) = X\end{aligned}$$

は線形代数で学んだ．よって，

$$z \in \sigma(A) \Longleftrightarrow z\text{は } A \text{ の固有値}$$

である．　□

**例 6.2**　$X = L^2(-1,1) = \left\{u = u(t) \mid \int_0^1 |u(t)|^2 \mathrm{d}t < +\infty\right\}$ とし，掛け算作用素 $A$ を

$$(Au)(t) = tu(t) \qquad (-1 < t < 1) \tag{6.3}$$

により定義する(空間変数を $x$ でなく $t$ としたのは，複素数 $z$ を $z = x + \mathrm{i}y$ と表示したいため)．$|t| \leqq 1$ により $A$ は有界作用素である．ここで，$z$ が虚数

$$z = x + \mathrm{i}y \qquad (y \neq 0) \tag{6.4}$$

の場合を考える．そうすると $(z-A)u = (z-t)u$ であるから，$(z-A)^{-1}$は

$$((z-A)^{-1}v)(t) = \frac{1}{z-t}v(t) \tag{6.5}$$

で与えられるが，この逆作用素は，(6.4) のもとでは

$$\left|\frac{1}{z-t}\right| \leqq \frac{1}{|y|} \tag{6.6}$$

が成り立つので，有界である．すなわち，任意の虚数は$\rho(A)$ に属している．

$z = x$ が実数であっても，

$$|x| > 1 \tag{6.7}$$

ならば，$t \in (-1,1)$ のとき，$|z-t| = |x-t| > |x| - 1$ であるから，(6.5) で与えられる作用素 $(z-A)^{-1}$は有界作用素であり

$$\|(z-A)^{-1}\| \leqq \frac{1}{|x|-1}$$

が成り立つ．微妙なのは，$z = x$ が実数で，$-1 \leqq x \leqq 1$ の場合である．このときでも，作用素 $z - A$ は 1 対 1 である．なぜなら，もし $(z-A)u = 0$ とすると

$$(z-A)u(t) \equiv (x-t)u(t) = 0 \qquad (\text{a.e. } t \in (-1,1))$$

から，$u(t) = 0$ (a.e. $t \in (-1,1)$) が結論されるからである．このときも，逆作用素 $(z-A)^{-1}$ は，$\mathcal{R}(z-A)$ を値域とし，具体的な対応が (6.5) で与えられる作用素，すなわち，$1/(x-t)$ を掛ける掛け算作用素である．しかし，今度は $t \to x$ のとき $|1/(x-t)| \to \infty$ となるので $(z-A)^{-1}$は有界ではない．

こうして，$A$ について，

$$\sigma(A) = \text{実区間}\ [-1,1] = \{z \in \mathbf{C} \mid z = x \in [-1,1]\},$$
$$\rho(A) = \mathbf{C} \setminus \sigma(A)$$

であることがわかった．なお，この $A$ は固有値を持たない． □

念のために，固有値に関する次の定義を掲げておこう．

**定義 6.3** $A \in \mathcal{L}(X)$ のとき，複素数 $z$が $A$ の**固有値** (eigenvalue) であるとは，

$$A\varphi = z\varphi, \qquad \varphi \neq 0 \tag{6.8}$$

を満たす**固有ベクトル**$\varphi \in X$が存在することである．そうして，固有値全体の集合を，$A$ の**点スペクトル** (point spectrum) といい，$\sigma_P(A)$ で表わす． □

**注意 6.1**　本書での用語法に従えば，上の$\varphi$のことを固有要素というべきであるが，慣例に合わせ，固有ベクトル(固有関数)の名称も用いることにする．

固有値の定義そのものは，線形代数のときとかわりがない．すなわち，

$$z \in \sigma_P(A) \Longleftrightarrow \mathcal{N}(z-A) \neq \{0\}. \tag{6.9}$$

また，$z \in \sigma_P(A)$ ならば，$(z-A)^{-1}$がそもそも写像として存在しないので，

$$\sigma_P(A) \subseteq \sigma(A) \tag{6.10}$$

である．なお，次の定義も復習しておこう．

**定義 6.4**　$z \in \sigma_P(A)$ のとき，

$$\mathcal{N}(z-A) = \{\varphi \in X \mid A\varphi = z\varphi\}$$

を，(作用素 $A$ の) 固有値 $z$ に属する**固有空間**というが，これを，$E(z) = E(z; A)$ で表わすことがある．すなわち $E(z)$ は固有値 $z$ に属する固有ベクトルの全体に 0 をつけ加えたものである．また

$$\dim E(z) = \text{“}E(z)\text{ の次元”}$$

を，固有値 $z$ の(幾何学的)**多重度** (multiplicity) という．　□

**例 6.3**　恒等作用素 $I$ については，$\sigma(I) = \sigma_P(I) = \{1\}$ である．そうして，$E(1; I) = X$ であるから，恒等作用素の固有値 1 の多重度は $\dim X$ (したがって，一般に$+\infty$) である．　□

上の例 6.2 では，$\sigma(A)$ に属する $z$ のなかには，$(z-A)^{-1}$が $\mathcal{R}(z-A)$ からの写像としては存在しているが，$(z-A)^{-1}$が有界でないことがあり得ることを知った．このような場合を特に次のように名づける．

**定義 6.5**　$A \in \mathcal{L}(X)$ のとき，$z \in \sigma(A)$ について，次の (i)〜(iii) が成り立っているとき，$z$ は**連続スペクトル** (continuous spectrum)　$\sigma_C(A)$ に属するという．

(i)　$z-A$ が $X \to \mathcal{R}(z-A)$ の写像として 1 対 1 である．

(ii)　$\mathcal{R}(z-A)$ が $X$ で稠密である．

(iii)　$(z-A)^{-1}\colon \mathcal{R}(z-A) \to X$ が有界でない．　□

(iii) の代わりに，もし，$(z-A)^{-1}$が $\mathcal{R}(z-A) \to X$ として有界であれば，(ii) も考慮して，$(z-A)^{-1}$は $\mathcal{L}(X)$ に属する作用素に連続性によって拡大され得る．したがって，$z \in \rho(A)$ の場合になってしまう．

この考察から，$\sigma(A)$ に属する $z$ としては，次の定義にあてはまるものだけが残っていることになる．

**定義 6.6** $A \in \mathcal{L}(X)$ のとき，$z \in \sigma(A)$ について (i)，(ii) が成り立つとき，$z$ は**剰余スペクトル** (residual spectrum) $\sigma_R(A)$ に属するという．

(i) $z - A$ が $X \to \mathcal{R}(z-A)$ の写像として 1 対 1 である．

(ii) $\mathcal{R}(z-A)$ が $X$ で稠密でない． □

定義から明らかに，$\sigma_P(A), \sigma_C(A), \sigma_R(A)$ は互いに共有点を持たないで，

$$\sigma(A) = \sigma_P(A) \cup \sigma_C(A) \cup \sigma_R(A)$$

が成り立つ．$\sigma_C(A), \sigma_R(A)$ は有限次元の線形代数では登場しない概念である．しかし，掛け算作用素の例でわかるように，そうして，たとえば黒田[16]に多くの例が見られるように，連続スペクトルは応用上も重要な研究対象である．しかし，その標準的な解説は本書のレベルと分量の枠を超えるので，学習の必要を感じる読者は専門書(特に Kato[14] がよい)に挑戦してほしい．

$\sigma_R(A)$ は，応用に登場することは少ないが，ここで概念の納得のための一例をあげておこう．

**例 6.4** $X = L^2(0,\infty)$ における右への "ずらし作用素" $A$ を次のように定める (例 5.12 参照)．

$$(Au)(t) = \begin{cases} u(t-1) & (t > 1), \\ 0 & (0 < t < 1). \end{cases} \tag{6.11}$$

このとき

$$\|Au\|^2 = \int_1^\infty |u(t-1)|^2 \mathrm{d}t = \int_0^\infty |u(s)|^2 \mathrm{d}s = \|u\|^2$$

であるから，$A : X \to X$ は 1 対 1 であり，$\mathcal{R}(A)$ から $X$ への写像 $A^{-1}$ が定まる．実は，それは，左への "ずらし作用素である"．

$$(A^{-1}v)(t) = v(t+1) \qquad (t > 0) \tag{6.12}$$

しかし $\mathcal{R}(A) = \mathcal{D}(A^{-1})$ は $X$ で稠密ではなく，閉部分空間 $M = \{t \in X \mid u(t) = 0 \ (0 < t < 1)\}$ が $R(A)^\perp$ になっている．ゆえに，$0 \in \sigma_R(A)$ である． □

**注意 6.2** 上で扱った作用素 $A$ についての $\rho(A), \sigma(A)$，さらには $\sigma_P(A), \sigma_C(A)$, $\sigma_R(A)$ などの概念は，$A$ が非有界の場合にもそのまま，あるいは，自然な修正で通

用する．たとえば，

$$z \in \rho(A) \quad \overset{\text{def}}{\iff} \quad (z-A)^{-1} \in \mathcal{L}(X)$$

は，$A$ 自身が非有界の場合にもそのままでよい．また，固有値の定義では

$$z \in \sigma_P(A) \quad \overset{\text{def}}{\iff} \quad A\varphi = \lambda\varphi,\ \varphi \neq 0,\ \varphi \in \mathcal{D}(A) \text{ を満たす } \varphi \text{ が存在する}$$

と修正すればよい．

## §6.2　リゾルベントの関数論的な扱い

簡単のために，$A \in \mathcal{L}(X)$ としよう．この節でも $X$ は一般の複素バナッハ空間でよい．まず，次の補題を示そう．

**補題 6.1**　$A \in \mathcal{L}(X)$ とする．複素数 $z$ について

$$|z| > \|A\| \quad \Longrightarrow \quad z \in \rho(A)\,. \tag{6.13}$$

□

［証明］　ノイマン級数(定理 4.4)により，$R(z) = (z-A)^{-1}$ を構成する．発見的に，$A$ を数のように扱ったときの等式

$$(z-A)^{-1} = \frac{1}{z-A} = \frac{1}{z}\frac{1}{1-\dfrac{A}{z}} = \frac{1}{z}\left(1 + \frac{A}{z} + \frac{A^2}{z^2} + \cdots\right)$$

を連想し，作用素 $S(z)$ を

$$S(z) = \frac{1}{z}\sum_{n=0}^{\infty}\frac{A^n}{z^n} = \sum_{n=0}^{\infty}\frac{A^n}{z^{n+1}} \tag{6.14}$$

により定義する．仮定(6.13)により $\|A/z\| = (1/|z|)\|A\| < 1$ であるから，ノイマン級数の定理が適用できて，(6.14)の級数が $\mathcal{L}(X)$ のノルムのもとで収束し $R(z)$ を与えることがわかる；すなわち

$$R(z) = (z-A)^{-1} = \frac{1}{z}\left(I - \frac{A}{z}\right)^{-1} = \sum_{n=0}^{\infty}\frac{A^n}{z^{n+1}} \in \mathcal{L}(X). \tag{6.15}$$

■

**注意 6.3**　上の証明から，$|z| > \|A\|$ ならば

$$\|R(z)\| = \|(z-A)^{-1}\| \leqq \frac{1}{|z|}\frac{1}{1-\dfrac{\|A\|}{|z|}} = \frac{1}{|z|-\|A\|}$$

が成り立つ.

**補題 6.2** 複素数 $z_1, z_2$ がリゾルベント集合 $\rho(A)$ に属すれば，次の**リゾルベント等式** (resolvent equation)

$$R(z_1) - R(z_2) = (z_2 - z_1)R(z_1)R(z_2) = (z_2 - z_1)R(z_2)R(z_1) \qquad (6.16)$$

が成り立つ. □

［証明］ ここでも，直観を生かすために分数式のような書き方をしよう.

$$\begin{aligned} R(z_1) - R(z_2) &= (z_1 - A)^{-1} - (z_2 - A)^{-1} \\ &= \frac{1}{z_1 - A} - \frac{1}{z_2 - A} = \frac{(z_2 - A) - (z_1 - A)}{(z_1 - A)(z_2 - A)} = \frac{(z_2 - z_1)}{(z_1 - A)(z_2 - A)} \\ &= (z_2 - z_1)(z_1 - A)^{-1}(z_2 - A)^{-1} \\ &= (z_2 - z_1)R(z_1)R(z_2) \end{aligned}$$

と見当がつく. これを正当化するには,

$$(z_2 - A)R(z_2) = I, \qquad R(z_1)(z_1 - A) = I \qquad (6.17)$$

を用いて

$$\begin{aligned} R(z_1) - R(z_2) &= R(z_1) \cdot (z_2 - A)R(z_2) - R(z_1)(z_1 - A) \cdot R(z_2) \\ &= R(z_1)\{(z_2 - A) - (z_1 - A)\}R(z_2) \\ &= R(z_1)(z_2 - z_1)R(z_2) \\ &= (z_2 - z_1)R(z_1)R(z_2) \end{aligned}$$

と，計算をすすめればよい. (6.16)の左辺を最右辺とつなぐための計算の実行は読者にまかせよう. ∎

**系 6.1** $z_1, z_2 \in \rho(A)$ のとき，$R(z_1), R(z_2)$ は可換である.

**注意 6.4** $A$ が非有界であっても $z_1, z_2 \in \rho(A)$ ならばリゾルベント等式(6.16)を示すことができる.

作用素の扱いに関数論を持ち込むためには，次の定理が基本的である.

**定理 6.1** リゾルベント集合 $\rho(A)$ は $\mathbf{C}$ の開集合であり，そこで $R(z): \rho(A) \to$

$\mathcal{L}(X)$ は正則関数である．

［証明］ $\rho(A)$ に属する任意の複素数を $a$ とする．そうして，正数 $r$ を

$$r\|R(a)\| < 1 \tag{6.18}$$

が成り立つようにとる．このとき，$V_r(a) = \{z \mid |z-a| < r\}$ に属する任意の点 $z$ が $\rho(A)$ に属することを示したい．そこで，形式的な等式変形

$$\frac{1}{z-A} = \frac{1}{(a-A)+(z-a)} = \frac{1}{(a-A)} \frac{1}{1+\dfrac{z-a}{a-A}}$$

$$= \frac{1}{a-A} \sum_{n=0}^{\infty} (-1)^n \frac{(z-a)^n}{(a-A)^n} = \sum_{n=0}^{\infty} (-1)^n \frac{(z-a)^n}{(a-A)^{n+1}}$$

を参考にして

$$S(z) = \sum_{n=0}^{\infty} (-1)^n (z-a)^n R(a)^{n+1} \tag{6.19}$$

とおく．(6.18) によれば，$z \in V_r(a)$ ならば，

$$|z-a| \cdot \|R(a)\| < 1$$

であるから，ノイマン級数の定理により (6.19) は $\mathcal{L}(X)$ において収束し，

$$S(z) = R(a)(I+(z-a)R(a))^{-1} = (I+(z-a)R(a))^{-1}R(a) \tag{6.20}$$

が成り立つ．この各辺に $z-A = (a-A)+(z-a)$ を左右からかけて

$$(z-A)S(z) = I \text{ かつ } S(z)(z-A) = I \tag{6.21}$$

を導き，$S(z) = (z-A)^{-1} \in \mathcal{L}(X)$ を検証することができる．すなわち，$V_r(a) \subset \rho(A)$ である．同時に

$$R(z) = \sum_{n=0}^{\infty} (-1)^n (z-a)^n R(a)^{n+1} \qquad (|z-a| < r) \tag{6.22}$$

というベキ級数展開も得られた．したがって，$R(z)$ は $\rho(A)$ の各点において解析的であり，$\rho(A)$ において正則関数である． ∎

**系 6.2** スペクトル $\sigma(A)$ は $\mathbf{C}$ の閉集合である．とくに $A \in \mathcal{L}(X)$ のときは，$\sigma(A)$ は $\mathbf{C}$ の有界閉集合である．

［証明］ $\sigma(A) = \mathbf{C} \setminus \rho(A)$ から明らか．後半は，補題 6.1 から従う． ∎

$R(z) = (z-A)^{-1}$ が ($\mathcal{L}(X)$ の値をとる) 正則関数であるから，関数論の諸定理が適用できる．たとえば，$\rho(A)$ の中に単純閉曲線 $C$ を描いたとき，もし，$C$

の内部に$\sigma(A)$の点が含まれていないならば，コーシーの積分定理により

$$\oint_C R(z)\mathrm{d}z = 0$$

である．曲線$C$の内部に$\sigma(A)$の点が含まれている場合には，$\oint_C R(z)\mathrm{d}z$の値は0とは限らないが，その値は$C$を$\rho(A)$の中で連続変形しても変わらない．

いま，正数$R$を$R > \|A\|$を満たすようにとり，曲線$C$が

$$\text{円}\quad z = R\mathrm{e}^{\mathrm{i}\theta} \qquad (0 \leqq \theta \leqq 2\pi) \tag{6.23}$$

であるとして，(6.15)の両端の項を積分すると

$$\oint_C R(z)\mathrm{d}z = \oint_C \sum_{n=0}^{\infty} \frac{A^n}{z^{n+1}}\mathrm{d}z = \sum_{n=0}^{\infty} A^n \oint \frac{\mathrm{d}z}{z^{n+1}} = 2\pi\mathrm{i}I \tag{6.24}$$

が得られる．ここでの項別積分はベキ級数相手であるから問題がない．

以上より($\sigma(A) = \phi$ならば，(6.24)の最左辺が0となり$0 = 2\pi\mathrm{i}I$という矛盾になるので)，次の定理が得られる．

**定理 6.2** $A \in \mathcal{L}(X)$ならば$\sigma(A) \neq \phi$である． □

さて，反復法などの近似解法では，$A^n$の$n$を大きくしたときの挙動を調べる必要が生じる．$A$が行列の場合にこの挙動を支配するのは，$A$の固有値の最大値である．一般の$A \in \mathcal{L}(X)$に対して，次の定義を設ける．

**定義 6.7** $A \in \mathcal{L}(X)$のとき，

$$r(A) = \max\{|z| \mid z \in \sigma(A)\} \tag{6.25}$$

を，$A$の**スペクトル半径**という． □

$A$が正方行列の場合には

$$r(A) = \max\{|\lambda| \mid \lambda\text{は固有値}\}$$

は明らかであろう．また，$A \in \mathcal{L}(X)$の場合には，補題6.1により

$$|r(A)| \leqq \|A\| \tag{6.26}$$

が成り立つ．ここで等号が成り立つ場合もあれば，$\|A\| > 0$であるのに$r(A) = 0$となる場合もある(定理6.5参照)．実は次の定理が成り立つ．

**定理 6.3** $A \in \mathcal{L}(X)$のとき，$A$のスペクトル半径$r(A)$に対し，次の等式が成り立つ．

$$r(A) = \lim_{n\to\infty} \sqrt[n]{\|A^n\|}. \tag{6.27}$$

［証明の方針］ $|z| > \|A\|$ に対して導かれた，$R(z)$ のベキ級数展開(6.15)であるが，$\zeta = 1/z$を変数としての収束半径を$\mu$とすれば，円 $|z| = 1/\mu$上に$\sigma(A)$の絶対値最大の点が乗っているはずである．ゆえに $r(A) = \dfrac{1}{\mu}$．ところが，収束半径に関する Cauchy–Hadamard の定理(今の状況で使える！)によれば

$$\mu = \frac{1}{\limsup\limits_{n\to\infty} \sqrt[n]{\|A^n\|}}$$

であるから，

$$r(A) = \limsup_{n\to\infty} \sqrt[n]{\|A^n\|} \tag{6.28}$$

となる．一方，実は(ここでは結果を受け入れるが) $\lim\limits_{n\to\infty} \sqrt[n]{\|A^n\|}$が存在することが知られている．よって(6.28)は(6.27)の形に書きかえられるのである．∎

**Dunford 積分**

関数論的な扱いの効力を示すために，コーシーの積分定理からコーシーの積分表示へすすもう．

いま，$A \in \mathcal{L}(X)$ とし，$C$は$\sigma(A)$ を内部に含む単純閉曲線とする．(6.23) の円はその一例であり，任意の $C$は$\rho(A)$ においてこの円に連続変形可能である．

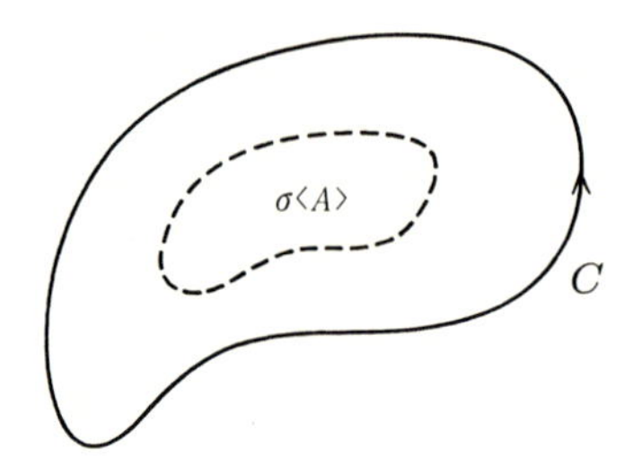


図 6.1

このとき，たとえば，任意の自然数 $n$ に対して

$$A^n = \frac{1}{2\pi\mathrm{i}} \oint_C z^n (z-A)^{-1} \mathrm{d}z = \frac{1}{2\pi\mathrm{i}} \oint_C \frac{z^n}{z-A} \mathrm{d}z \tag{6.29}$$

が成り立つ．今後は，上の最右辺のように $(z-A)^{-1}$を分数 $1/(z-A)$ の形に遠慮せずに書くことにしよう(関数論におけるコーシーの積分表示との連想を強めるため)．(6.29) を確かめるには，($C$を (6.23) の円に変形してから)(6.15) から得られる等式

$$\frac{z^n}{z-A} = z^n \sum_{k=0}^{\infty} \frac{A^k}{z^{k+1}} = \sum_{k=0}^{\infty} \frac{A^k}{z^{k+1-n}}$$

を $C$上で項別積分すればよい．

同様に，多項式 $p(z) = \alpha_0 + \alpha_1 z + \cdots + \alpha_n z^n$ ($\alpha_j \in \mathbf{C}$, $j = 0, 1, \cdots, n$) に $z = A$ を代入した作用素

$$p(A) = \alpha_0 I + \alpha_1 A + \cdots + \alpha_n A^n \tag{6.30}$$

は，上の $C$を用いて

$$p(A) = \frac{1}{2\pi \mathrm{i}} \oint_C \frac{p(z)}{z-A} \mathrm{d}z \tag{6.31}$$

と積分表示される．さらに一般に，$f(z)$ が $C$の内部および周上で正則な関数ならば，$f(A)$ を

$$f(A) = \frac{1}{2\pi \mathrm{i}} \oint_C \frac{f(z)}{z-A} \mathrm{d}z \tag{6.32}$$

により定義する(あるいは，別途定義されているのであれば表現する)ことができる．(6.32) を $f(A)$ を表わす **Dunford 積分**という．

とくに，$f(z)$ が $\mathbf{C}$ 全体で正則な整関数ならば，任意の $A \in \mathcal{L}(X)$ に対して，$f(A)$ が Dunford 積分により表示される．たとえば，$t$ を実数のパラメータとするとき

$$\mathrm{e}^{tz} = \sum_{n=0}^{\infty} \frac{t^n z^n}{n!}$$

は整関数であるから，

$$\mathrm{e}^{tA} = \frac{1}{2\pi \mathrm{i}} \oint_C \frac{\mathrm{e}^{tz}}{z-A} \mathrm{d}z \tag{6.33}$$

が成り立つ．もちろん，上式で表わされる $\mathrm{e}^{tA}$とベキ級数によって定義される

$$\mathrm{e}^{tA} = \sum_{n=0}^{\infty} \frac{t^n A^n}{n!}$$

とは同じものである．

たとえば，もし$\sigma(A)$が，ある正数$\delta$に対して半平面

$$H=\{z=x+\mathrm{i}y \mid x \geqq \delta>0\}$$

に含まれているならば，$\sigma(A)$を囲む$C$を右半平面$\mathrm{Re}(z)>0$に含まれるようにとり，$A$の平方根$\sqrt{A}$(の主値)を

$$\sqrt{A}=\frac{1}{2\pi\mathrm{i}}\oint_C \frac{\sqrt{z}}{z-A}\mathrm{d}z \tag{6.34}$$

により定義することができる．ただし，上式の右辺における$\sqrt{z}$は主値を表わす．(6.34)で表わされる$\sqrt{A}$が実際に$(\sqrt{A})^2=A$を満たすことを確かめる際には，証明抜きに掲げる次の一般的な定理が役に立つ．

**定理 6.4** $A\in\mathcal{L}(X)$とし，単純閉曲線$C$はその内部に$\sigma(A)$を囲むものとする．このとき，$C$の内部および周上で正則な関数$f,g$に対して，$f(A),g(A)$をDunford積分

$$f(A)=\frac{1}{2\pi\mathrm{i}}\oint_C \frac{f(z)}{z-A}\mathrm{d}z, \qquad g(A)=\frac{1}{2\pi\mathrm{i}}\oint_C \frac{g(z)}{z-A}\mathrm{d}z \tag{6.35}$$

により定義すれば，

$$f(A)\cdot g(A)=\frac{1}{2\pi\mathrm{i}}\oint_C \frac{f(z)\cdot g(z)}{z-A}\mathrm{d}z \tag{6.36}$$

が成り立つ．

## §6.3 作用素のクラスとスペクトル

いくつかの作用素のクラス，とくに，ヒルベルト空間における作用素のクラスについて，スペクトルの所在を考察しよう．

### (a) Volterra型積分作用素

$X=C[\alpha,\beta]$とし，$K=K(x,y)$を$x,y$平面の三角形

$$\Delta=\{(x,y)\mid \alpha\leqq y\leqq x\leqq\beta\} \tag{6.37}$$

で与えられた連続関数とする．

そうして，次の積分作用素$A$を考察する．

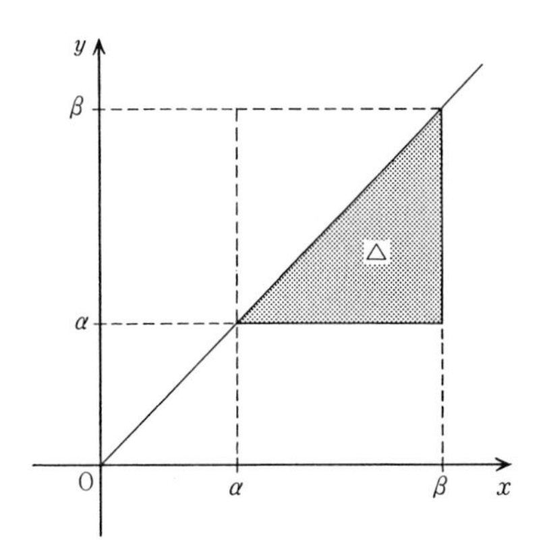


図 6.2

$$(Au)(x) = \int_{\alpha}^{x} K(x,y)u(y)\mathrm{d}y \qquad (\alpha \leqq x \leqq \beta) \tag{6.38}$$

このように，上端が変数 $x$ になっている積分作用素を **Volterra 型の積分作用素**という．

$$M = \max_{(x,y)\in\Delta} |K(x,y)| \tag{6.39}$$

とおけば，

$$\|Au\| = \max_{x\in[\alpha,\beta]} |Au(x)| \leqq \max_{x\in[\alpha,\beta]} (M(x-\alpha)\|u\|) = (\beta-\alpha)M\|u\| \tag{6.40}$$

が成り立つので，$A \in \mathcal{L}(X)$ である．次の定理を証明しよう．

**定理 6.5** (6.38)の Volterra 型積分作用素 $A$ に関し，

$$\sigma(A) = \{0\} \tag{6.41}$$

である．したがって，$z \neq 0$ ならば $(z-A)^{-1} \in \mathcal{L}(X)$ が成り立つ．

[証明] $n = 0, 1, 2, \cdots$とするとき，$n$ に関する帰納法により

$$|(A^n u)(x)| \leqq M^n \frac{(x-\alpha)^n}{n!}\|u\| \qquad (\alpha \leqq x \leqq \beta) \tag{6.42}$$

を示そう．$n = 0$ のときは $A^0 = I$の了解と $\|u\|$ の定義により(6.42)は成立する．

次に，(6.42)を仮定すれば，

$$\begin{aligned}|A^{n+1}u(x)| &= \left|\int_\alpha^x K(x,y)(A^n u)(y)\mathrm{d}y\right| \\ &\leqq \int_\alpha^x M\cdot\frac{M^n(y-\alpha)^n}{n!}\|u\|\mathrm{d}y = M^{n+1}\frac{\|u\|}{n!}\int_\alpha^x (y-\alpha)^n\mathrm{d}y \\ &= \frac{M^{n+1}(x-\alpha)^{n+1}}{(n+1)!}\|u\|\end{aligned}$$

が得られ，帰納法が完成する．

(6.42) より

$$\|A^n\| \leqq M^n\frac{(\beta-\alpha)^n}{n!} \qquad (n=0,1,\cdots) \tag{6.43}$$

は明らか．したがって，任意の $z\neq 0$ に対して (6.15) のベキ級数が収束し，$R(z)$ を与える．よって，$z\neq 0$ ならば $z\in\rho(A)$ である．

最後に $0\in\sigma(A)$ であることは一般論の定理 6.2 からもわかるが，直接 $\mathcal{R}(A)$ が $X$ で稠密でないことを示すこともやさしい(演習問題参照)．　■

**系 6.3**　Volterra 型の第 2 種の積分方程式

$$u(x)-\lambda\int_\alpha^x K(x,y)u(y)\mathrm{d}y = f(x) \qquad (\alpha\leqq x\leqq\beta) \tag{6.44}$$

を考える．ただし，$\lambda$ は複素数のパラメータ，$K$ は上記の積分核，$f$ は $[\alpha,\beta]$ 上の与えられた連続関数である．このとき，任意の $f$ に対して，解 $u$ が連続関数の範囲で一意に存在する．

### (b)　ユニタリ作用素

$U$ をヒルベルト空間 $X$ のユニタリ作用素(§5.6(d)参照)とする．いま，$\lambda\in\sigma_P(U)$ とし，$\varphi$ を固有値 $\lambda$ に属する固有ベクトルとすれば，$\|U\varphi\|=\|\varphi\|$ に $U\varphi=\lambda\varphi$ を代入して $|\lambda|\|\varphi\|=\|\varphi\|$．これより $|\lambda|=1$．すなわち，ユニタリ作用素の固有値の絶対値は 1 に等しい．これを一般化した次の定理が成り立つ．

**定理 6.6**　$U$ をユニタリ作用素とするとき，$\sigma(U)$ は複素平面の単位円周 $C_0=\{z\in\mathbf{C}\mid |z|=1\}$ に含まれる．

[証明]　$\mathbf{C}\setminus C_0\subseteq\rho(A)$ を示そう．まず，$\|U\|=1$ であるから，$|z|>1$ ならば $z\in\rho(U)$ である(補題 6.1)．一方，$|z|<1$ とすると，形式的な展開

$$\frac{1}{z-U}=-\frac{1}{U(1-zU^{-1})}=-U^*\frac{1}{I-zU^*}=-U^*\sum_{n=0}^{\infty}(zU^*)^n \tag{6.45}$$

が成り立つ．ただし $U^*=U^{-1}$ を用いた．論理的には，$\|U^*\|=1$ を用いて，ノイマン級数 $\sum_{n=0}^{\infty} z^n(U^*)^n$ の $\mathcal{L}(X)$ における収束が示され，

$$S(z)=-U^*\sum_{n=0}^{\infty} z^n(U^*)^n \in \mathcal{L}(X) \qquad (|z|<1)$$

が $z-U$ の逆作用素であることを検証するのである． ∎

ユニタリ作用素 $U$ については，$\sigma(U)\subseteq C_0$ であるが，実際に $C_0$ のどの部分が $\sigma(U)$ であるかは，個々の $U$ について調べなくてはわからない．たとえば，$U=I$ もユニタリ作用素であるが，$\sigma(I)=\{1\}$ である．これに対し，次の例は対照的である．

**例 6.5** $X=L^2(-\infty,\infty)$ における“ずらし作用素”

$$(Uu)(x)=u(x+1) \qquad (-\infty<x<+\infty) \tag{6.46}$$

については，$\sigma(U)=C_0$ である．このことを確かめるのに，任意の実数 $\alpha$ を固定して $z=\mathrm{e}^{\mathrm{i}\alpha}$ とおき，$z-U$ の性質を調べる．まず，$(z-U)u=0$ とすれば

$$u(x+1)=\mathrm{e}^{\mathrm{i}\alpha}u(x) \qquad (-\infty<x<+\infty)$$

これより，$0<x<1$ における $u(x)$ をあらためて $a(x)$ と書くことにすれば，任意の整数 $k$ に対して

$$u(x+k)=\mathrm{e}^{\mathrm{i}k\alpha}a(x) \qquad (0<x<1)$$

である．よって

$$\|u\|^2=\sum_{k=-\infty}^{\infty}\|u\|^2_{L^2(k,k+1)}=\sum_{k=-\infty}^{\infty}\|a\|^2_{L^2(0,1)}$$

であるが，これが $\|u\|<+\infty$ を満たすための条件は $\|a\|_{L^2(0,1)}=0$．すなわち，$a(x)=0$ (a.e. $x\in(0,1)$)．結局，$u=0$ でなければならない．よって，$z=\mathrm{e}^{\mathrm{i}\alpha}$ のとき $z-U$ は1対1である．ところが，$(z-U)^{-1}$ が有界でないことを，たとえば次の関数について計算してみることによって検証できる(計算の実行は練習としよう)．すなわち，$\varepsilon$ を小さな正数とするとき，

$$\varphi_\varepsilon(x)=\mathrm{e}^{-\mathrm{i}\alpha x}\mathrm{e}^{-\varepsilon|x|}, \qquad \psi_\varepsilon=(z-A)\varphi_\varepsilon=(\mathrm{e}^{\mathrm{i}\alpha}-A)\varphi_\varepsilon$$

と定めれば，$\|\varphi_\varepsilon\|=\mathrm{O}\left(\frac{1}{\sqrt{\varepsilon}}\right)$, $\|\psi_\varepsilon\|=\mathrm{O}(\sqrt{\varepsilon})$ となり，

$$\frac{\|(z-A)^{-1}\psi_\varepsilon\|}{\|\psi_\varepsilon\|} = \frac{\|\varphi_\varepsilon\|}{\|\psi_\varepsilon\|} \quad \longrightarrow \quad +\infty \qquad (\varepsilon \downarrow 0)$$

が成り立つ．よって $e^{i\alpha} \in \sigma(U)\,(\forall \alpha \in \mathbf{R})$ である．　□

簡単なことであるが，次の事実も注意しておこう(演習問題参照)．

**補題 6.3** $U$がヒルベルト空間のユニタリ作用素のとき，異なる固有値に属する$U$の固有ベクトルは直交する．

## (c) 自己共役作用素

ヒルベルト空間 $X$において $H \in \mathcal{L}(X)$ が自己共役であるとすると次の定理6.7に示すように，$\sigma(H)$ は実軸に含まれる．このことは，エルミート行列の固有値が実数であることの一般化である．ただし，それを示す前に，次の補題により自己共役作用素の固有値についてのウォーミング・アップを行っておこう．

**補題 6.4** $H \in \mathcal{L}(X)$, $H = H^*$ならば，$H$の固有値は実数であり，相異なる固有値に属する固有ベクトルは直交する．

［証明］ $\lambda_0 \in \sigma_P(H)$ とし，$\varphi_0$をそれに属する固有ベクトルとすれば，定理5.15を考慮して

$$\text{実数} = (H\varphi_0, \varphi_0) = (\lambda_0\varphi_0, \varphi_0) = \lambda_0\|\varphi\|^2$$

である．よって，$\lambda_0$は実数．

次に$\lambda_1$を$\lambda_0$と異なる $H$の固有値とし，$\varphi_1$がそれに属する固有ベクトルとすれば，$(H\varphi_0, \varphi_1) = (\varphi_0, H\varphi_1)$ から，$(\lambda_0\varphi_0, \varphi_1) = (\varphi_0, \lambda_1\varphi_1)$．$\lambda_1 \in \mathbf{R}$ だから，$(\lambda_0 - \lambda_1)(\varphi_0, \varphi_1) = 0$．さらに$\lambda_0 \neq \lambda_1$により $(\varphi_0, \varphi_1) = 0$．　■

**定理 6.7** $H \in \mathcal{L}(X)$, $H = H^*$ならば，$\sigma(H)$ は実軸に含まれる．すなわち，$\{\,\text{虚数}\,\} \subseteq \rho(H)$ である．

**注意 6.5** 定理自身は，非有界の自己共役作用素についても成り立つ．

［定理6.7の証明］ $z = x + iy\ (x, y \in \mathbf{R})$ と書く．補題6.1により，$|z| > \|H\|$ ならば，$z \in \rho(H)$ である．そこで，$y_0 > \|H\|$ であるような $y_0$を固定すれば $z_0 = x + iy_0\ (x \in \mathbf{R})$ は$\rho(H)$ に属している．これを出発点として

$$0 < y \leqq y_0 \quad \Longrightarrow \quad z = x + iy \in \rho(H) \qquad (6.47)$$

であることを示す．

その前に，任意の $z=x+\mathrm{i}y$ $(y\neq 0)$ が$\rho(H)$ に属するかぎり，$R(z)=(z-H)^{-1}$に対し

$$\|R(z)\|\leqq\frac{1}{|y|} \tag{6.48}$$

が成り立つことを確かめよう．実際，$u=R(z)f$とすれば $(z-H)u=f$である が，この両辺と $u$ との内積をとれば

$$z\|u\|^2-(Hu,u)=(f,u)$$

が得られる．この両辺の虚数部分をとれば，「$(Hu,u)=$実数」であったから，

$$y\|u\|^2=\mathrm{Im}\,(f,u).$$

よって，$|y|\|u\|^2\leqq\|f\|\|u\|$．これより

$$\|u\|=\|R(z)f\|\leqq\frac{1}{|y|}\|f\| \qquad (\forall f\in X) \tag{6.49}$$

が従い，(6.48)が得られる．

さて，(6.47)の証明に入る．まず，任意の $f\in X$に対して，条件(6.47)のもとに，方程式

$$(z-H)u=f \tag{6.50}$$

の可解性を調べよう．$z_0=x+\mathrm{i}y_0$として，この方程式を

$$(z_0-H)u=(z_0-z)u+f$$

と書きかえてから，$R(z_0)$ を両辺にほどこすと

$$u=R(z_0)\{(z_0-z)u+f\}$$

が得られる．ここで縮小写像の原理(§3.3(b))を用いるために，写像$\Phi$: $X\to X$ を

$$\Phi(u)=R(z_0)\{(z_0-z)u+f\} \qquad (u\in X) \tag{6.51}$$

によって定義する．そうすると，(6.50)の解は写像$\Phi$の不動点である．$\Phi$が縮小写像であることは次のようにして確かめられる．

$$\begin{aligned}\|\Phi(u)-\Phi(v)\|&=\|R(z_0)(z_0-z)(u-v)\|\leqq(y_0-y)\|R(z_0)\|\|u-v\|\\&\leqq\frac{y_0-y}{y_0}\|u-v\|=r\|u-v\| \qquad (\forall u,v\in X).\end{aligned}$$

ここに，$r=(y_0-y)/y_0$であるが，これは条件$0<y\leqq y_0$のもとでは$0\leqq r<1$

である．よって，$\Phi$は縮小写像となり，方程式(6.50)は一意の解$u=(z-H)^{-1}f$をもつ．この$u$に対して，(6.49)を導いたのと同じ論法で$\|u\| \leqq \dfrac{1}{y}\|f\|$を示すことができる．こうして

$$z \in \rho(H), \quad \|R(z)\| \leqq \frac{1}{y} \qquad (0<\mathrm{Im}\,(z)) \tag{6.52}$$

が得られた($\mathrm{Im}\,(z) \geqq y_0$については，もともとわかっていた！)．

下半平面$\{z=x+\mathrm{i}y \mid y<0\}$が$\rho(H)$に属することの証明も同様である． ∎

**注意 6.6** 上の定理の別証については演習問題参照．

自己共役作用素$H$に対しては，“$\sigma(H) \subseteq$ 実軸” であるが，実軸のどの部分が実際に$\sigma(H)$の点であるかは個々の作用素について調べなければならない．

この機会に，自己共役作用素の正値性の概念を導入しておこう．

**定義 6.8** 自己共役作用素$H=H^* \in \mathcal{L}(X)$が**正値**(非負値)であるとは

$$(Hu,u) \geqq 0 \qquad (\forall u \in X) \tag{6.53}$$

が成り立つことである．また，**正定値** (positive definite) であるとは

$$(Hu,u) \geqq \lambda_0\|u\|^2 \qquad (\forall u \in X) \tag{6.54}$$

が成り立つような正数$\lambda_0$が存在することである． □

**注意 6.7** 非有界な自己共役作用素についても，正値性，正定値性が定義される．そのときは，上の(6.53)，(6.54)における$u$の範囲を($\forall u \in \mathcal{D}(H)$)でおきかえる．

**例 6.6** $X=L^2(-1,1)$において，実数値関数$\rho$を掛ける掛け算作用素

$$(Hu)(x)=\rho(x)u(x) \tag{6.55}$$

を考える．たとえば，$\rho(x)=x^2$ならば$0 \leqq \rho(x) \leqq 1$ $(-1<x<1)$であるので，$H \in \mathcal{L}(X)$，かつ，

$$(Hu,u)=\int_{-1}^{1} x^2|u(x)|^2\mathrm{d}x \geqq 0 \qquad (\forall u \in X) \tag{6.56}$$

であるから，$H$は正値である．

また，$\rho(x)=x^2+k$ $(k>0)$ならば，$H \in \mathcal{L}(X)$は変わらないが，

$$(Hu,u)=\int_{-1}^{1}(x^2+k)|u|^2\mathrm{d}x \geqq k\int_{-1}^{1}|u|^2\mathrm{d}x = k\|u\|^2$$

であるから，$H$は正定値である．

なお，$\rho(x)=x$ のときは，$H\in\mathcal{L}(X)$ であるが，左半分の区間 $(-1,0)$ に台をもつ関数 $v$に対して

$$(Hv,v)=\int_{-1}^{0}x|v|^2\mathrm{d}x<0$$

となるので正値ではない． □

正値性や正定値性はスペクトルに反映される．

**定理 6.8** 正値な自己共役作用素 $H\in\mathcal{L}(X)$ については，次式が成り立つ：

$$\sigma(H)\subseteq[0,\|H\|]. \tag{6.57}$$

さらに，

$$(Hu,u)\geqq\lambda_0\|u\|^2 \qquad (u\in X) \tag{6.58}$$

を満たす正定値な自己共役作用素については，次式が成り立つ：

$$\sigma(H)\subseteq[\lambda_0,\|H\|].$$

**注意 6.8** 非有界な自己共役作用素については (6.57) および (6.58) はそれぞれ，

$$\sigma(H)\subseteq[0,\infty)\ \text{および}\ \sigma(H)\subseteq[\lambda_0,\infty)$$

でおきかえられる．

［定理 6.8 の証明］ (6.57) を示そう．すでに，$\sigma(H)$ が実軸に含まれること，また，実数 $x$ が $|x|>\|H\|$ を満たせば $x\in\rho(H)$ であることがわかっている (定理 6.7 および補題 6.1)．したがって，(6.57) を示すには

$$x<0 \quad\Longrightarrow\quad x\in\rho(H) \tag{6.59}$$

を示せば十分である．

最初に，負数 $x$ が$\rho(H)$ に属すれば

$$\|R(x)\|=\|(x-H)^{-1}\|\leqq\frac{1}{|x|} \tag{6.60}$$

が成り立つことを見ておこう．そのために任意の $f\in X$に対して，$u=R(x)f$ とおく．そうすると

$$(x-H)u=f. \tag{6.61}$$

この両辺と $u$ との内積をとれば

$$x\|u\|^2-(Hu,u)=(f,u). \tag{6.62}$$

この左辺において，$x\|u\|^2\leqq 0$, $(Hu,u)\geqq 0$ であるから，

$$|x|\|u\|^2 \leqq |x|\|u\|^2 - (Hu, u)| = |(f, u)| \leqq \|f\| \cdot \|u\|.$$

これより，$\|u\| \leqq \|f\|/|x|$ $(\forall f \in X)$ が得られ，(6.60)が示された．

次いで，$x_0 < -\|H\|$ であるような負数 $x_0$ を固定し

$$x_0 \leqq x < 0 \quad \Longrightarrow \quad x \in \rho(H), \quad \|R(x)\| \leqq \frac{1}{|x|}$$

を前定理のときと同じ論法で示すことができる．実際，(6.61)を

$$(x_0 - H)u = (x_0 - x)u + f$$

と変形し，さらに

$$u = R(x_0)\{(x_0 - x)u + f\} \equiv \Phi(u)$$

と書きなおす．条件 $x_0 \leqq x < 0$ のもとでは $\Phi$ が縮小写像であることを示して解 $u$ の一意存在を得る．次いで，(6.60)を導いたときの論法で $\|u\| \leqq \|f\|/|x|$ $(\forall f \in X)$ を確認して (6.59) に到達する．

(6.58)の証明は，$x < \lambda_0$ のとき (6.61)の任意の解 $u$ が

$$\|u\| \leqq \frac{\|f\|}{\lambda_0 - x} \tag{6.63}$$

を満たすことを利用するだけで同じ論法を用いるか，あるいは，$H_1 = H - \lambda_0$ とおいて，$H_1$ に (6.57)を適用するかすればよい． ∎

ここで，自己共役作用素とは異なるが，ある意味で近縁であり後の半群理論で出番がある**消散作用素**(dissipative operator)の概念を紹介しておこう．

**定義 6.9** ヒルベルト空間 $X$ の作用素 $A \in \mathcal{L}(X)$ が消散的であるとは，

$$\mathrm{Re}\,(Au, u) \leqq 0 \qquad (\forall u \in X) \tag{6.64}$$

が成り立つことである． □

たとえば，$H_1 \in \mathcal{L}(X)$ を正値な自己共役作用素，$K \in \mathcal{L}(X)$ を任意の自己共役作用素とするとき，$A = -H + \mathrm{i}K$ は消散的である．

自己共役作用素のリゾルベント集合を調べた定理 6.7 および定理 6.8 の証明と同じやり方で次の定理を証明することができる．

**定理 6.9** $A \in \mathcal{L}(X)$ が消散作用素ならば，複素平面の右半平面 $H_+ = \{z = x + \mathrm{i}y \mid x > 0\}$ は $\rho(A)$ に含まれ，そこでは $R(z) = (z - A)^{-1}$ に対し

$$\|R(z)\| \leqq \frac{1}{\mathrm{Re}\,(z)} \tag{6.65}$$

が成り立つ. □

**注意 6.9** 非有界の作用素 $A$ についても，消散性の定義が(6.64)の $u$ の範囲を $(u \in \mathcal{D}(A))$ とおきかえることによって与えられる．その場合にも定理 6.9 の結論が，付加条件「正数 $x_0$ で，$x_0 \in \rho(A)$ であるものが存在する」のもとで成り立つ．

## 演習問題

**6.1** $A \in \mathcal{L}(X)$, $z_1, z_2 \in \rho(A)$ のとき，次の作用素は，いずれも可換であることを示せ．

$$A, \quad z_1 - A, \quad (z_1 - A)^{-1}, \quad (z_2 - A)^{-1}$$

**6.2** $A \in \mathcal{L}(X)$ のとき，次の各項を示せ．

(i) $\sigma(A + kI) = \{z + k \mid z \in \sigma(A)\}$, $k$は定数．

(ii) $\sigma(A^2) = \{z^2 \mid z \in \sigma(A)\}$,

(注：一般に，$f(z)$ が$\sigma(A)$ の近傍で正則であるとき，$f(A)$ のスペクトル$\sigma(f(A))$ は$\sigma(A)$ を $f$により写像したものであること(スペクトル写像定理)が知られている．)

**6.3** ユニタリ作用素の異なる固有値に属する固有ベクトルは直交することを示せ．また，一般に $A \in \mathcal{L}(X)$ が条件

$$AA^* = A^*A$$

を満たすとき $A$ の異なる固有値に属する固有ベクトルは直交することを示せ．(注：上の条件を満たす作用素を正規作用素とよぶことがある．)

**6.4** Dunford 積分に関する定理 6.4 を次の段階を追って証明せよ．ただし，簡単のために，$f, g$は整関数であるとする．

(i) 複素平面の原点 0 を中心とし，半径がそれぞれ $r_1, r_2$の(正の向きを付けた)円を$C_1, C_2$とする．ただし，$\|A\| < r_1 < r_2$とする．このとき

$$\oint_{C_1} \frac{f(z)}{z - A} \mathrm{d}z \cdot \oint_{C_2} \frac{g(\zeta)}{\zeta - A} \mathrm{d}\zeta = 2\pi \mathrm{i} \oint_{C_1} \frac{f(z)g(z)}{z - A} \mathrm{d}z \tag{1}$$

が成り立つことを示せば，定理の証明として十分である．

(ii)
$$\frac{1}{z - A}\frac{1}{\zeta - A} = \frac{1}{\zeta - z}\frac{1}{z - A} - \frac{1}{\zeta - z}\frac{1}{\zeta - A} \tag{2}$$

が成り立つ．(ヒント：リゾルベント等式(6.16))

(iii)

$$\oint_{C_2} \frac{f(z)}{z-A}\frac{g(\zeta)}{\zeta - z}\mathrm{d}\zeta = 2\pi\mathrm{i}\frac{f(z)g(z)}{z-A}, \tag{3}$$

$$\oint_{C_1} \frac{g(\zeta)}{\zeta-A}\frac{f(z)}{z-\zeta}\mathrm{d}z = 0 \tag{4}$$

が成り立つ．(ヒント：コーシーの積分表示，積分定理)．

(iv) (2), (3), (4) を用いれば (1) が示される．

**6.5**　$X = C[\alpha, \beta]$ において，部分空間

$$L = \{u \in X \mid u(\alpha) = 0\}$$

は $X$ で稠密でないことを示せ．また，このことから，(6.38) で定義される積分作用素 $A$ について，値域 $\mathcal{R}(A)$ が $X$ で稠密でないことを示せ．さらに，$K(x, y) \equiv 1$ の場合につき，同じ積分作用素を $Y = L^2(\alpha, \beta)$ における作用素とみなしたとき，$\mathcal{R}(A)$ が $Y$ で稠密であるかどうかを調べよ．

**6.6**　$z = x + \mathrm{i}y\,(x, y \in \mathbf{R})$ について，$y \neq 0$ ならば任意の自己共役作用素 $H \in \mathcal{L}(X)$ に対して $z \in \rho(H)$ であることを，次の各段階を示すことによって証明せよ．(定理 6.7 の別証明)．

(i) $A = z - H$ とおく．そのとき，$\mathcal{R}(A)$ は $X$ で稠密である．(ヒント：$\varphi \perp \mathcal{R}(A)$ ならば，$(\overline{z} - H)\varphi = 0$．$\varphi \neq 0$ ならば，$\overline{z} = x - \mathrm{i}y$ が $H$ の固有値となり矛盾．)

(ii) $\mathcal{R}(A)$ は閉集合である．(ヒント：$f_n \in \mathcal{R}(A)$, $f_n \to f_0$ とせよ．$Au_n = f_n$ であるような $u_n$ をとれば，$zu_n - Hu_n = f_n$．この両辺と $u_n$ との内積をつくり，虚数部分に着目すれば，$y\|u_n\|^2 = \mathrm{Im}\,(f_n, u_n)$．これより，$|y|\,\|u_n\| \leqq \|f_n\|$．同様にして，$|y|\,\|u_n - u_m\| \leqq \|f_n - f_m\|$．これより，$u_n$ がある $u_0$ に収束する．この $u_0$ は $zu_0 - Hu_0 = f_0$ を満たす．よって $f_0 \in \mathcal{R}(A)$)．

(iii) $A^{-1}\colon X \to X$ が存在する．$u = A^{-1}f$ とおけば $|y|\,\|u\| \leqq \|f\|$ が成り立ち，$A^{-1} \in \mathcal{L}(X)$，ゆえに，$z \in \rho(H)$ である．(注：上の論法は，$H$ が非有界であっても，$H$ が閉作用素であること (第 9 章の定義 9.4) を用いれば，そのまま通用する．)

**6.7**　消散作用素のリゾルベントに関する定理 6.9 を証明せよ．(ヒント：定理 6.7 の証明にならえ．)

# 第7章

# 弱収束と完全連続作用素

有限次元の行列について学んだ結果が比較的順調に拡張されるのは，作用素がこの章で解説する完全連続性をもっている場合である．応用解析の立場から見ると，完全連続作用素は，積分方程式ではそのままの形で，(有界領域での) 境界値問題では逆作用素を通ずる形で主役を務める．

この章でも，ヒルベルト空間において考察を進める．完全連続性を導入するに先立って弱収束の解説が必要である．この弱収束の概念は，意外に，近似解法などの応用面で重要である．

## §7.1　ヒルベルト空間における弱収束

問題意識を促すための考察からはじめよう．いま $X = L^2(-\infty,\infty)$ とし，$\eta=\eta(x)$ を台が有界な連続関数とする．ただし，$\|\eta\| > 0$．そうして

$$u_n(x) = \eta(x-n) \qquad (-\infty < x < \infty,\ n = 1, 2, \cdots) \tag{7.1}$$

によって定義された関数列 $\{u_n\}$ を考察する．

$n \to \infty$ のときの $u_n$の各点収束の極限 $u_0$は恒等的に 0 の関数である．すなわち

$$\lim_{n\to\infty} u_n(x) \equiv 0 \qquad (\text{各点収束}).$$

しかし，$X$のノルムに関しては，

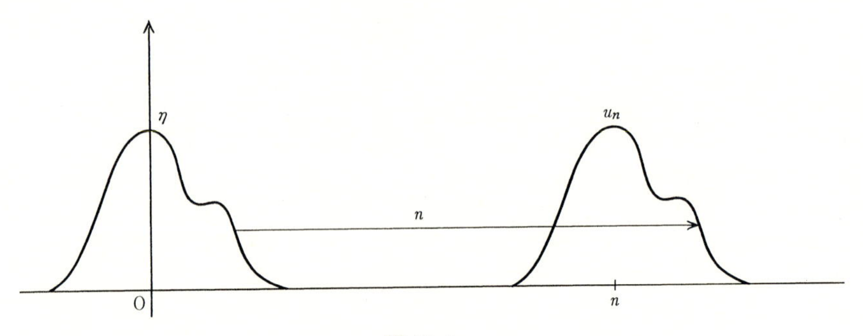


図 7.1

$$\|u_n - u_0\|^2 = \|u_n\|^2 = \int_{-\infty}^{\infty} |\eta(x-n)|^2 \mathrm{d}x = \|\eta\|^2$$

であるから，$u_n$は$u_0$に収束しない．ところが，任意の$\varphi \in X$との内積を考えると $(u_n, \varphi) \to 0$ $(n \to \infty)$ となる．なぜなら，

$$\mathrm{supp}\eta \subset [-L, L], \qquad \max|\eta(x)| = M$$

とおけば，

$$\begin{aligned} |(u_n, \varphi)| = \left| \int_{-\infty}^{\infty} \eta(x-n)\varphi(x)\mathrm{d}x \right| &\leqq M \int_{n-L}^{n+L} |\varphi(x)| \mathrm{d}x \\ &\leqq M\sqrt{2L} \sqrt{\int_{n-L}^{n+L} |\varphi(x)|^2 \mathrm{d}x} \longrightarrow 0 \end{aligned}$$

が成り立つからである．したがって，“内積を通じての観察”では，$u_n$が$u_0$に“近づく”という実情がとらえられている．

次に，有界区間上の関数空間 $Y = L^2(0, l)$ $(l > 0)$ において，関数列

$$v_n(x) = \sin nx \qquad (0 < x < l,\ n = 1, 2, \cdots) \tag{7.2}$$

を考察しよう．この関数の各点収束の極限は $x =$ 整数 $\times \pi$以外の点では存在しない．しかし，$n$ を増すにつれて振動がはげしくなり，$(0, l)$ に含まれるどのような狭い区間 $K = [\alpha, \beta]$ をとっても，$v_n$の$K$上での平均値が $n \to \infty$ のときに0に近づく．実際，

$$\begin{aligned} m(u_n;K) &= \text{“}K\text{上での } u_n \text{の平均値”} \\ &= \frac{1}{(\beta-\alpha)} \int_{\alpha}^{\beta} \sin nx \mathrm{d}x = \frac{1}{(\beta-\alpha)} \frac{1}{n} (\cos n\alpha - \cos n\beta) \end{aligned}$$

により

$$|m(u_n;\,K)| \leqq \frac{2(\beta-\alpha)}{n} \longrightarrow 0 \qquad (n\to\infty).$$

したがって，$v_n$も“ある意味で”$v_0 \equiv 0$に近づいている．しかし，$Y$のノルムに関しては

$$\|v_n - v_0\|^2 = \|v_n\|^2 = \int_0^l \sin^2 nx\mathrm{d}x = \int_0^l \frac{1-\cos 2nx}{2}\mathrm{d}x$$
$$= \frac{l}{2} - \frac{1}{4n}\sin 2nl \longrightarrow \frac{l}{2} \tag{7.3}$$

であるから，$v_0$に収束するわけではない．しかし，後で示すように，この関数列についても，$Y$の任意の要素$\varphi$に対して

$$(v_n,\varphi) \longrightarrow 0 \qquad (n\to\infty)$$

が成り立つのである．

これらの状況に対処するために次の定義をおく．

**定義 7.1**　ヒルベルト空間$X$の点列$u_n$ $(n=1,2,\cdots)$が点$u_0$に**弱収束** (weak convergence) するとは，$\forall\varphi\in X$に対して

$$(u_n,\varphi) \longrightarrow (u_0,\varphi) \qquad (n\to\infty) \tag{7.4}$$

が成り立つことである．このとき$u_0$を$u_n$の**弱極限** (weak limit) といい，$u_n \to u_0$(弱)，あるいは，$u_0 = w\text{-}\lim_{n\to\infty} u_n$と書く．□

**例 7.1**　導入部の説明に用いた(7.1)の$u_n$は$X = L^2(-\infty,\infty)$において0に弱収束している．□

**例 7.2**　$X$における正規直交系$\Phi=\{e_n\}$を考える(完全であるとは限らない)．このとき，任意の$\varphi\in X$に対して，Besselの不等式が成り立つ(5.19)．すなわち，$\sum_{n=1}^{\infty}|(\varphi,e_n)|^2 \leqq \|\varphi\|^2$．これより$\lim_{n\to\infty}(\varphi,e_n) = 0 = (\varphi,0)$．よって，$w\text{-}\lim_{n\to\infty} e_n = 0$である．すなわち，任意の正規直交系は点列とみなしたとき，0に弱収束する．□

点列が弱収束すれば，弱極限は一意である．実際，$a,b\in X$がともに$u_n$の弱極限であるとすれば，任意の$\varphi\in X$に対して

$$(a,\varphi) = \lim_{n\to\infty}(u_n,\varphi), \qquad (b,\varphi) = \lim_{n\to\infty}(u_n,\varphi)$$

であるから，$(a,\varphi)-(b,\varphi) = (a-b,\varphi) = 0$．これより$a-b=0$が従う．

弱収束についても，加法，定数倍に関する‘極限の公式’が成り立つ；

$$w\text{-}\lim_{n\to\infty}(u_n+v_n)=w\text{-}\lim_{n\to\infty}u_n+w\text{-}\lim_{n\to\infty}v_n,$$
$$w\text{-}\lim_{n\to\infty}(\alpha u_n)=\alpha\times(w\text{-}\lim_{n\to\infty}u_n)\qquad(\alpha\text{は定数}).$$

弱収束との対比において次の定義をおく．

**定義 7.2** (弱収束とまぎれないように強調する必要があるときは)，$X$のノルムによる収束を**強収束** (strong convergence) あるいは，**ノルム収束**という．すなわち，$\{u_n\}$が$u_0$に強収束するとは，$\|u_n-u_0\|\to 0\ (n\to\infty)$が成り立つことにほかならない．このとき，

$$u_n\to u_0\ (\text{強})\quad\text{あるいは，}\quad u_0=s\text{-}\lim_{n\to\infty}u_n$$

といった書き方をする．□

次の定理が成り立つ．

**定理 7.1** ヒルベルト空間$X$の点列に関し，強収束ならば弱収束である．他方，$X$が無限次元ならば，弱収束するが強収束しない点列がある．しかし，$X$が有限次元ならば，弱収束と強収束は一致する．

[証明]　$u_n\to u_0$(強)と仮定すると，任意の$\varphi\in X$に対して，

$$|(u_n,\varphi)-(u_0,\varphi)|=|(u_n-u_0,\varphi)|\leqq\|u_n-u_0\|\cdot\|\varphi\|\longrightarrow 0\qquad(n\to\infty)$$

により，$(u_n,\varphi)\to(u_0,\varphi)$．よって，$u_n\to u_0$(弱)でもある．

後半を示そう．まず，$\dim X=\infty$のときは，$X$の中に正規直交系$\{e_n\}_{n=1}^{\infty}$をとることができる．この$\{e_n\}$が0に弱収束することは例7.1で見た．一方，$\{e_n\}$が強収束しないことは(明らかであろうが)，$m\neq n$のとき

$$\|e_m-e_n\|^2=\|e_m\|^2+\|e_n\|^2=2\tag{7.5}$$

となり，$\{e_n\}$がコーシー列になり得ないことからわかる．

なお，$\dim X<\infty$の場合についての定理の最後の主張の証明は演習問題としておこう．■

さて，強収束のもとではノルムは連続であった．すなわち，

$$u_n\to u_0\ (\text{強})\quad\Longrightarrow\quad\|u_n\|\to\|u_0\|\tag{7.6}$$

が成り立つことを学んでいる．一方，弱収束のもとではこうはいかないことは例7.2の正規直交系の考察から明らかである．一般に次の定理が成り立つ．

**定理 7.2** (i)　$u_n \to u_0$(弱)ならば,

$$\|u_0\| \leqq \liminf_{n\to\infty} \|u_n\|. \tag{7.7}$$

(ii)　$u_n \to u_0$(弱)かつ $\|u_n\| \to \|u_0\|$ ならば, $u_n \to u_0$(強).

[証明]　(i)　$\|u_n\| \geqq 0$ であるから, $\|u_n\|$ の下極限は必ず存在する. それを$\mu$で表わそう. すなわち,

$$\mu = \liminf_{n\to\infty} \|u_n\| \geqq 0\,. \tag{7.8}$$

まず, $u_0 = 0$ の場合を吟味すると$\mu \geqq 0$ により(7.7)は成り立つ. 以下, $u_0 \neq 0$ としよう. そうして, シュバルツの不等式による

$$|(u_n, u_0)| \leqq \|u_n\| \cdot \|u_0\| \tag{7.9}$$

の両辺の下極限を考察する. 左辺は $n \to \infty$ のとき, $u_n \to u_0$(弱)により

$$|(u_n, u_0)| \quad \longrightarrow \quad |(u_0, u_0)| = \|u_0\|^2$$

に収束するから, 下極限も $\|u_0\|^2$である. 右辺の下極限は $\mu\|u_0\|$ に等しい. よって, (7.9)より

$$\|u_0\|^2 \leqq \mu\|u_0\|$$

が得られる. $\|u_0\| > 0$ により $\|u_0\| \leqq \mu$, すなわち, (7.7)が示された.

(ii)　仮定のもとに, $n \to \infty$ のとき,

$$\|u_n - u_0\|^2 = \|u_n\|^2 - 2\mathrm{Re}(u_n, u_0) + \|u_0\|^2$$
$$\longrightarrow \|u_0\|^2 - 2\mathrm{Re}(u_0, u_0) + \|u_0\|^2 = 0.$$

∎

具体的な関数列の弱収束性を判定するとき, 次の定理が役に立つ.

**定理 7.3** $L$をヒルベルト空間$X$における稠密な集合とする. $X$の点列 $\{u_n\}$ が次の性質 (i), (ii) をもてば, $\{u_n\}$ は弱収束する.

(i)　$u_n$は有界である.

(ii)　任意の$\varphi \in L$ に対して, $(u_n, \varphi)$ は収束数列である.

[証明] (i) により,

$$\|u_n\| \leqq M \qquad (n = 1, 2, \cdots) \tag{7.10}$$

が成り立つような正数 $M$が存在する. いま, 任意の$\varphi \in L$ に対して,

$$f(\varphi) = \lim_{n\to\infty} (\varphi, u_n) \tag{7.11}$$

とおけば，$f$ は $L$ で定義された線形汎関数である．一方，(7.10) により $|f(\varphi)| = |\lim_{n\to\infty}(\varphi, u_n)| \leqq M\|\varphi\|$ が成り立つ．すなわち，$f$ は $L$ 上の有界線形汎関数である．したがって，定理 4.2 により，$f$ は $\bar{L} = X$ の上の有界線形汎関数 $\tilde{f}$ に(連続性によって)拡大され得る．このとき，$\tilde{f} \in X^* = \mathcal{L}(X, \mathbf{K})$ で $\|\tilde{f}\| \leqq M$，かつ，

$$\tilde{f} \text{は } L \text{ 上では } f \text{と一致する．} \tag{7.12}$$

ここで Riesz の定理を用いれば

$$\tilde{f}(v) = (v, u^*) \qquad (\forall v \in X) \tag{7.13}$$

が成り立つような $u^* \in X$ が存在し，かつ，$\|u^*\| \leqq M$ を満たしている．

以下は，この $u^*$ が $\{u_n\}$ の弱極限であることの検証である．まず，(7.11)～(7.13) から，任意の $\varphi \in L$ に対して次式が成り立つ；

$$\lim_{n\to\infty} (\varphi, u_n) = (\varphi, u^*). \tag{7.14}$$

さて，任意の $v \in X$ が与えられたとする．このとき，任意の $\varepsilon > 0$ に対して

$$\|v - \psi\| < \frac{\varepsilon}{3M} \tag{7.15}$$

を満たす $\psi \in L$ を選ぶ．これは $L$ が $X$ で稠密だから可能である．次に，自然数 $N$ を，

$$|(\psi, u_n - u^*)| < \frac{\varepsilon}{3} \qquad (n \geqq N) \tag{7.16}$$

を成り立つようにとる．これは，(7.14) を $\varphi = \psi$ に適用することにより可能である．これらを用いて，$n \geqq N$ のとき，$|(v, u_n) - (v, u^*)|$ の評価を次のように行なうことができる；

$$\begin{aligned}
|(v, u_n) - (v, u^*)| &\leqq |(v - \psi, u_n) + (\psi, u_n - u^*) + (\psi - v, u^*)| \\
&\leqq \|v - \psi\| \cdot \|u_n\| + |(\psi, u_n - u^*)| + \|\psi - v\| \cdot \|u^*\| \\
&< \frac{\varepsilon}{3M} \cdot M + \frac{\varepsilon}{3} + \frac{\varepsilon}{3M} \cdot M = \varepsilon \qquad (n \geqq N).
\end{aligned}$$

これで，$\lim_{n\to\infty} (v, u_n) = (v, u^*)$ $(\forall v \in X)$ が証明された． ∎

**例 7.3** 上の定理の応用として，導入部に用いた (7.2) の関数列 $v_n$ の $v_0 \equiv 0$

への弱収束を示そう．文字の使い方が紛らわしくなっているが我慢してほしい．(7.3)で見たように，$\|v_n\| \to l/2$ であるから，$v_n$ は $Y = L^2(0,l)$ における有界列である．次に $L = C_0^1(0,l)$ とおく．$Y$ において $L$ は稠密である．そうして，$\varphi \in L = C_0^1(0,l)$ ならば，部分積分により

$$(\varphi, v_n) = \int_0^l \varphi \sin nx \mathrm{d}x = \int_0^l \varphi' \frac{\cos nx}{n} \mathrm{d}x = \frac{1}{n} \int_0^l \varphi' \cos nx \mathrm{d}x$$

と計算できる．よって，

$$|(\varphi, v_n)| \leqq \frac{1}{n} \int_0^l |\varphi'| \mathrm{d}x \longrightarrow 0 \qquad (n \to \infty)$$

となり，定理 7.3 の条件が満たされる．よって $\{v_n\}$ は 0 に弱収束する． □

具体的な問題で弱収束性の判定が必要となる関数列では，関数列の有界性がわかっていることが多い．次の定理は弱収束と有界性のより深い関係を示すものである．

**定理 7.4** ヒルベルト空間における弱収束列は有界である． □

完備性の“高級な応用”の 1 つであるこの定理を応用指向の本書では証明なしに受け入れよう．幸い証明ぬきでも定理の意味は明らかである．

上の定理の応用として，次の実用的な定理を導くことができる．

**定理 7.5** ヒルベルト空間 $X$ の点列 $\{u_n\}$ が $u_0$ に強収束し，点列 $\{v_n\}$ が $v_0$ に弱収束するならば，

$$(u_n, v_n) \longrightarrow (u_0, v_0) \qquad (n \to \infty) \tag{7.17}$$

が成り立つ．

［証明］ 前定理により，$v_n$ は有界であるから，

$$\|v_n\| \leqq M \qquad (n = 1, 2, \cdots) \tag{7.18}$$

を満たすような正数 $M$ が存在する．これを用いて次の評価が可能である．

$$\begin{aligned} |(u_n, v_n) - (u_0, v_0)| &= |(u_n - u_0, v_n) + (u_0, v_n - v_0)| \\ &\leqq \|u_n - u_0\| \cdot \|v_n\| + |(u_0, v_n - v_0)| \\ &\leqq M\|u_n - u_0\| + |(u_0, v_n) - (u_0, v_0)|. \end{aligned}$$

最後の行の第 1 項は $u_n \to u_0$(強) により，また，第 2 項は $v_n \to v_0$(弱) により，ともに 0 に収束する．よって，(7.17) が成り立つ． ■

有界性と弱収束性の深い関わりを示すもうひとつの基本定理であり，近似解

法などの理論において応用上の重要な役割りを果たすのは次の定理である．これも証明抜きで掲げよう．

**定理 7.6**　ヒルベルト空間における有界点列は弱収束する部分列を含む．　□

実は，この定理はいわゆる対角線論法と定理 7.3 を用いて証明される．ここでは定理の主張の趣旨を次のように納得してほしい．実数や複素数の場合の Weierstrass の定理の一般化が，無限次元のヒルベルト空間においても弱収束で我慢すれば，成り立つのである．ちなみに，強収束に関しては，収束する部分列を含まない有界な無限列が存在することは，正規直交系の例からわかる．

この節の最後に，変分不等式や最適化などに関わる凸解析において大切な次の 2 つの定理を紹介しておこう．

**定理 7.7**　ヒルベルト空間 $X$ における点列 $\{u_n\}$ が $u_0$ に弱収束するならば，$\{u_n\}$ の要素の凸結合の列 $\{v_k\}$ で $u_0$ に強収束するものが存在する．　□

**定理 7.8**　$K$ をヒルベルト空間 $X$ の閉凸集合とする．$K$ の点列 $u_n$ が $u_0$ に弱収束するならば，$u_0 \in K$ である．すなわち，閉凸集合は弱収束に関しても閉じている．　□

定理 7.8 は定理 7.7 の系である．定理 7.7 の証明は章末補足にまわし，ここでは定理 7.7 から定理 7.8 を導く筋道だけを示そう．定理 7.8 の点列 $u_n \in K$ $(n = 1, 2, \cdots)$ を考えると，定理 7.7 における $v_k$ $(k = 1, 2, \cdots)$ が $u_0$ に強収束する．$v_k$ は $\{u_n\}$ から構成した凸結合である．$u_n \in K$ $(\forall n)$ と $K$ が凸であることから，$v_k \in K$ $(k = 1, 2, \cdots)$．そうして，$v_k \to u_0$(強) と “$K$ は閉集合” とから，$u_0 \in K$ が得られる．

なお，凸性を仮定しなければ，$K$ が閉集合であっても定理 6.7 の結論が成り立たないことは，単位球面 $K = \{u \in X \mid \|u\| = 1\}$ と正規直交系 $\{e_n\}_{n=1}^{\infty}$ を考察すればわかる、実際，$e_n \in K$ $(n = 1, 2, \cdots)$ であり，$e_n \to 0$(弱) であるが，この弱極限 0 は $K$ に属していない．

また，閉凸集合の重要な一例は閉部分空間であることを注意しておこう．

## §7.2　完全連続作用素の概念

具体例からはじめよう．いま，$X$をヒルベルト空間，$a,b$を$X$の与えられた要素$(a \neq 0, b \neq 0)$とする．そうして，$X$における作用素を

$$Au = (u,a)b \qquad (\forall u \in X) \tag{7.19}$$

よって定義する．確かに，$A$は$X \to X$の線形作用素であり，

$$\|Au\| \leqq |(u,a)| \cdot \|b\| \leqq (\|a\| \cdot \|b\|)\|u\| \tag{7.20}$$

により，$A$は有界作用素である．さて，$X$の点列$u_n\,(n = 1,2,\cdots)$が$u_0 \in X$に弱収束しているとしよう．このとき，

$$\|Au_n - Au_0\| = \|(u_n - u_0, a)b\| \leqq |(u_n - u_0, a)| \cdot \|b\|$$

であり，$u_n \to u_0$(弱)ならば$(u_n - u_0, a) \to 0$であるから，$Au_n \to Au_0$(強)がわかる．すなわち，$A$は弱収束列を強収束列に写して(map)いる．一方，この性質をすべての有界作用素がもっているわけではない．$\dim X = \infty$であるとして，$X$における恒等作用素$I$を考える．ところで，$X$における正規直交系$\{e_n\}_{n=1}^{\infty}$は，例7.2でみたように0に弱収束する．しかし，$Ie_n = e_n$が強収束しないことは$\|e_m - e_n\| = \sqrt{2}\ (m \neq n)$から明らかである．

もっとも，一般の$A \in \mathcal{L}(X)$は弱収束列を弱収束列に写す性質はもっている．これを補題に記しておこう．

**補題 7.1**　$A \in \mathcal{L}(X)$であり，$u_n \in X\,(n = 1,2,\cdots)$が$u_0 \in X$に弱収束するとする．このとき，$Au_n \to Au_0$(弱)である．

[証明]　任意の$\varphi \in X$に対して，$n \to \infty$のとき，

$$(Au_n, \varphi) = (u_n, A^*\varphi) \to (u_0, A^*\varphi) = (Au_0, \varphi). \qquad ■$$

以上を前置きとして，次の定義を設けよう．

**定義 7.3**　ヒルベルト空間$X$において，$A \in \mathcal{L}(X)$が，弱収束列を強収束列に写すとき，すなわち，

$$u_n \to u_0\ (\text{弱}) \quad \Longrightarrow \quad Au_n \to Au_0\ (\text{強}) \tag{7.21}$$

が成り立つとき，$A$は**完全連続**(completely continuous)であるという．(本書では)$X$における完全連続作用素の全体を$\mathcal{L}_C(X)$で表わす．　□

**注意 7.1**　$X$における線形作用素$A$が条件(7.21)を満たせば，$A$は自動的に有界

になる．実際，$A$ が(7.21)を満たすにもかかわらず，$A$ は非有界であるとして矛盾を導こう．$A$ が非有界とすれば，$\|v_n\|=1$, $\|Av_n\|\to+\infty$ となる点列 $\{v_n\}$ が存在する．すると，$\{v_n\}$ の部分列 $\{v_{n'}\}$ で弱収束するものが存在する．$u_n=v_{n'}$ として(7.21)を適用すれば，$Av_{n'}$ は強収束し，したがって，$\|Av_{n'}\|$ は有界である．これは，$\|Av_{n'}\|\to+\infty$ と矛盾する．

**約束**　本章において，特に断らなければ，$X$ は無限次元のヒルベルト空間であると約束する．　□

導入部に用いた(7.19)の作用素 $A$ の値域は $b$ の張る1次元空間である．一般化して考察するために，次の定義を設ける．

**定義 7.4**　$A\in\mathcal{L}(X)$ が**退化作用素**(degenerate operator)であるとは，$A$ の値域 $\mathcal{R}(A)$ が有限次元であることである．このとき，$\dim\mathcal{R}(A)$ を $A$ の**位数**(rank)という．　□

**補題 7.2**　$X$ における退化作用素 $A$ は，その位数を $N$ とするとき，$X$ の要素 $a_1,a_2,\cdots,a_N$, $b_1,b_2,\cdots,b_N$ (ただし，$\{b_j\}_{j=1}^N$ は線形独立)を用いて

$$Au=(u,a_1)b_1+(u,a_2)b_2+\cdots+(u,a_N)b_N \tag{7.22}$$

と表わすことができる．

[証明]　$\mathcal{R}(A)$ を張る正規直交系を $e_1,e_2,\cdots,e_N$ とする．そうすると，任意の $u\in X$ に対し

$$Au=\alpha_1(u)e_1+\alpha_2(u)e_2+\cdots+\alpha_N(u)e_N \tag{7.23}$$

が成り立つような係数 $\alpha_j(u)$ が一意に定まる $(j=1,2,\cdots N)$．実際，

$$(Au,e_j)=\alpha_j(u)\qquad(j=1,2,\cdots,N) \tag{7.24}$$

である．よって，$\alpha_j(u)=(u,A^*e_j)$．すなわち，$a_j=A^*e_j$, $b_j=e_j$ $(j=1,2,\cdots,N)$ ととることにより，$Au$ は(7.22)の右辺の形で表わされる．　■

**定理 7.9**　ヒルベルト空間 $X$ における退化作用素は完全連続である．

[証明]　退化作用素 $A$ が(7.22)の形に表わされているとする．また，$u_n\in X(n=1,2,\cdots)$ が $u_0\in X$ に弱収束しているとする．さて，

$$Au_n-Au_0=\sum_{j=1}^N(u_n-u_0,a_j)b_j$$

から，$\|Au_n - Au_0\| \leqq \sum_{j=1}^{N} |(u_n - u_0, a_j)| \, \|b_j\|$ が得られ，$(u_n - u_0, a_j) \to 0 \, (n \to \infty, j = 1, 2, \cdots, N)$ により $\|Au_n - Au_0\| \to 0$ がわかる． ∎

次に§4.3(c)で紹介したHilbert–Schmidt型の積分作用素が完全連続であることを示そう．すなわち，積分作用素

$$(Au)(x) = \int_{\Omega} K(x,y)u(y)\mathrm{d}y \qquad (x \in \Omega) \tag{7.25}$$

において，積分核 $K(\ ,\ )$ は $L^2(\Omega \times \Omega)$ に属するとする．$X = L^2(\Omega)$ において $A$ が有界であることはすでに見た．いま，$X$の関数列 $u_n$が $u_0$に弱収束しているとする．さて，

$$(Au_n - Au_0)(x) = \int_{\Omega} K(x,y)(u_n(y) - u_0(y))\mathrm{d}y = (K(x,\bullet), \overline{u_n} - \overline{u_0})$$

と書けることに注意する．右辺の $u_n, u_0$に―をつけたのは，$L^2(\Omega)$ の内積の右側の関数は複素共役にしてから掛け算し，積分するからである．よって，(ほとんどすべての) $x \in \Omega$に対して $(Au_n - Au_0)(x) \to 0$ となる．これは $|(Au_n - Au_0)(x)|^2$ についても同様である．

さて，弱収束する $u_n$の $L^2$ノルムは有界であるから

$$\|u_n\| \leqq M \qquad (n = 0, 1, 2, \cdots)$$

であるような正数 $M$が存在する．これを用いて評価すると

$$\begin{aligned} f_n(x) \equiv |(Au_n - Au_0)(x)|^2 &\leqq \int_{\Omega} |K(x,y)|^2 \mathrm{d}y \cdot \|u_n - u_0\|^2 \\ &\leqq 4M^2 \int_{\Omega} |K(x,y)|^2 \mathrm{d}y \equiv \mu(x) \end{aligned}$$

が得られるが，$K \in L^2(\Omega \times \Omega)$ により，$\int_{\Omega} \mu(x)\mathrm{d}x < +\infty$ である．こうして，**ルベーグの優関数をもつ項別積分定理**(dominated convergence theorem, **抑制収束の定理**)が使えて，$\int_{\Omega} f_n \mathrm{d}x \to 0 \, (n \to \infty)$ であること，すなわち，$\|Au_n - Au_0\|^2 \to 0$ が得られる．こうして，次の定理が得られた．

**定理 7.10** $L^2(\Omega)$ において，Hilbert–Schmidt 型の積分作用素は完全連続である． □

完全連続作用素のことを**コンパクト作用素**(compact operator)とよぶことが

ある．ヒルベルト空間の線形作用素については，この両概念は一致するが，後者は一般のバナッハ空間(ノルム空間さらに距離空間でもよい)に通用する概念である．その定義だけをここに掲げることにしよう．

**定義 7.5** $X, Y$をバナッハ空間とするとき，写像$A : X \to Y$がコンパクト作用素であるとは，$X$の任意の有界集合$S$の像$AS$が$Y$において全有界なことである．ただし，距離空間の集合$T$が全有界であるとは，正数$\varepsilon$を任意に指定したとき，半径が$\varepsilon$の開球の有限個で$T$を覆うことが可能なことである．なお，このとき，全有界な集合$T$の閉包$\overline{T}$はコンパクト集合である．　□

## §7.3　完全連続作用素に関する基本事項

$A \in \mathcal{L}_C$, $B \in \mathcal{L}_C$ならば$A + B \in \mathcal{L}_C$であること，さらに$\alpha \in \mathbf{K}$ならば$\alpha A \in \mathcal{L}_C$であることは容易に確かめられる．注目するべきは，次の“積”に関する定理である．

**定理 7.11** $A \in \mathcal{L}_C(X)$, $B \in \mathcal{L}(X)$ ならば，$AB \in \mathcal{L}_C(X)$, $BA \in \mathcal{L}_C(X)$. すなわち，完全連続作用素と有界作用素の積は完全連続作用素である．

[証明] $u_n \to u_0$ (弱)とする．このとき$Bu_n$は$Bu_0$に弱収束する(補題 7.1)．よって，$A(Bu_n)$ は $A(Bu_0)$ に強収束する．すなわち，$AB \in \mathcal{L}_C(X)$ である．

次に，$u_n \to u_0$ (弱)より $Au_n \to Au_0$ (強)である．したがって，$B(Au_n) \to B(Au_0)$ (強)となる．すなわち，$BA \in \mathcal{L}_C(X)$ である．　∎

**系 7.1** $\dim X = \infty$ ならば，任意の $A \in \mathcal{L}_C(X)$ について $0 \in \sigma(A)$ である．すなわち，$A \in \mathcal{L}_C(X)$ は有界な逆を持たない．

[証明] $A \in \mathcal{L}_C(X)$, $A^{-1} \in \mathcal{L}(X)$ とすれば，上の定理により $I = A \cdot A^{-1} \in \mathcal{L}_C(X)$ となり矛盾する．　∎

次に，完全連続性が共役作用素に遺伝することをみよう．

**定理 7.12** $A \in \mathcal{L}_C(X)$ ならば，$A^* \in \mathcal{L}_C(X)$ である．

[証明] $u_n \in X$ $(n = 1, 2, \cdots)$ が $u_0 \in X$に弱収束しているとする．このとき

$$\begin{aligned} \|A^* u_n - A^* u_0\|^2 &= (A^*(u_n - u_0), A^*(u_n - u_0)) \\ &= (u_n - u_0, AA^*(u_n - u_0)) \qquad (7.26) \end{aligned}$$

となるが，前定理により $AA^* \in \mathcal{L}_C(X)$．したがって，$AA^*u_n$は$AA^*u_0$に強収束，すなわち，$AA^*(u_n - u_0)$ は 0 に強収束する．一方，$u_n - u_0$は 0 に弱収束である．よって，定理 7.5 により (7.26) の最後の内積が 0 に収束する． ∎

完全連続な作用素の列の極限に関して次の定理が成り立つ．

**定理 7.13** $A_n \in \mathcal{L}_C(X)\,(n = 1, 2, \cdots)$ が作用素ノルムに関して $A_0 \in \mathcal{L}(X)$ に収束すれば，$A_0 \in \mathcal{L}_C(X)$ である．すなわち，有界作用素のつくるバナッハ空間 $\mathcal{L}(X)$ において $\mathcal{L}_C(X)$ は閉じている．

［証明］ $u_k \to u_0$ (弱) とする．$A_0u_k \to A_0u_0$ (強) を示すのが目標である．$\|u_k\| \leqq M\,(n = 0, 1, \cdots)$ が満たされるように正数$M$をとっておく．

さて，$\varepsilon$を任意に与えられた正数として，

$$\|A_N - A_0\| < \frac{\varepsilon}{4M} \tag{7.27}$$

が成り立つような自然数$N$をえらんで固定する．これは $\|A_n - A_0\| \to 0$ により可能である．そうすると

$$\begin{aligned}\|A_0u_k - A_0u_0\| &= \|A_0(u_k - u_0)\| = \|(A_0 - A_N)(u_k - u_0) + A_N(u_k - u_0)\| \\ &\leqq \|A_0 - A_N\| \cdot \|u_k - u_0\| + \|A_Nu_k - A_Nu_0\| \\ &< \frac{\varepsilon}{4M} \cdot 2M + \|A_Nu_k - A_Nu_0\| \\ &= \frac{\varepsilon}{2} + \|A_Nu_k - A_Nu_0\|\end{aligned}$$

と評価できる．ここで，自然数$k_0$を十分大きくとり

$$k > k_0 \quad \Longrightarrow \quad \|A_Nu_k - A_Nu_0\| < \frac{\varepsilon}{2}$$

が成り立つようにする．これは $A_Nu_k \to A_Nu_0\,(k \to \infty)$ (強) により可能である．結局，

$$\|A_0u_k - A_0u_0\| < \varepsilon \qquad (k > k_0)$$

が得られ，$A_0u_k \to A_0u_k$ (強) が示された． ∎

## §7.4　$(z-A)u=f$ の交代定理

無限次元における線形方程式

$$zu - Au = f \tag{7.28}$$

の可解性に関しては，$z$が$\rho(A), \sigma_P(A), \sigma_C(A), \sigma_R(A)$ のどれに属するかに応じてさまざまな場合が起こり得る．ところが，$A \in \mathcal{L}_C(A)$, $z \neq 0$ のときには状況は線形代数のときと同じで，

$$z \in \rho(A) \quad \text{または} \quad z \in \sigma_P(A) \tag{7.29}$$

のどちらか一方だけが起こるのである．この**二者択一性**(alternative)**の定理**は最初に Fredholm 型の積分方程式

$$u(x) - \lambda \int_\Omega K(x,y)u(y) = f(y) \qquad (x \in \Omega) \tag{7.30}$$

について示された(**Fredholm の交代定理**)．それを抽象化したものは **Riesz–Schauder の定理**とよばれる．なお，$z \to 1/\lambda$, $f \to (1/\lambda)f$のおきかえで(7.28)が(7.30)の形をとることは明らかであろう．

Riesz–Schauder の定理は，一般のバナッハ空間のコンパクト作用素について成り立つが，ここでは，ヒルベルト空間 $X$においてその眼目を紹介する．

**定理 7.14**　ヒルベルト空間 $X$における $A \in \mathcal{L}_C(X)$ と複素数 $z \neq 0$ に対して，$u$ を未知要素とする方程式(7.28)

$$zu - Au = f$$

を考える．このとき，次の(i)，(ii)のどちらかが起こる．

(i)　$z \in \sigma_P(A)$，このとき(7.28)は一意可解でない．

(ii)　$z \in \rho(A)$，すなわち，(7.28)は任意の $f \in X$に対して一意の解を持ち，対応 $f \to u = (z-A)^{-1}f$は連続である．

[証明]　$z \neq 0$，かつ，$z \notin \sigma_P(A)$ であるとして，(ii)が成り立つことを示す．このとき，$z-A$ は $X$から $\mathcal{R}_1 =$ “$z-A$ の値域” $= (z-A)X$への1対1の写像である．しばらく，

$$T = z - A, \qquad T^{-1} = (z-A)^{-1} \tag{7.31}$$

と書く．

**第 I 段**　最初に，$\mathcal{R}_1 = X$ ならば $T^{-1}$ が有界であること，すなわち，$z \in \rho(A)$ であることを示そう．もし，そうでないとすれば，$\|f_n\| = 1$ で $\|T^{-1}f_n\| \to +\infty$ となるような点列 $f_n \in X\,(n = 1, 2, \cdots)$ が存在する．このとき，$u_n = T^{-1}f_n, v_n = u_n/\|u_n\|$ とおけば，$zu_n - Au_n = f_n$ の両辺を $\|u_n\|$ で割り算して

$$zv_n - Av_n = \frac{f_n}{\|u_n\|} \tag{7.32}$$

が得られる．この右辺で $f_n/\|u_n\| \to 0$ は明らかである．

一方，$\|v_n\| = 1$ であるから，$\{v_n\}$ は弱収束する部分列 $\{v_{n'}\}$ を含む．その部分列にそって(7.32)の左辺の極限を考えれば，$Av_{n'}$ が強収束するので，(7.32)によって，$zv_{n'}$ が強収束する．結局，$v_{n'}$ がある要素 $\varphi_0 \in X$ に強収束する．強収束であるので，$\|v_{n'}\| = 1$ から $\|\varphi_0\| = 1$ が従う．そこで，部分列にそって(7.32)の極限をとると

$$z\varphi_0 - A\varphi_0 = 0, \qquad \|\varphi_0\| = 1 \tag{7.33}$$

に到達する．これは $z \notin \sigma_P(A)$ と矛盾する．すなわち $(z-A)^{-1}$ の有界性が示された．

**第 II 段**　そこで，残る課題は $\mathcal{R}_1 = X$ の証明であるが，それは次の 2 段階 $\mathrm{II_a}$，$\mathrm{II_b}$ に分けて行なわれる．

**IIa**　$\mathcal{R}_1$ が閉じていることを示したい．それには，$f_n \in \mathcal{R}_1\,(n = 1, 2, \cdots)$ が $X$ において $f_0$ に収束しているとし，$f_0 \in \mathcal{R}_1$ をいえばよい．$(z-A)u_n = f_n$ を満たす列 $u_n\,(n = 1, 2, \cdots)$ をとろう．$\|f_n\|$ は収束列のノルムであるから有界である．一方，もし $\|u_n\|$ が有界でないとすれば，ある部分列 $\{u_{n'}\}$ にそって $\|u_{n'}\| \to \infty$ となる．その部分列について，$v_{n'} = u_{n'}/\|u_{n'}\|$ とおけば，$\|v_{n'}\| = 1$ であるから，さらに適当な部分列 $\{v_{n''}\}$ をえらび，$v_{n''}$ がある $\varphi_0 \in X$ に弱収束するようにできる．そうすると

$$zv_{n''} - Av_{n''} = \frac{f_{n''}}{\|u_{n''}\|} \tag{7.34}$$

に対して，第 I 段での論法を適用して，再び

$$z\varphi_0 - A\varphi_0 = 0, \qquad \|\varphi_0\| = 1$$

が得られて矛盾する．よって，$\|u_n\|$ は有界である．

$\|u_n\|$ が有界ならば，$\{u_n\}$ のある部分列 $\{u_{n'}\}$(もちろん，前の部分列とは異

なる)を選び，$u_{n'}$が$u_0 \in X$に弱収束するようにできる．その部分列にそって，$zu_n - Au_n = f_n$の弱極限(実は強極限になるのだが)をとれば$zu_0 - Au_0 = f_0$が得られ，$f_0 \in \mathcal{R}_1$が示される．

**IIb** 背理法で$\mathcal{R}_1 = X$を示す．$\mathcal{R}_1 \subsetneqq X$と仮定してみよう．そうして

$$\mathcal{R}_2 = T\mathcal{R}_1 = (z-A)^2 X, \ \mathcal{R}_3 = T\mathcal{R}_2 = (z-A)^3 X, \ \cdots$$

とおく．これらが線形部分空間であり，$\mathcal{R}_1 \supseteq \mathcal{R}_2 \supseteq \mathcal{R}_3 \supseteq \cdots$は明らかである．$\mathcal{R}_1 \subsetneqq X$の仮定のもとでは，$\mathcal{R}_2 \subsetneqq \mathcal{R}_1$であることを見よう．もし，$\mathcal{R}_2 = \mathcal{R}_1$ならば任意の$f \in X$に対して，$T^2 v = Tf$が成り立つような$v \in X$が存在する．$T^{-1}$をこの両辺にほどこすと(それが可能なのは両辺が$T$の値域に属しているからである)，$Tv = f$が得られる．$f$の任意性から，これは$\mathcal{R}_1 = X$を意味し矛盾である．よって，$\mathcal{R}_1 \subsetneqq X \Rightarrow \mathcal{R}_2 \subsetneqq \mathcal{R}_1$が示された．同様にして$\mathcal{R}_3 \subsetneqq \mathcal{R}_2, \mathcal{R}_4 \subsetneqq \mathcal{R}_3, \cdots$が得られる．

次に，$\mathcal{R}_2 = T^2 X$が閉じていることを示す．いま，

$$T^2 = (z-A)^2 = z^2 - \left\{2zA - A^2\right\} \equiv z^2 I - A_2$$

と書けば，$z^2 \neq 0, \ A_2 \in \mathcal{L}_C(X)$であることに注意しよう．そうして，$T^2$は逆$T^{-2} : \mathcal{R}_2 \to X$を持っている．このことを確認して，$\mathrm{II}_\mathrm{a}$の論法をたどると$\mathcal{R}_2 = T^2 X$が閉じていることが示される．同様にして，$\mathcal{R}_3, \mathcal{R}_4, \cdots$も閉部分空間である．

結局，$\mathcal{R}_1 \neq X$の仮定のもとに，$\mathcal{R}_n = T^n X \ (n = 1, 2, \cdots)$は

$$X \supsetneqq \mathcal{R}_1 \supsetneqq \mathcal{R}_2 \supsetneqq \mathcal{R}_3 \supsetneqq \cdots \tag{7.35}$$

を満たす閉部分空間の列を作っている．$X = \mathcal{R}_0$と書くことにしよう．そうすると，射影定理により

$$e_n \in \mathcal{R}_n, \quad \|e_n\| = 1, \quad e_n \perp \mathcal{R}_{n+1} \qquad (n = 0, 1, 2, \cdots) \tag{7.36}$$

を満たす列$\{e_n\}$が存在する．この有界点列$\{e_n\}$から弱収束する部分列(実は正規直交系になるので0に弱収束する)$\{e_{n'}\}$を選ぶことができる．そうすると$Ae_{n'}$は強収束である．ところが$A = z - T$であるので，$m' > n'$のとき

$$\begin{aligned} Ae_{n'} - Ae_{m'} &= ze_{n'} - Te_{n'} - ze_{m'} + Te_{m'} \\ &= ze_{n'} + \{-Te_{n'} - ze_{m'} + Te_{m'}\} \end{aligned}$$

において，{ }の要素は$\mathcal{R}_{n'+1}$に属している．すなわち，それは$e_{n'}$と直交し

ている．よって

$$\|Ae_{n'} - Ae_{m'}\| \geqq \|ze_{n'}\| = |z| \tag{7.37}$$

に到達する．これは $\{Ae_{n'}\}$ が強収束することと矛盾する．こうして，背理法により $\mathcal{R}_1 = X$ が示され，定理の証明が完了した． ∎

応用を急ぐ立場からはいささか長すぎる証明をあえて記したのは，完全連続作用素の理論的扱いの主な論法に一度は触れてほしかったからである．上の定理を深化した **Riesz–Schauder の定理**は結果だけを掲げることにしよう．

**定理 7.15** (Riesz–Schauder の定理) $A \in \mathcal{L}_C(X)$, $z \in \mathbf{C}$, $z \neq 0$ のとき，次の(i)，(ii)のどちらかが起こる．

(i) $z \in \sigma_P(A)$．このとき，$m = \dim E(z; A)$, $m^* = \dim E(\bar{z}; A^*)$ とおけば，

$$1 \leqq m = m^* < +\infty \tag{7.38}$$

であり，

$$\mathcal{R}(z - A) = E(\bar{z}; A^*)^{\perp}, \qquad \mathcal{R}(\bar{z} - A^*) = E(z; A)^{\perp}. \tag{7.39}$$

(ii) $z \in \rho(A)$，すなわち，方程式 $zu - Au = f$ は任意の $f \in X$ に対して一意可解，かつ，安定である．(いいかえれば適正(well-posed)である．) □

念のために注意すれば，(7.39)の $\mathcal{R}(z-A) = E(\bar{z}; A^*)^{\perp}$ は，($z$が $A$ の固有値であるとき)，方程式 $zu - Au = f$ が解を持つためには，「$f$は $A^*$の固有値 $\bar{z}$ に属する任意の固有ベクトルと直交する.」が条件であることを意味している．この条件のもとでの解 $u$ は $E(z; A)$ だけの不定さをもっている．

## §7.5 第7章への補足

### (a) 一様有界性の定理

弱収束列は有界であると主張する定理 7.4 は，次の**一様有界性** (uniform boundedness) **の定理**あるいは **Banach–Steinhaus の定理**とよばれる(専門的な関数解析での)基本定理の系とみなされる．

**定理 7.16** (一様有界性の定理) $X, Y$をバナッハ空間とし(実は$Y$はノルム空間でもよい)とし，$A_\lambda$ $(\lambda \in \Lambda)$ を次の性質をもつ $A_\lambda \in \mathcal{L}(X, Y)$ の族とする．

$$\sup_{\lambda \in \Lambda} \|A_\lambda u\| < +\infty \qquad (\text{各 } u \in X \text{ において}). \tag{7.40}$$

このとき，ある正数 $M$ が存在して

$$\|A_\lambda\| \leqq M \qquad (\forall\lambda \in \Lambda) \tag{7.41}$$

が成り立つ． □

定理の証明には，$X$ の完備性が本質的に用いられる．興味のある読者は成書により学習してほしい．ここでは，定理の趣旨とそれからの定理 7.4 の導出についてだけ述べよう．

定理の条件(7.40)は，$X$ の各 $u$ において，$\|A_\lambda u\|$ が $\lambda$ の関数として有界であることを意味している．一方，結論(7.41)は

$$\sup_{\lambda\in\Lambda} \sup_{\|u\|=1} \|A_\lambda u\| \leqq M \tag{7.42}$$

を主張している．これは $\|A_\lambda u\|$ が $\lambda$ についてのみならず，$u$ に関しても $X$ の単位球面 $\|u\| = 1$ において一様に有界であることを意味している．このために"一様有界性"の定理という名がつけられているのである．

さて，一様有界性の定理を用いて定理 7.4 を導こう．$X$ をヒルベルト空間，$u_n \in X$ $(n = 1, 2, \cdots)$ を弱収束する点列とする．そうして，汎関数 $f_n$ を

$$f_n(\varphi) = (\varphi, u_n) \quad (\forall\varphi \in X) \qquad (n = 1, 2, \cdots) \tag{7.43}$$

により定義する．$n$ を固定すれば，$f_n \in X' = \mathcal{L}(X, \mathbf{K})$ である．そうして，$\varphi$ を固定すれば，$(\varphi, u_n)$ が収束数列であるから，$|(\varphi, u_n)|$ は有界である．よって，定理 7.16 を $X = X$, $Y = \mathbf{K}$, $\Lambda = \mathbf{N}$, $A_\lambda = f_n$ に対して適用することができる．その結果 $\|f_n\| \leqq M$ $(\forall n)$ が成り立つような定数 $M$ が存在することになるが，(7.43)の $f_n$ の定義から $\|f_n\| = \|u_n\|$ である．よって $\|u_n\| \leqq M$ $(n = 1, 2, \cdots)$ が得られ，$\{u_n\}$ の有界性が示された．

### (b)　定理 7.7 の証明

$\{u_n\}_{n=1}^{\infty}$ の張る閉凸集合を $\tilde{T}$ とする．もちろん，$\tilde{T}$ は $\{u_n\}_{n=1}^{\infty}$ の張る凸集合 $T$ の閉包である(§2.2, §2.4)．$u_0 \in \tilde{T}$ を示せばよい．

$u_0$ の閉凸集合 $\tilde{T}$ への射影を $a$ とする(定義 5.2)．そうすると，$a \in \tilde{T}$ であり，任意の $h \in \tilde{T}$ に対して

$$\mathrm{Re}\,(u_0 - a, h - a) \leqq 0 \tag{7.44}$$

が成り立つ．とくに，$u_n \in T \subseteq \tilde{T}$ を $h$ に代入すれば

$$\mathrm{Re}\,(u_0-a, u_n-a) \leqq 0 \qquad (n=1,2,\cdots). \tag{7.45}$$

ここで，$n\to\infty$にすると，$u_n\to u_0$(弱)により左辺は，$\mathrm{Re}\,(u_0-a,u_0-a)=\mathrm{Re}\,\|u_0-a\|^2=\|u_0-a\|^2$に収束する．よって，(7.45)から$\|u_0-a\|^2\leqq 0$，すなわち$u_0=a$が導かれ，結局，$u_0\in\widetilde{T}$が示された．

### (c) 一般のバナッハ空間における弱収束

一般のバナッハ空間$X$における点列$u_n$ $(n=1,2,\cdots)$の点$u_0$への弱収束は，任意の$f\in X'=\mathcal{L}(X,\mathbf{K})$対し

$$\langle f,u_n\rangle \longrightarrow \langle f,u_0\rangle \qquad (n\to\infty)$$

が成り立つことと定義される．

この場合にも，弱収束する点列は有界であるといった定理は成り立つ．しかし，有界な点列は弱収束する部分列を含むという定理の成立には$X$の反射性が必要である．専門的に理解したい読者には成書により学習してほしい．

## 演習問題

**7.1** $X=L^2(0,1)$において，関数列$u_n=\cos^2 nx$ $(n=1,2,\cdots)$を考える．$u_n$の弱収束極限$u_0$を求めよ．また，関数列$w_n(n=1,2,\cdots)$を$w_n(x)=\displaystyle\int_0^x u_n(t)\mathrm{d}t$によって定義するとき，$w_n$の弱収束極限$w_0$を求めよ．また，$\{u_n\},\{w_n\}$は強収束するかどうかを言え．

**7.2** $X=H^1(0,\infty)$において，関数列$u_n=\mathrm{e}^{-nx}, v_n=\dfrac{1}{\sqrt{n}}\mathrm{e}^{-nx}$ $(n=1,2,\cdots)$を考える．$\{u_n\},\{v_n\}$が強収束するかどうか，また，弱収束するかどうかを調べよ．

**7.3** ヒルベルト空間$X$が有限次元ならば，$X$における強収束と弱収束の概念は一致することを示せ．(ヒント：$\dim X=N<+\infty$として，弱収束⇒強収束を示せばよい．$X$の基底を$e_1,e_2,\cdots,e_N$とすれば，任意の$u$は$u=\sum\limits_{k=1}^{N}(u,e_k)e_k$と表わされる．いま$u_n\to u_0$(弱)とすれば，$(u_n-u_0,\ e_k)\to 0$ $(k=1,2,\cdots,N)$．これより$\|u_n-u_0\|\to 0$を導け．)

**7.4** $\Phi=\{e_k\}_{k=1}^{\infty}$をヒルベルト空間$X$における完全正規直交系とする．また，数列$\{\lambda_k\}$は$\lambda_k\to 0$ $(k\to 0)$を満たすとする．このとき，任意の$u=\sum\limits_{k=1}^{\infty}\alpha_k e_k$に

$Au = \sum_{k=1}^{\infty} \alpha_k \lambda_k e_k$を対応させる作用素 $A$ は完全連続であることを示せ．(ヒント：$N$を任意の自然数として，$A_N$を $A_N u = \sum_{k=1}^{N} \alpha_k \lambda_k e_k$により定義すれば，退化作用素 $A_N$は完全連続である．一方，$\|A - A_N\| \leqq \sup_{k \geqq N+1} |\lambda_k|$ である．)

**7.5** $X = L^2(-\infty, \infty)$ において次の作用素 $A, B$を考える．ただし，$\rho$は $C_0(\mathbf{R}^1)$ の関数であり，$\rho(x) \geqq 0$ かつ$\rho(x) \not\equiv 0$ とする．

$$(Au)(x) = \int_{-\infty}^{\infty} \rho(x-y)u(y)\mathrm{d}y, \qquad (Bu)(x) = \mathrm{e}^{-|x|}(Au)(x)\,.$$

このとき，$A, B$が完全連続であるかどうかをそれぞれ述べよ．(ヒント：$C_0(\mathbf{R}^1)$ に属する非負の$\eta \not\equiv 0$ を固定し，関数列 $u_n$を $u_n(x) = \eta(x-n)$ $(n = 1, 2, \cdots)$ により定義する．ただし，$A\eta \not\equiv 0$ となるように$\eta$を選んでおく．このとき，$u_n \to 0$ (弱) であるが，$Au_n$は強収束しない．$B$については Hilbert–Schmidt 型であるかどうかを調べよ．)

**7.6** $\Omega$を $R^m$の任意の領域とする．$X = H^1(\Omega)$ に属する関数列 $\{u_n\}$ が弱収束列ならば，$\{u_n\}$ は $Y = L^2(\Omega)$ においても弱収束列であることを示せ．(注：$\Omega$が有界ならば，$Y$における収束は強収束である (Rellich の定理) が，$\Omega$が有界でないときには，せいぜい上の問題の結論が成り立つのである．) (ヒント：$f$を $Y$の固定した要素とするとき，$F(u) = (u, f)_{L^2}$ $(u \in X)$ は Riesz の定理により $F(u) = (u, f^*)_{H^1}$ と $f^* \in X$を用いて表現できる．)

# 第8章

# 古典的な固有値問題の関数解析

この章の主な目的は，完全連続で自己共役な作用素の固有値問題の理論的解決が変分法的な方法により可能であることを示し，かつ，その結果を有界領域におけるラプラシアンの古典的(で代表的)な固有値問題に応用することである．

## §8.1　完全連続な作用素の固有値問題

### (a)　固有値の離散性

この章でも $X$ は $\dim X = \infty$ であるヒルベルト空間とする．一般の $A \in \mathcal{L}_C(X)$ に関して成り立つ定理を掲げよう．ただし，証明は，$A$ が自己共役の場合について記すことにする．

**定理 8.1**　$A \in \mathcal{L}_C(X)$ とする．このとき，$A$ の固有値について，次の(i)，(ii)が成り立つ．

(i)　$\lambda \neq 0, \lambda \in \sigma_P(A)$ ならば

$$1 \leqq \dim E(\lambda; A) < +\infty . \tag{8.1}$$

(ii)　$\sigma_P(A)$ の点は，0 以外の点に集積することはない(固有値分布の離散性)．

すなわち，$A$ の異なる固有値の無限列 $\{\lambda_n\}$ があれば

$$|\lambda_n| \longrightarrow 0 \qquad (n \to \infty).$$

**注意 8.1**　(i)については $A = A^*$ の場合も一般の場合も証明は同じ．(ii)の一般の場合の証明は，たとえば，加藤[20]，藤田他[4]を見よ．

［証明］ (i)　背理法による．$\dim E(\lambda; A) = \infty$ と仮定してみる．すると，固有値$\lambda$に属する固有ベクトルの正規直交系に $\{\varphi_n\}_{n=1}$をとることができる．

$$A\varphi_n = \lambda\varphi_n \qquad (n = 1, 2, \cdots). \tag{8.2}$$

$\|\varphi_n\| = 1$ であるから，$\{\varphi_n\}$ は弱収束する部分列 $\{\varphi_{n'}\}$ を含む．そうすると $A\varphi_{n'}$は強収束する．(8.2)によれば，このとき$\lambda\varphi_{n'}$が，したがって($\lambda \neq 0$ により)，$\varphi_{n'}$が強収束する．ところが，$\{\varphi_n\}$ は正規直交系であるから，これは不可能である．よって，(i)が成り立つ．

(ii)　$A = A^*$の場合について記す．背理法による．いま，$\{\lambda_n\}$ が $A$ の異なる固有値の列であり，0 でない定数$\gamma$に収束していると仮定してみよう．各 $n$ に対して正規化された固有ベクトル$\varphi_n$をとる．

$$A\varphi_n = \lambda_n\varphi_n, \quad \|\varphi_n\| = 1 \qquad (n = 1, 2, \cdots). \tag{8.3}$$

自己共役作用素の異なる固有値に属する固有ベクトルであるので，$\{\varphi_n\}_{n=1}^{\infty}$は正規直交系になっている．さて，$\|\varphi_n\| = 1$ であるので，$\{\varphi_n\}$ は収束する部分列 $\{\varphi_{n'}\}$ を含む．この部分列にそって，$A\varphi_{n'}$は強収束である．そうすると，(8.3)から，$\varphi_{n'} = (1/\lambda_{n'})A\varphi_{n'}$は強収束することになる．しかし，これは $\{\varphi_{n'}\}$ が正規直交系であるので不可能である．よって，矛盾．すなわち，(ii) が示された．　■

### (b)　自己共役な完全連続作用素の固有値問題

この節の主目標の一つである標記の問題の解析に入ろう．すなわち

$$A = A^*, \qquad A \in \mathcal{L}_C(X) \tag{8.4}$$

を満たす $A$ の固有値の存在，固有ベクトルの完全性を検討したい．

さしあたり，$A$ は正値であるとも仮定しよう．すなわち，

$$(Au, u) \geqq 0 \qquad (\forall u \in X) \tag{8.5}$$

$A = A^*$であるから，$A$ の固有値は実数であり，異なる固有値に属する固有ベクトルは直交している．また，定理 5.16 によれば，

$$\sup_{\|u\|=1} (Au, u) = \sup_{u \neq 0} \frac{(Av, v)}{\|v\|^2} = \|A\| \tag{8.6}$$

が成り立つ．最初に目標とする定理は次のものである．

**定理 8.2**　(8.4) および (8.5) の仮定のもとに $A$ の正の固有値の列

$$\lambda_0 \geqq \lambda_1 \geqq \lambda_2 \geqq \cdots \longrightarrow 0 \tag{8.7}$$

が存在し，それぞれに属する正規化された固有ベクトルの列$\{\varphi_n\}_{n=0}^{\infty}$は$\overline{\mathcal{R}(A)}=\overline{AX}$を張る正規直交系である．そうして，任意の$u\in X$に対して

$$Au = \sum_{n=0}^{\infty}(u,\varphi_n)\lambda_n\varphi_n \tag{8.8}$$

が成り立つ．　□

証明はいくつかの補題を通じて行われる．

**補題 8.1**　(8.4)，(8.5)の仮定のもとに，$\|\varphi_0\|=1$であり，かつ，

$$(A\varphi_0,\varphi_0) = \max_{\|u\|=1}(Au,u) = \max_{v\neq 0}\frac{(Av,v)}{\|v\|^2} \tag{8.9}$$

を満たす$\varphi_0$が存在する．そうして，この$\varphi_0$は固有値$\lambda_0=\|A\|$に属する$A$の固有ベクトルである．

[証明]　$A=0$ならば結果は明らか．そこで$A\neq 0$と仮定する．(8.6)によれば，

$$\|u_n\|=1,\quad (Au_n,u_n)\to\|A\|\qquad (n=1,2,\cdots) \tag{8.10}$$

を満たす点列$\{u_n\}$が存在する．$\|u_n\|=1$であるから，$\{u_n\}$は弱収束する部分列$\{u_{n'}\}$を含む．そこで

$$u_{n'}\longrightarrow\varphi_0\quad(\text{弱}) \tag{8.11}$$

とおこう．このとき，$Au_{n'}\to A\varphi_0$ (強)である．したがって定理 7.5 により，$(Au_{n'},u_{n'})\to(A\varphi_0,\varphi_0)$が成り立つ．このとき，(8.10)により$(A\varphi_0,\varphi_0)=\|A\|$である．

さて，$\|u_{n'}\|=1$と(8.11)から(定理 7.2 により)，$\|\varphi_0\|\leqq 1$である．一方，$(A\varphi_0,\varphi_0)=\|A\|$により

$$\|A\|\leqq\|A\varphi_0\|\cdot\|\varphi_0\|\leqq\|A\|\cdot\|\varphi_0\|^2$$

であるから，$1\leqq\|\varphi_0\|$が得られる．よって，$\|\varphi_0\|=1$である．

$(A\varphi_0,\varphi_0)=\|A\|$を$\lambda_0$とおく．$\varphi_0$が$\lambda_0$を固有値とする固有ベクトルであることを示そう．$t$を実数，$h$を$X$の任意の要素として$v_t=\varphi_0+th$とおき，しばらく$h$を固定して

$$\eta(t)=\frac{(Av_t,v_t)}{\|v_t\|^2} \tag{8.12}$$

を考えれば，$\eta$ は $t=0$ で最大値 $\lambda_0$ をとる．よって，$\eta'(0)=0$ が満たされるはずである．ところが，

$$\begin{aligned}(Av_t, v_t) &= (A\varphi_0 + tAh, \varphi_0 + th)\\ &= (A\varphi_0, \varphi_0) + t(Ah, \varphi_0) + t(A\varphi_0, h) + t^2(Ah, h)\\ &= (A\varphi_0, \varphi_0) + t(h, A\varphi_0) + t(A\varphi_0, h) + t^2(Ah, h)\\ &= (A\varphi_0, \varphi_0) + 2t\mathrm{Re}(A\varphi_0, h) + t^2(Ah, h),\end{aligned}$$

$$\|v_t\|^2 = \|\varphi_0 + th\|^2 = \|\varphi_0\|^2 + 2t\mathrm{Re}(\varphi_0, h) + t^2\|h\|^2.$$

これらを用いて，$\eta'(0)=0$ となるための条件を求めると

$$2\mathrm{Re}(A\varphi_0, h)\cdot\|\varphi_0\|^2 - (A\varphi_0, \varphi_0)\cdot 2\mathrm{Re}(\varphi_0, h) = 0$$

が得られる．これより

$$\mathrm{Re}\{(A\varphi_0, h) - \lambda_0(\varphi_0, h)\} = 0 \qquad (\forall h \in X). \tag{8.13}$$

ここで，$h$ の代わりに $\mathrm{i}h$ を用いると

$$\mathrm{Im}\{(A\varphi_0, h) - \lambda_0(\varphi_0, h)\} = 0 \qquad (\forall h \in X). \tag{8.14}$$

(8.13), (8.14) から

$$(A\varphi_0 - \lambda_0\varphi_0, h) = 0 \qquad (\forall h \in X)$$

が得られるが，これは $A\varphi_0 - \lambda_0\varphi_0 = 0$，すなわち，$A\varphi_0 = \lambda_0\varphi_0$ を意味する．$\lambda_0 = \|A\|$ であるから，$\lambda_0$ は $A$ の固有値の最大のものである．∎

**補題 8.2**　$A$ が (8.4), (8.5) を満たすとき，$A$ の任意の固有値を $\widetilde{\lambda}$，それに属する正規化された固有ベクトルを $\widetilde{\varphi}$ とおく；$A\widetilde{\varphi} = \widetilde{\lambda}\widetilde{\varphi}$．$\|\widetilde{\varphi}\| = 1$．

このとき，作用素 $\widetilde{A}$ を

$$\widetilde{A}u = Au - \widetilde{\lambda}(u, \widetilde{\varphi})\widetilde{\varphi} \tag{8.15}$$

により定義すれば，$\widetilde{A}$ は，(8.4)，(8.5) の $A$ を $\widetilde{A}$ でおきかえた条件を満たす．

[証明]　$\widetilde{A}$ の定義式 (8.15) の後半部分に着目して

$$\widetilde{P}u = (u, \widetilde{\varphi})\widetilde{\varphi} \qquad (u \in X)$$

で定められる作用素 $\widetilde{P}$ を考えると，これは $\widetilde{\varphi}$ の張る1次元空間への射影である．したがって，$\widetilde{P}^* = \widetilde{P}$ であり，また，完全連続である．よって，補題を証明するには，$\widetilde{A}$ の正値性だけを示せばよい．これは，任意の $u$ に対して，$v = u - (u, \widetilde{\varphi})\widetilde{\varphi} = u - \widetilde{P}u$ とおき，

$$(\widetilde{A}u, u) = (Au - \widetilde{\lambda}\widetilde{P}u, u) = (A(u - \widetilde{P}u), u)$$
$$= (Av, v) + (Av, \widetilde{P}u) = (Av, v) + (v, A\widetilde{P}u)$$
$$= (Av, v) + (v, \widetilde{\lambda}\widetilde{P}u) = (Av, v) \geqq 0$$

と計算して確かめられる．ただし，$A\widetilde{P}u = \widetilde{\lambda}\widetilde{P}u$，$v \perp \widetilde{P}u$ を用いた．■

**系 8.1**　$A$ が (8.4), (8.5) を満たすとき，$A$ の固有値 $\lambda_0, \lambda_1, \cdots, \lambda_N$ およびそれぞれに属し正規直交している $A$ の固有ベクトル $\varphi_0, \varphi_1, \cdots, \varphi_N$ を用いて，

$$A_N u = Au - \lambda_0(u, \varphi_0)\varphi_0 - \lambda_1(u, \varphi_1)\varphi_1$$
$$- \cdots - \lambda_N(u, \varphi_N)\varphi_N \qquad (\forall u \in X) \qquad (8.16)$$

により $A_N$ を定義すれば，$A_N$ は (8.4), (8.5) の $A$ を $A_N$ でおきかえた条件を満たす．

［証明］　補題 8.2 をくり返し用いればよい．■

［定理 8.2 の証明］　補題 8.1 によれば，最大の固有値 $\lambda_0 = \|A\|$ とそれに属する正規化された固有ベクトル $\varphi_0$ が存在する．そこで

$$A_1 u = Au - \lambda_0(u, \varphi_0)\varphi_0 \qquad (8.17)$$

により $A_1$ を定義すれば，補題 8.2 により，$A_1$ は (8.4), (8.5) の $A$ と同じ条件を満たす．もし，$\|A_1\| = 0$ ならば，

$$Au = \lambda_0(u, \varphi_0)\varphi_0$$

となり，$A$ は 1 次元作用素である．$\|A_1\| \neq 0$ ならば，$A_1$ に対して補題 8.1 を適用することにより，$A_1$ の最大の固有値 $\lambda_1 = \|A_1\|$ と，それに属する正規化された固有関数 $\varphi_1$ が存在する．すなわち，$\|\varphi_1\| = 1$，かつ

$$A_1\varphi_1 \equiv A\varphi_1 - \lambda_0(\varphi_1, \varphi_0)\varphi_0 = \lambda_1\varphi_1. \qquad (8.18)$$

ここで，(8.18) の中央の項と $\varphi_0$ との内積をつくってみると，

$$(A_1\varphi_1, \varphi_0) = (A\varphi_1, \varphi_0) - \lambda_0(\varphi_1, \varphi_0)\|\varphi_0\|^2$$
$$= (\varphi_1, A\varphi_0) - \lambda_0(\varphi_1, \varphi_0) = (\varphi_1, \lambda_0\varphi_0) - \lambda_0(\varphi_1, \varphi_0) = 0.$$

よって，(8.18) より $\lambda_1(\varphi_1, \varphi_0) = 0$．$\lambda_1 = \|A_1\| > 0$ だから，$(\varphi_1, \varphi_0) = 0$．すなわち，$\varphi_0 \perp \varphi_1$ である．これを得てから，(8.18) にもどれば，$A\varphi_1 = \lambda_1\varphi_1$ が成り立ち，$\varphi_1$ が $A$ の固有値 $\lambda_1$ に属する固有ベクトルであることがわかる．よって，$\lambda_1 \leqq \lambda_0$ でもある．次に，

$$A_2 u = Au - \lambda_0(u, \varphi_0)\varphi_0 - \lambda_1(u, \varphi_1)\varphi_1 \qquad (\forall u \in X)$$

により $A_2$を定義する．$\|A_2\|=0$ならば

$$A_2=\lambda_0(u,\varphi_0)\varphi_0+\lambda_1(u,\varphi_1)\varphi_1 \qquad (\forall u\in X)$$

となり，$A_2$は位数2の退化作用素である．$\|A_2\|>0$ならば，上の論法を繰り返し，$\lambda_2=\|A_2\|$を固有値とする $A$ の固有ベクトル$\varphi_2$で，$\|\varphi_2\|=1$, $(\varphi_2,\varphi_0)=(\varphi_2,\varphi_1)=0$を満たすものが得られる．$\lambda_2\leqq\lambda_1$もまた同時にわかる．

この操作をくり返していくと，次の(i),(ii)のどちらかが起こる．

(i)　ある自然数 $N$に対して

$$Au=\lambda_0(u,\varphi_0)\varphi_0+\lambda_1(u,\varphi_1)\varphi_1+\cdots+\lambda_N(u,\varphi_N)\varphi_N \quad (\forall u\in X) \quad (8.19)$$

が，$A$ の固有値$\lambda_0\geqq\lambda_1\geqq\cdots+\lambda_N>0$，およびそれぞれの固有値に属し正規直交である固有ベクトルの列$\varphi_0,\varphi_1,\cdots,\varphi_N$を用いて成り立つ．

(ii)　$A$ の固有値の無限列$\lambda_0\geqq\lambda_2\geqq\cdots\geqq\lambda_n\geqq\lambda_{n+1}\geqq\cdots$とそれぞれに属する，正規直交化された固有ベクトルの列$\varphi_0,\varphi_1,\cdots,\varphi_n,\cdots$が得られる．このとき，$\lambda_n$は

$$A_nu=Au-\sum_{k=1}^{n}\lambda_k(u,\varphi_k)\varphi_k \qquad (\forall u\in X) \qquad (8.20)$$

で定義される $A_n$のノルム $\|A_n\|$ に等しい．

(ii) において，数列$\lambda_n$が0に収束することはわかっている．よって，(8.20)の左辺は$n\to\infty$のとき0に収束する．すなわち，(8.8)が証明された．　∎

**定理 8.3**　条件(8.4)，(8.5)に加えて，$\mathcal{R}(A)$ が $X$で稠密であるという条件(同値な条件として$\mathcal{N}(A)=\{0\}$)が成り立てば，定理8.2において構成した $A$ の固有ベクトルの正規直交系は完全正規直交系である．

［証明］　(8.8)によれば，$\{\varphi_n\}_{n=0}^{\infty}$は$\mathcal{R}(A)$を張っている．したがって，定理の仮定のもとに$\{\varphi_n\}$の張る部分空間は $X$で稠密である．よって，正規直交系$\{\varphi_n\}$は完全である．なお，一般に，$\mathcal{N}(A^*)=\mathcal{R}(A)^{\perp}=\left(\overline{\mathcal{R}(A)}\right)^{\perp}$であるが，いまは$A^*=A$であるので，$\mathcal{N}(A)=0$のとき，すなわち，$A$が1対1のとき，定理は成り立つ．　∎

**注意 8.2**　なお，証明の仕方を少々修正することにより，定理7.14における $A$ の正値性の条件をはずすことができる．そのときは，固有値$\{\lambda_n\}$は，$|\lambda_0|=\|A\|$となる$\lambda_0$からはじめて，絶対値の順序に従って

$$|\lambda_0|\geqq|\lambda_1|\geqq|\lambda_2|\geqq\cdots\longrightarrow 0$$

と構成されていく．定理の主張を完全に述べてみることは読者の演習としよう．

## §8.2 $-\Delta$の固有値問題

$\Omega$を$R^m$の有界領域とし，同次の Dirichlet 境界条件のもとでの$-\Delta$の固有値問題

$$\begin{cases} -\Delta u = \lambda u, \quad u \not\equiv 0 \qquad (\Omega\text{において}) \\ u\,|_{\partial\Omega} = 0 \end{cases} \tag{8.21}$$

を考えよう．境界値問題の弱解を導入したと同じ趣旨でこの固有値問題の弱解を次のように定義する．

**定義 8.1** $u$が固有値$\lambda$に属する(8.21)の**弱い意味の固有関数**(**固有値問題の弱解**)であるとは，次の(i), (ii)が成り立つことである．

(i)
$$u \in H_0^1(\Omega),\ \text{かつ},\ u \neq 0, \tag{8.22}$$

(ii) 任意の$h \in H_0^1(\Omega)$に対して

$$(\nabla u, \nabla h)_{L^2} = \lambda (u, h)_{L^2}. \tag{8.23}$$

□

上の定義に従う弱固有関数$u$が，もし$\bar{\Omega} = \Omega \cup \partial\Omega$で滑らかであれば，方程式(8.21)および境界条件$u\,|_{\partial\Omega} = 0$を満たすことを検証することができる．また，第5章において境界値問題

$$\begin{cases} -\Delta u = f \qquad (\Omega\text{において}) \\ u\,|_{\partial\Omega} = 0 \end{cases} \tag{8.24}$$

の弱解を

$$u \in H_0^1(\Omega), \tag{8.25}$$

かつ，条件

$$(\nabla u, \nabla h)_{L^2} = (f, h) \qquad (\forall h \in H_0^1(\Omega)) \tag{8.26}$$

を満たすものと定義した(§5.5参照)ことを思い出すと，上の固有値問題の弱解$u$は，(8.26)に$f = \lambda u$を代入した条件を満たしている．

なお，(8.23)で $h=u$ とおけば

$$\|\nabla u\|_{L^2}^2=\lambda\|u\|_{L^2}^2.$$

これより $\lambda \geqq 0$ となるが，さらにポアンカレの不等式(定理3.8)

$$\|u\|_{L^2} \leqq c_\Omega \|\nabla u\| \qquad (u\in H_0^1(\Omega)) \tag{8.27}$$

によれば，$\lambda \geqq \delta_0>0$ となる正定数 $\delta_0$ の存在がわかる．

さて，これからは，弱い意味での固有関数を単に固有関数とよぶことにしよう．そうして，前節の結果を用いて，固有値問題(8.22)，(8.23)の解析を行なうのが本節の課題である．

**定義 8.2** (境界値問題のグリーン作用素)　基礎となるヒルベルト空間 $X$ として $X=L^2(\Omega)$ を採用し，任意の $f\in X$ に対して(§5.5で示したように)一意に定まる境界値問題(8.25)，(8.26)の弱解 $u$ を対応させる作用素 $G:X\to X$ を**境界値問題のグリーン作用素**とよぶ．　□

このとき，$u=Gf\in H_0^1(\Omega)$ である．実は $\partial\Omega$ が滑らかならば

$$u=Gf\in H^2(\Omega)\cap H_0^1(\Omega) \tag{8.28}$$

であることが知られているが，ここでは，

$$C_0^2(\Omega)\subset \mathcal{R}(G)=\text{“}G\text{ の値域”} \tag{8.29}$$

であることだけを確かめよう．実際，任意の $v\in G_0^2(\Omega)$ に対して，$g=-\Delta v$ とおけば，$-\Delta v=g$, $v\mid_{\partial\Omega}=0$. よって，$f=g$ に対して，$u=v$ が(8.25)，(8.26)を満たしている．よって，$\mathcal{R}(G)$ は $C_0^2(\Omega)$ を含み $X$ で稠密である．

一方，$G$ の有界性を調べよう．(8.26)において，$h=u$ とおいて，ポアンカレの不等式(8.27)を考慮すれば($\|\quad\|$ を $L^2(\Omega)$ ノルムとして)

$$\|\nabla u\|^2=(f,u)\leqq \|f\|\cdot\|u\|\leqq \|f\|\cdot c_\Omega\|\nabla u\|$$

から，

$$\|\nabla u\|\leqq c_\Omega\|f\| \tag{8.30}$$

であること，また，(もう一度ポアンカレの不等式を用いて)

$$\|u\|\leqq c_\Omega\|\nabla u\|\leqq c_\Omega^2\|f\| \tag{8.31}$$

が成り立つことが得られる．ゆえに $\|Gf\|\leqq c_\Omega^2\|f\|$. すなわち $\|G\|\leqq c_\Omega^2$ であり，したがって，$G\in\mathcal{L}(X)$ である．

次に，$G=G^*$ をみるために，任意の $f,g\in X$ に対して，$u=Gf$, $v=Gg$ と

おこう．このとき

$$(\nabla u, \nabla h) = (f, h), \quad (\nabla v, \nabla h) = (g, h) \qquad (\forall h \in H_0^1(\Omega))$$

である．この第1式で $h=v$ と，第2式で $h=u$ ととれば，

$$(\nabla u, \nabla v) = (f, v) = (f, Gg),\ (\nabla v, \nabla u) = (g, u) = (g, Gf)$$

となる．これより

$$(f, Gg) = (Gf, g) \qquad (\forall f, g \in X) \tag{8.32}$$

が得られて，$G = G^*$ である．さらに，$G$ が正値であることは，$(\nabla u, \nabla h) = (f, h)$ において $h = u = Gf$ にとり

$$\|\nabla u\|^2 = (f, u) = (f, Gf) \geqq 0 \qquad (\forall f \in X) \tag{8.33}$$

が成立することをみればわかる．

最後に，$G$ の完全連続性をいうには，次の補題(**Rellich の定理**)が必要である．Rellich の定理の導出は成書にゆずり，ここではそのまま受け入れる．

**補題 8.3** (Rellich の定理)　$\Omega$が有界なとき，$H_0^1(\Omega)$ の($H^1(\Omega)$ の)関数列 $u_n$ ($n=1,2,\cdots$) が，ヒルベルト空間 $H_0^1(\Omega)$ に($H^1(\Omega)$ に)おいて弱収束すれば，$u_n$ はヒルベルト空間 $L^2(\Omega)$ において強収束する．　□

$(u, v)_V = (\nabla u, \nabla v)_{L^2}$ が $H_0^1(\Omega)$ の内積に採用できることを思い出せば，上の補題から次の系が得られる．

**系 8.2**　$H_0^1(\Omega)$ の関数列 $u_n$ ($n=1,2,\cdots$) に関し，

$$\|\nabla u_n\|_{L^2} \leqq M \tag{8.34}$$

を満たす正数 $M$ が存在すれば，$\{u_n\}$ は $L^2(\Omega)$ において強収束する部分列を含む．　□

さて，$G \in \mathcal{L}_C(X)$ を示そう．いま，$f_n \in X$ ($n=1,2,\cdots$) が $f_n \to f_0$ (弱) であるとする．このとき，$\|f_n\|$ は有界である．そこで，(8.30) と用いると $u_n = Gf_n$ に対して，$\|\nabla u_n\| \leqq c_\Omega \|f_n\| \leqq M$ が成り立つような正数 $M$ が存在する．ゆえに $\{u_n\}$ は $H_0^1(\Omega)$ で内積 $(\nabla u, \nabla v)$ のもとに弱収束する部分列 $\{u_{n'}\}$ を含む．$u_{n'} \to u_0$ ($H_0^1(\Omega)$ で弱収束)としよう．そうすると，補題により，$u_{n'}$ は $X = L^2(\Omega)$ で $u_0$ に強収束する．すなわち

$$Gf_{n'} \longrightarrow u_0\,(\text{強}) \qquad (L^2(\Omega)\text{ で}). \tag{8.35}$$

他方，

$$(\nabla u_{n'}, \nabla h) = (f_{n'}, h) \qquad (\forall h \in H_0^1(\Omega))$$

において，$n' \to \infty$ にすると，左辺では，$u_{n'}$ の $H_0^1(\Omega)$ での弱収束，右辺では $f_{n'}$ の $X$ での弱収束がわかっているので，

$$(\nabla u_0, \nabla h) = (f_0, h) \qquad (\forall h \in H_0^1(\Omega)) \tag{8.36}$$

に到達し，$u_0 = Gf_0$ であることがわかる．これで，

$$Gf_{n'} \longrightarrow Gf_0 \quad (強) \qquad (L^2(\Omega)\ で)$$

が得られた．この極限 $Gf_0$ が部分列 $\{f_{n'}\}$ に依存しないことから，部分列をとることなく，$n \to \infty$ のとき

$$Gf_n \longrightarrow Gf_0 \quad (強) \qquad (L^2(\Omega)\ で) \tag{8.37}$$

が導かれるのである(詳しくは，背理法を用いて証明する)．

こうして，$G \in \mathcal{L}_C(X)$ が得られ，定理 8.3 を適用する準備が整った．その結果を次の補題に記すに当って，後の便宜のために $G$ の固有値を $\mu_n$ で表わすことにする．

**補題 8.4** 定義 8.1 で定められたグリーン作用素 $G$ に対し，正の固有値の列 $\mu_0 \geqq \mu_1 \geqq \cdots \geqq \mu_n \geqq \cdots \to 0$ および，それぞれに属する固有関数 $\varphi_0, \varphi_1, \cdots, \varphi_n, \cdots$ の完全正規直交系が存在する．すなわち，$n, m = 0, 1, \cdots$ に対し

$$G\varphi_n = \mu_n \varphi_n, \qquad (\varphi_n, \varphi_m) = \delta_{nm} \tag{8.38}$$

が成り立ち，かつ，任意の $u \in X = L^2(\Omega)$ に対し次式が成立する：

$$u = \sum_{n=0}^{\infty} (u, \varphi_n)\varphi_n, \qquad Gu = \sum_{n=0}^{\infty} (u, \varphi_n)\mu_n \varphi_n. \tag{8.39}$$

□

ここで，$G$ の固有関数 $\varphi_n$ が定義 7.12 の意味で固有値問題(8.21)の弱解になっていることを確認しよう．まず，任意の $f$ に対し，$u = Gf \in H_0^1(\Omega)$ であるから，$\mu_n \varphi_n = G\varphi_n \in H_0^1(\Omega)$ である．$\mu_n > 0$ を考慮すれば $\varphi_n \in H_0^1(\Omega)$．次に，$u = Gf$ という等式が，

$$(\nabla u, \nabla h) = (f, h) \qquad (\forall h \in H_0^1(\Omega))$$

と同値であることにより，等式 $G\varphi_n = \mu_n \varphi_n$ から

$$(\nabla \mu_n \varphi_n, \nabla h) = (\varphi_n, h) \qquad (\forall h \in H_0^1(\Omega))$$

が導かれる．すなわち

$$(\nabla\varphi_n, \nabla h) = \frac{1}{\mu_n}(\varphi_n, h) \qquad (\forall h \in H_0^1(\Omega)).$$

よって，固有値$\lambda_n$として逆数$1/\mu_n$をとり，固有関数の$\varphi_n$はそのままを用いて，本来の固有値問題(8.22)–(8.23)の弱解が得られることになる．すなわち，

**定理 8.4** 定義8.1の固有値問題に対し，$+\infty$に発散する正の固有値$\lambda_n$の列

$$\lambda_0 \leqq \lambda_1 \leqq \lambda_2 \leqq \cdots \leqq \lambda_n \leqq \cdots \longrightarrow +\infty \tag{8.40}$$

および，それぞれの固有値に属する固有関数の列$\varphi_0, \varphi_1, \cdots, \varphi_n, \cdots$で$X = L^2(\Omega)$における完全正規直交系になっているものが存在する． □

最後に，グリーン作用素$G$の逆作用素を導入しよう．

**定義 8.3** $X = L^2(\Omega)$における作用素$A$を

$$A = G^{-1}, \qquad \mathcal{D}(A) = \mathcal{R}(G) \tag{8.41}$$

により定義する．そうして$-A$をヒルベルト空間$L^2(\Omega)$における**ラプラス作用素**あるいは，"Dirichlet 条件$u|_{\partial\Omega} = 0$のもとでのラプラス作用素" という．記号では簡単に$A = -\Delta$と書く． □

上の定義には若干の説明が必要である．まず，$G \in \mathcal{L}(X)$, $G = G^*$であるから，$G$の逆作用素$A$は$X$における自己共役作用素である．$A$の定義域は当然$\mathcal{R}(G)$に等しい．$\mathcal{D}(A) = \mathcal{R}(G) \subseteq H_0^1(\Omega)$である．一方，$C_0^2(\Omega) \subseteq \mathcal{D}(A) = \mathcal{R}(G)$および$v \in C_0^2(\Omega) \Rightarrow v = G(-\Delta v)$であることは(8.29)のあたりで検証した．実は(8.28)で言及したように，$\partial\Omega$の滑らかさを仮定すれば

$$\mathcal{D}(A) = H^2(\Omega) \cap H_0^1(\Omega)$$

となるのであるが，その証明は専門的な面倒さをともなう．

定義の後半において，$A = -\Delta$といった記法が採用されているが，境界条件$u|_{\partial\Omega} = 0$は$\mathcal{D}(A)$の中に組み込まれている．この節の結果を作用素$A$を用いて記そう．

**定理 8.5** $\Omega$を有界とするとき，Dirichlet 条件$u|_{\partial\Omega} = 0$のもとでの作用素$A = -\Delta$は，$X = L^2(\Omega)$において自己共役であり，$+\infty$に発散する正の固有値$\lambda_n$ $(n = 0, 1, 2, \cdots)$をもつ．そうして$\lambda_n$に属する固有関数$\varphi_n$ $(n = 0, 1, \cdots)$を$\{\varphi_n\}$が$X$において完全正規直交系をなすようにとることができ，かつ，

$$Au = \sum_{n=0}^{\infty}(u, \varphi_n)\lambda_n\varphi_n \qquad (u \in \mathcal{D}(A))$$

が成り立つ．□

## §8.3　固有値問題における変分原理

### (a)　Rayleigh の原理

前節に登場した $G=(-\Delta)^{-1}$ の最大の固有値 $\mu_0$，およびそれに属する固有関数 $\varphi_0$ は，§8.2 の所論によれば

$$\mu_0 = \max_{u \in X} \frac{(Gf, f)}{\|f\|^2} = \frac{(G\varphi_0, \varphi_0)}{\|\varphi_0\|^2} \tag{8.42}$$

を満たしている．すなわち，これらは，

$$J[u] = \frac{(Gu, u)}{\|u\|^2} \text{ を } X = L^2(\Omega) \text{ において最大にせよ} \tag{8.43}$$

という変分問題の解になっている．これに対し，$\lambda_0 = \dfrac{1}{\mu_0}$ は，

$$R[u] = \frac{\|\nabla u\|^2}{\|u\|^2} \text{ を } V = H_0^1(\Omega) \text{ において最小にせよ} \tag{8.44}$$

という変分問題の解として特長づけられる．このことを検証しよう．前節で扱った $A=-\Delta$ の固有値 $\lambda_n$，固有値関数 $\varphi_n$ を用いると，$u \in H_0^1(\Omega)$ に対し

$$u = \sum_{k=0}^{\infty} \alpha_n \varphi_n \qquad (\alpha_n = (u, \varphi_n))$$

$$\|u\|^2 = \sum_{n=0}^{\infty} |\alpha_n|^2, \qquad \|\nabla u\|^2 = \sum_{n=0}^{\infty} \lambda_n |\alpha_n|^2 \tag{8.45}$$

が成り立つ．(8.45)の第2式を導くのは(必ずしも $u \in \mathcal{D}(A)$ ではないので)，少々工夫が必要である．それには

$$\psi_n = \frac{1}{\sqrt{\lambda_n}} \varphi_n \qquad (n = 0, 1, \cdots) \tag{8.46}$$

が，$V = H_0^1(\Omega)$ の内積として採用する

$$(u, v)_V = (\nabla u, \nabla v) \tag{8.47}$$

に関して正規直交系になっていることに注意する．実際，固有関数の性質から

$$(\psi_n, \psi_m)_V = \frac{1}{\sqrt{\lambda_n}\sqrt{\lambda_m}} (\nabla\varphi_n, \nabla\varphi_m) = \frac{\lambda_n}{\sqrt{\lambda_n \cdot \lambda_m}} (\varphi_n, \varphi_m)$$

$$= \frac{\lambda_n}{\sqrt{\lambda_n \cdot \lambda_m}}\delta_{nm} = \delta_{nm}.$$

一方 $\{\varphi_n\}$ が $R(G) \supset C_0^2(\Omega)$ を張ること，$C_0^2(\Omega)$ が $H_0^1(\Omega)$ で稠密なことから，$\{\psi_n\}$ の線形包も $V = H_0^1(\Omega)$ で稠密である．よって，$\{\psi_n\}$ は $V$ で完全正規直交系である．したがって，$u \in V = H_0^1(\Omega)$ に対して

$$\|u\|_V^2 = \|\nabla u\|^2 = \sum_{n=0}^{\infty} |\beta_n|^2 \qquad (\beta_n = (u, \psi_n)_V) \tag{8.48}$$

が成り立つ．ところが

$$\beta_n = (\nabla u, \nabla \psi_n) = \frac{1}{\sqrt{\lambda_n}}(\nabla u, \nabla \varphi_n) = \frac{\lambda_n}{\sqrt{\lambda_n}}(u, \varphi_n) = \sqrt{\lambda_n}\alpha_n.$$

よって，(8.48) から (8.45) の最後の式が従う．

さて，(8.45) を用いれば

$$R[u] = \left(\sum_{n=0}^{\infty} \lambda_n |\alpha_n|^2\right) / \sum_{n=0}^{\infty} |\alpha_n|^2 \tag{8.49}$$

ここで，$p_n = |\alpha_n|^2 / \left(\sum_{k=0}^{\infty} (\alpha_k)^2\right)$ $(n = 0, 1, 2, \cdots)$ とおけば，

$$p_n \geqq 0, \quad (n = 0, 1, 2, \cdots), \quad \sum_{n=0}^{\infty} p_n = 1 \tag{8.50}$$

が満たされるので，$R[u]$ は，$\{\lambda_n\}$ の $p_0, p_1, \cdots, p_n, \cdots$ を重みとした荷重平均であるとみなすことができる；

$$R[u] = \sum_{n=0}^{\infty} \lambda_n p_n. \tag{8.51}$$

$\lambda_n$ の単調性 $\lambda_0 \leqq \lambda_1 \leqq \lambda_2 \leqq \cdots$ により，$R[u]$ の最小値が $p_0 = 1$, $p_2 = p_3 = \cdots = 0$ のとき，すなわち，$u = \varphi_0$ のときに到達され，その最小値は $\lambda_0$ であることがわかる．次の定理にまとめたこの結果は，古典的な **Rayleigh の原理**を今日風に述べたものである．

**定理 8.6** $\Omega$ を有界とするとき，Dirichlet 条件のもとでの $A = -\Delta$ の最小の固有値 $\lambda_0$，およびそれに属する固有関数 $\varphi_0$ は，

$$R[u] \equiv \frac{\|\nabla u\|^2}{\|u\|^2} \qquad \text{(Rayleigh 商)} \tag{8.52}$$

を $V = H_0^1(\Omega)$ において最小にする変分問題の解 ($\lambda_0 = R[\varphi_0] =$ 最小値) であ

る． □

### (b) ミニ・マックス原理

2番目の固有値$\lambda_1$を特長づける方法として次の(i),(ii)がある．

(i) $u \perp \varphi_0$の条件のもとでの$R[u]$の最小値が$\lambda_1$である

(ii) $f \neq 0$を任意に与え

$$V(f)=\left\{u \in H_0^1(\Omega) \mid (u,f)=0\right\}$$

とおく．そうして

$$\mu(f)=\min_{u \in V(f)} R[u] \tag{8.53}$$

とおく．ついで$f$を動して$\mu(f)$を最大にすると$\lambda_1$が得られる．すなわち

$$\lambda_1=\max_{f \neq 0} \mu(f)=\max_{f \neq 0}\left\{\min_{u \in V(f)} R[u]\right\}. \tag{8.54}$$ □

(i)は，(a)での考察から明らかであろう．

**(ii)の説明** $\mu(\varphi_0)=\lambda_1$であることは明らか．次に，$L_1=$“$\varphi_0, \varphi_1$の張る線形部分空間”とおけば，$\dim L_1=2$であるから，$L_1$が$f$の張る1次元空間に含まれることはない．よって，$V(f) \cap L_1 \neq \{0\}$である．すなわち，$V(f)$の中に$u'=t\varphi_0+s\varphi_1\ (t,s \in \mathbf{K})$と表わされる$u' \neq 0$が含まれている．

$$R[u']=\frac{|t|^2\lambda_0+|s|^2\lambda_1}{|t|^2+|s|^2} \leqq \lambda_1$$

であるから，つねに

$$\mu(f) \leqq \lambda_1 \tag{8.55}$$

である．そうして$f=\varphi_0$のときには等号が成立するのであった．したがって，$\lambda_1=\max_{f} \mu(f)$が得られ，(ii)の 主張が示された．

$n$番目の$\lambda_n$の特長づけについても同様である．結果を次の定理に記そう．なお，(ii)の特長づけは，固有値問題におけるR. Courantの**ミニ・マックス**(mini-max)**原理**とよばれる．

**定理 8.7** 定理8.5の仮定と記号のもとに，固有値$\lambda_n$は次の(i)あるいは(ii)によって特長づけられる．

(i) $\varphi_0, \varphi_1, \cdots, \varphi_{n-1}$を既知として，

$$V_n = \{u \in H_0^1(\Omega) \mid u \perp \varphi_j \quad (j = 0, 1, \cdots, n-1)\}$$

とおくとき，

$$\lambda_n = \min_{u \in V_n} R[u], \text{ ただし } R[u] = \frac{\|\nabla u\|^2}{\|u\|^2}. \tag{8.56}$$

(ii) 任意の線形独立な $f_1, f_2, \cdots, f_n$に対し

$$V(f_1, f_2, \cdots, f_n) = \left\{u \in H_0^1(\Omega) \mid u \perp f_j \quad (j = 1, 2, \cdots, n)\right\}$$

とおく．このとき

$$\lambda_n = \max_{\{f_1, f_2, \cdots, f_n\}} \left( \min_{u \in V(f_1, f_2, \cdots, f_n)} R[u] \right). \tag{8.57}$$

## 演習問題

**8.1** $H$を正定値な完全連続な自己共役作用素とし，その固有値$\lambda_0 \geqq \lambda_1 \geqq \lambda_2 \geqq \cdots \to 0$ のそれぞれに属する完全正規直交な固有ベクトルを$\varphi_0, \varphi_1, \varphi_2, \cdots$とする．このとき，$A_1 = \mathrm{i}I - H$, $A_2 = (\mathrm{i}I + H)^{-1}$のスペクトルを求めよ．また，ユニタリ作用素 $U = (\mathrm{i}I - H)(\mathrm{i}I + H)^{-1}$の固有値および固有ベクトルを求めよ．

**8.2** $X$をヒルベルト空間とし，$A$ を $\mathcal{L}_C(X)$ に属する任意の完全連続作用素とする．このとき，次の各項に答えよ．

(i) $H_1 = A^*A$ は正値の完全連続な自己共役作用素であること，また，もし $0 \in \sigma_P(H_1)$ ならば，固有値 0 に属する $H$の固有空間は $A$ の零点集合 $\mathcal{N}(A)$ であることを示せ．

(ii) $H_2 = AA^*$について，(i) と同様なことを調べよ．

(iii) $H_j$ $(j = 1, 2)$ の 0 でない固有値を$\lambda_0^{(j)} \geqq \lambda_1^{(j)} \geqq \lambda_2^{(j)} \geqq \cdots \to 0$ とするとき，$\lambda_n^{(1)} = \lambda_n^{(2)}$であることを示せ．

(iv) $\lambda_0^{(1)} = \max_{u \neq 0} \dfrac{\|Au\|^2}{\|u\|^2}$, $\lambda_0^{(2)} = \max_{u \neq 0} \dfrac{\|A^*u\|^2}{\|u\|^2}$を示せ．

**8.3** $H_1, H_2$はともにヒルベルト空間 $X$における正値で完全連続な自己共役作用素であり，$(H_1u, u) \geqq (H_2u, u)$ $(\forall u \in X)$ が成り立つとする．$H_j$ $(j = 1, 2)$ の固有値を$\lambda_0^{(j)} \geqq \lambda_1^{(j)} \geqq \lambda_2^{(j)} \geqq \cdots \to 0$ とするとき，次の各項に答えよ．

(i) $\lambda_0^{(1)} \geqq \lambda_0^{(2)}$ を示せ．

(ii) R. Courant のミニ・マックス原理にならって，$\lambda_1^{(1)} \geqq \lambda_1^{(2)}$ を示せ．

(iii) 一般の自然数 $n$ に対して，$\lambda_n^{(1)} \geqq \lambda_n^{(2)}$ が成り立つかどうかをいえ．

8.4 $\Omega$ を $R^m$ の有界領域とするとき，ノイマン境界条件のもとでの $-\Delta$ の固有値問題(弱い形)を次のように定式化する：

$\lambda$ が固有値であり，$\varphi$ がそれに属する固有関数であるとは，次の (i), (ii) が成り立つことである．

(i) $\varphi \in H^1(\Omega), \quad \varphi \neq 0$,

(ii) $(\nabla\varphi, \nabla h)_{L^2(\Omega)} = \lambda(\varphi, h)_{L^2(\Omega)} \qquad (\forall h \in H^1(\Omega))$.

このとき，次の各項を示せ．

(a) 最小の固有値は0であり，それに属する固有関数は定数関数である．

(b) 固有値 $\lambda_0 = 0 < \lambda_1 \leqq \lambda_2 \leqq \cdots \to +\infty$ のそれぞれに属する固有関数 $\varphi_0, \varphi_1, \varphi_2, \cdots$ を，$X = L^2(\Omega)$ の完全正規直交系になるようにとることができる．(ヒント：任意の $f \in X$ に $(u, h)_{H^1} = (f, h)_{L^2}$ $(\forall h \in H^1(\Omega))$ を満たす $u \in H^1(\Omega)$ を対応させる作用素を $G$ とすると $G$ は正値で完全連続な自己共役作用素であり，$G$ の固有値 $\mu$ にもとの問題の固有値 $\lambda = \dfrac{1}{\mu} - 1$ が対応する．)

# 第9章

# 発展方程式への登り口

時刻 $t$ に依存するベクトル $N$次元のベクトル $x = x(t)$ が，微分方程式

$$\frac{\mathrm{d}x}{\mathrm{d}t} = Ax + f(t) \qquad (t \geqq 0)$$

に従って変化しているとする．ただし，$A$ は $N \times N$の定数行列であり，$f = f(t)$ は与えられたベクトル値関数である．さらに，$x$ の初期値

$$x(0) = a$$

が指定されているとしよう．実際にこの初期値問題の解を計算するのには，定数係数の常微分方程式の定石に従って特性根の方法や定数変化の方法が用いられるが，一般的な解の様子を見通しよく表わすのには，行列の指数関数 $\mathrm{e}^{tA}$の効用は絶大である．すなわち，$\mathrm{e}^{tA}$を用いれば，上の初期値問題の解は

$$x(t) = \mathrm{e}^{tA}a + \int_0^t \mathrm{e}^{(t-s)A} f(s)\mathrm{d}s$$

と，単独方程式の場合と同じ形で表わされる．この方法を，$x = x(t)$ がバナッハ空間 $X$の値をとるベクトル値関数 $u : [0, \infty) \to X$でおきかえられた場合，そうして $A$ が $X$で働く線形作用素の場合に拡張するのが，関数解析の重要な分野である半群理論であり発展方程式の理論である．この場合，半群(semi-group)は作用素の半群であり，実は作用素の指数関数 $\mathrm{e}^{tA}$のことである．なお，発展方程式の理論は $A$ が $t$ に依存する場合，すなわち，$X$における微分方程式

$$\frac{\mathrm{d}u}{\mathrm{d}t} = A(t)u + f(t) \qquad (t \geqq 0)$$

を主な対象とするが，その場合も各 $t_0$における $A(t_0)$ を用いて $\mathrm{e}^{tA(t_0)}$と表わされる半群の理論が基礎となる．

このような半群理論は，第2次世界大戦中に吉田耕作教授と E. Hille 教授によって独立に創始されたものであり Yosida–Hille 理論とよばれているが，それは理論の端正さと応用の豊かさからいって，関数解析の大きな成功例である．

この章では半群理論の概念と方法を“指数関数のわかりやすさ”に焦点をおいて紹介したい．理論の枠組みの背後にある精緻な証明を味わいたい読者には，専門書(たとえば，藤田他[4]，田辺[23]，増田[24]，Kato[14]，Yosida[15])について本格的な学習をされることをおすすめしておこう．

## §9.1　初期値問題と作用素の半群

具体例から入る．いま，$\Omega \subset R^m$を滑らかな境界$\partial\Omega = \Gamma$で囲まれた領域とし，そこで，$u = u(t, x)$ に対する熱方程式

$$\frac{\partial u}{\partial t} = \Delta u \qquad (t > 0, x \in \Omega) \tag{9.1}$$

の Dirichlet 境界条件

$$u\,|_\Gamma = 0 \qquad (t > 0) \tag{9.2}$$

および初期条件

$$u(0, x) = a(x) \tag{9.3}$$

のもとでの初期値・境界値問題を考え，この問題を本章では **IVPH**(heat equation の initial value problem の気持ち)で表わす．IVPH は初期値 $a = a(x)$ がそれほど特異でない任意の関数ならば一意の解を持つのであるが，その解の構成を前章までに得た結果を利用して試みよう．基礎の関数空間として，$X = L^2(\Omega)$ をとる．ついで，$X$における作用素 $A$ として

$$\begin{cases} \mathcal{D}(A) = H^2(\Omega) \cap H_0^1(\Omega) & (9.4) \\ Au = \Delta u \qquad (u \in \mathcal{D}(A)) & (9.5) \end{cases}$$

で定義されるものを考える．この $A$ は，§8.2 で登場した $A = -\Delta$の符号を変えたものである．したがって，自己共役であるが，負値である．なお，§8.2 の

流れに忠実に従って，今の $A$ を直接定義しようとすれば，$u \in \mathcal{D}(A)$ であるための条件は，「$u \in H_0^1(\Omega)$ であり，かつ，どれかの $f \in X$ に対して条件

$$-(\nabla u, \nabla h) = (f, h) \qquad (\forall h \in H_0^1(\Omega))$$

が満たされること」である．そのとき，$Au = f$．こうして定めた $\mathcal{D}(A)$ が実は (9.4) のそれと一致することが知られているのである．

ところで，今の $A$ と§8.2 の $A$ とでは，固有関数 $\varphi_n$ は同じで，固有値が以前の $\lambda_k$ から $-\lambda_k$ に変わるだけである．よって，§8.2 での $\lambda_k$, $\varphi_k$ をそのまま用いると，(9.4),(9.5) で定められる $A$ は負の固有値 $\{-\lambda_k\}$ の列

$$-\lambda_0 \geqq -\lambda_1 \geqq -\lambda_2 \cdots \geqq -\lambda_k \geqq \cdots \longrightarrow -\infty \tag{9.6}$$

を持ち，それらに属する固有関数からなる $X = L^2(\Omega)$ の完全正規直交系に $\{\varphi_k\}_{k=0}^{\infty}$ が存在する．

さて，任意の $a \in X$ に対して

$$u(t) = \sum_{n=0}^{\infty} (a, \varphi_k) \mathrm{e}^{-\lambda_k t} \varphi_k \qquad (t \geqq 0) \tag{9.7}$$

とおく．しばらく，形式的に計算をすすめよう．まず，$t \to +0$ にすると

$$u(t) \longrightarrow a \left( = \sum_{k=0}^{\infty} (a, \varphi_k) \varphi_k \right) \tag{9.8}$$

となる．実際にこれを検証するためには，$\alpha_k = (a, \varphi_k)$ とおき，$0 < \mathrm{e}^{-\lambda_k t} \leqq 1$ $(t \geqq 0)$ を考慮して

$$\begin{aligned} \|u(t) - a\|^2 &= \sum_{k=0}^{\infty} \left| \mathrm{e}^{-\lambda_k t} - 1 \right|^2 |\alpha_k|^2 \\ &\leqq \sum_{k=0}^{N} \left( 1 - \mathrm{e}^{-\lambda_k t} \right)^2 |\alpha_k|^2 + \sum_{k=N+1}^{\infty} |\alpha_k|^2 \end{aligned} \tag{9.9}$$

が得られることに注意する．ここで任意の $\varepsilon > 0$ に対して，$\sum_{k=N+1}^{\infty} |\alpha_k|^2 < \frac{\varepsilon}{2}$ が満たされるような十分大きな自然数 $N$ を固定し，そのうえで，$t$ を 0 に近づければ $\sum_{k=0}^{N} \left(1 - \mathrm{e}^{-\lambda_k t}\right)^2 |\alpha_k|^2 < \frac{\varepsilon}{2}$ となる．結局，正数 $t$ が 0 に十分近ければ $\|u(t) - a\|^2 < \varepsilon$ が成り立ち，(9.8) の検証が終わる．

次に形式的に (9.7) の両辺を $t$ で微分すれば，

$$\frac{\mathrm{d}u(t)}{\mathrm{d}t} = \sum_{n=0}^{\infty} \alpha_k(-\lambda_k)\mathrm{e}^{-\lambda_k t}\varphi_k \qquad (t > 0) \tag{9.10}$$

が得られる．一方，作用素 $A$ を(9.7)の両辺にほどこし，

$$A\varphi_k = -\lambda_k \varphi_k \qquad (k = 0, 1, \cdots) \tag{9.11}$$

を用いれば，

$$Au(t) = \sum_{k=0}^{\infty} \alpha_k \mathrm{e}^{-\lambda_k t}(-\lambda_k)\varphi_k \qquad (t > 0) \tag{9.12}$$

となるはずである．これらを検証するのは少々面倒である．まず，(9.10)についていえば，(9.7)の右辺の級数および，(9.10)の右辺の級数の収束($L^2$–収束)が，$t > 0$ の範囲において広義一様収束であることを用いる．そのこと自体は，

$$\mu_1 = \max_{s>0}\left(s\mathrm{e}^{-s}\right) \tag{9.13}$$

とおけば，任意の正数$\gamma$に対して

$$t \geqq \gamma \quad \Longrightarrow \quad \lambda_k \mathrm{e}^{-\lambda_k t} = \frac{1}{t}(\lambda_k t)\ \mathrm{e}^{-\lambda_k t} \leqq \frac{1}{\gamma}\mu_1$$

が成り立つことによるのであるが，詳細は割愛しよう．結果として，$t > 0$ では，$\mathrm{d}u/\mathrm{d}t$ が $X$の値をとる関数として連続であり，かつ，(9.10)が成り立つのである．

次に(9.12)であるが，これを主張するのには $t > 0$ では $u(t)$ が $\mathcal{D}(A)$ に属することも検証しなければならない．そのかわりもし $u(t) \in \mathcal{D}(A)$ $(t > 0)$ が検証できたならば，$u(t)$ が $u(t) \in H_0^1(\Omega)$ の意味で境界条件(9.2)も満たしていることが言えるのである．この趣旨から $u(t) \in \mathcal{D}(A)$ $(t > 0)$ を真面目に検証しよう．そのために，自己共役作用素に関する次の補題を用意する．

**補題 9.1**　$A$ を自己共役作用素とする．いま，$X$の要素 $v_0, w_0$に対し，$\mathcal{D}(A)$に属する点列 $\{\varphi_n\}_{n=0}^{\infty}$が

$$\varphi_n \to v_0, \quad A\varphi_n \to w_0 \qquad (n \to \infty) \tag{9.14}$$

を満たせば，$v_0 \in \mathcal{D}(A)$ かつ $w_0 = Av_0$である．

［証明］　任意の $u \in \mathcal{D}(A)$ に対して $(Au, v_0)$ を考察する．

$$(Au, v_0) = \lim_{n\to\infty}(Au, \varphi_n) = \lim_{n\to\infty}(u, A\varphi_n) = (u, w_0)\,.$$

したがって，§5.6(e)の結果から $v_0 \in \mathcal{D}(A^*), w_0 = A^* v_0$である．ところが今は $A = A^*$であるから，$v_0 \in \mathcal{D}(A), w_0 = Av_0$である． ∎

さて，$t > 0$ のとき(9.7)の $u(t)$ に対して，$\alpha_k = (a, \varphi_k)$ として

$$u_N(t) = \sum_{n=0}^{N} \alpha_k \mathrm{e}^{-\lambda_k t} \varphi_k \qquad (N = 1, 2, \cdots) \tag{9.15}$$

とおく．そうすると $u_N(t) \to u(t)\,(N \to \infty)$ は明らかである．また，(9.12)の右辺が $t > 0$ のときに収束することは

$$\sum_{k=0}^{\infty} |\alpha_k|^2 \left| \lambda_k \mathrm{e}^{-\lambda_k t} \right|^2 \leqq \frac{1}{t^2} \sum_{k=0}^{\infty} |\alpha_k|^2 \left| (\lambda_k t) \mathrm{e}^{-\lambda_k t} \right|^2 \leqq \frac{\mu_1^2}{t^2} \|a\|^2$$

からわかる．ただし，$\mu_1$は(9.13)のそれである．一方，$u_N$は固有関数の線形結合であるから $u_N \in \mathcal{D}(A)$ かつ，

$$Au_N(t) = \sum_{k=0}^{N} \alpha_k \mathrm{e}^{-\lambda_k t} (-\lambda_k) \varphi_k$$

が成り立つ．これが，$w_0 =$ "(9.12)の右辺"に収束することは

$$\|w_0 - Au_N(t)\|^2 = \sum_{k=N+1}^{\infty} |\alpha_k|^2 \left| \lambda_k \mathrm{e}^{-\lambda_k t} \right|^2 \longrightarrow 0 \qquad (N \to \infty)$$

からわかる．よって補題 9.1 が適用できて，$u(t) \in \mathcal{D}(A)\,(t > 0)$ および(9.12)が示された．こうして，(9.7)の $u(t)$ が，$X$の値をとる関数として微分方程式

$$\frac{\mathrm{d}u}{\mathrm{d}t} = Au \qquad (t > 0) \tag{9.16}$$

および初期条件

$$u(+0) = a \tag{9.17}$$

を満たすことがわかった．(由来を説明する余裕がないが)次の用語法を導入しておこう．

**定義 9.1** $u : [0, \infty) \to X$が，$[0, \infty)$ において連続，$(0, \infty)$ において $C^1$-級であり，かつ，条件 $u(t) \in \mathcal{D}(A)\,(t > 0)$ および微分方程式(9.16)，初期条件(9.17)を満たすならば，$u$ は IVPH の**強解**(strong solution)であるという． □

なお，$a \in \mathcal{D}(A)$ ならば

$$\sum_{n=0}^{\infty} \lambda_k^2 |\alpha_k|^2 < +\infty \tag{9.18}$$

であり，$u(t) \in \mathcal{D}(A)\ (0 \leqq t)$ であるが，このとき

$$\lim_{h \to +0} \frac{u(h)-a}{h} = Aa \tag{9.19}$$

が成り立つ．

さらに，(9.7) による $a$ と $u(t)$ との対応を作用素 $U(t)$ により表わす．すなわち，$t \geqq 0$ に対し

$$a = \sum_{k=0}^{\infty} \alpha_k \varphi_k \text{のとき}, U(t)a = \sum_{k=0}^{\infty} \alpha_k \mathrm{e}^{-\lambda_k t} \varphi_k \tag{9.20}$$

により $U(t)$ を定義するのである．明らかに $U(t)$ は線形であり，

$$\|U(t)a\|^2 = \sum_{k=0}^{\infty} |\alpha_k|\,(\mathrm{e}^{-\lambda_k t})^2 \leqq \sum_{k=0}^{\infty} \|\alpha_k\|^2 = \|a\|^2$$

であるから，$\|U(t)\| \leqq 1$．すなわち，$U(t)$ は縮小作用素である．

ここで，$t \geqq 0, s \geqq 0$ ならば，任意の $a \in X$ に対して

$$U(t)U(s)a = U(t+s)a \tag{9.21}$$

が成り立つことを示そう．そのために $b = U(s)a$ とおけば，

$$\begin{aligned}\beta_k &= (b, \varphi_k) = (U(s)a, \varphi_k) \\ &= \left( \sum_{j=0}^{\infty} (a, \varphi_j) \mathrm{e}^{-\lambda_j s} \varphi_j, \varphi_k \right) = (a, \varphi_k) \mathrm{e}^{-\lambda_k s} = \alpha_k \mathrm{e}^{-\lambda_k s}\end{aligned}$$

となる．よって

$$\begin{aligned}U(t)b &= \sum_{k=0}^{\infty} \beta_k \mathrm{e}^{-\lambda_k t} \varphi_k = \sum_{k=0}^{\infty} \alpha_k \mathrm{e}^{-\lambda_k s} \mathrm{e}^{-\lambda_k t} \varphi_k \\ &= \sum_{k=0}^{\infty} \alpha_k \mathrm{e}^{-\lambda_k (t+s)} \varphi_k = U(t+s)a\end{aligned}$$

が得られ，(9.21) が確かめられた．ここで次の定義を設けよう．

**定義 9.2**　一般に，バナッハ空間における有界作用素の族 $\{U(t) \in \mathcal{L}(X)\}_{t \geqq 0}$ が**作用素の半群**(semi-group of operators)，あるいは，単に半群であるとは

$$\begin{cases} U(t)U(s) = U(t+s) & (t \geqq 0, s \geqq 0) \\ \quad U(0) = I \end{cases} \tag{9.22}$$

が成り立つことである．さらに，任意の $a \in X$ に対して $U(t)a$ が $[0, \infty)$ で連続

であるような半群 $\{U(t)\}_{t \geqq 0}$ は，$C_0$–**半群**とよばれる．また，$\|U(t)\| \leqq 1\,(t \geqq 0)$ を満たす半群は**縮小半群**(contraction semi-group)とよばれ，

$$\|U(t)\| \leqq M \qquad (t \geqq 0)$$

を満たす正数 $M$ (当然 $M \geqq 1$ である)が存在する半群は**有界半群**とよばれる．□

この定義に従えば，(9.20)で定義された $U(t)$ は縮小半群かつ $C_0$–半群，すなわち，$C_0$–級の縮小半群になっている．そうして，任意の $a \in X$ に対して，$u(t) = U(t)a$ が(9.6),(9.7)の初期値問題の強解を与えるという意味で，$U(t)$ はこの初期値問題の**解作用素**(solution operator)である．

ここで(9.6),(9.7)の解の一意性を見ておこう．それには，$a = 0$ の場合の(9.6),(9.7)の解が $u(t) \equiv 0$ となることを示せばよい．よって，いま強解 $u$ が

$$\frac{\mathrm{d}u}{\mathrm{d}t} = Au \quad (t \geqq 0), \qquad u(0) = 0 \tag{9.23}$$

を満たしているものとする．ここで正数 $t$ を任意に固定し，$s$ を変数として，

$$v(s) = U(t-s)a \qquad (0 \leqq s \leqq t) \tag{9.24}$$

とおく．ここで $a$ は $\mathcal{D}(A)$ の任意の要素である．そうして

$$\eta(s) = (v(s), u(s)) \qquad (0 \leqq s \leqq t) \tag{9.25}$$

を考察しよう．$\eta(s)$ は $s \in [0, t]$ において連続であり，かつ，$0 < s < t$ で微分可能である．実際に，

$$\frac{\mathrm{d}}{\mathrm{d}s}u(s) = Au(s), \qquad \frac{\mathrm{d}}{\mathrm{d}s}v(x) = -Av(s)$$

を用いて計算すると，($A = A^*$ であることも思い出せば)

$$\frac{\mathrm{d}}{\mathrm{d}s}\eta(s) = \left(\frac{\mathrm{d}v}{\mathrm{d}s}, u\right) + \left(v, \frac{\mathrm{d}u}{\mathrm{d}s}\right) = (-Av, u) + (v, Au) = -(Av, u) + (Av, u) = 0\,.$$

よって，$\eta(s)$ は $[0, t]$ において定数である．ところが $\eta(0) = (v(0), 0) = 0$ であるから，$\eta(s) \equiv 0$．よって，$\eta(t) = (a, u(t)) = 0$．ここで，$a$ の任意性を用いれば $u(t) = 0$．さらに $t$ の任意性から，$u(t) \equiv 0\,(t \geqq 0)$ となり解の一意性が示された．なお，ここでの解の一意性を導く論法が，解の存在を与えるために構成された半群 $U(t)$ に依存していることを注意しておきたい．ともかく，以上の結果は次のようにまとめられる．

**定理 9.1** 熱方程式の初期値・境界値問題 IVPH((9.1)～(9.3))の抽象化で

ある(9.16),(9.17)の強解は，任意の $a \in L^2(\Omega)$ に対して一意に存在し，それは(9.20)で定義される $C_0$-級の縮小半群 $U(t)\,(t \geqq 0)$ を用いて，$u(t) = U(t)a$ で与えられる． □

ここで一般の半群に対する生成作用素の定義を導入しよう．

**定義 9.3**　一般に，バナッハ空間 $X$において，$\{U(t)\}_{t \geqq 0}$を $C_0$-級の半群とするとき，次の条件(i),(ii)によって定められる作用素 $A$ をこの半群の**生成作用素**(generator)という．このとき，$U(t)$ を $\mathrm{e}^{tA}$で表わす．

(i)　$\varphi \in X$が $\mathcal{D}(A)$ に属するための条件は

$$\psi = \lim_{h \to +0} \frac{U(h)\varphi - \varphi}{h} \tag{9.26}$$

が存在することである．

(ii)　$\varphi \in \mathcal{D}(A)$ のとき，(9.26)の$\psi$を用いて $A\varphi = \psi$と定義する．

□

(9.20)で定義された $U(t)$ については，その生成作用素が，実は(9.4)，(9.5)で定義した自己共役作用素になる．後者が，

$$\begin{cases} \mathcal{D}(A) = \left\{ a = \sum\limits_{k=0}^{\infty} \alpha_k \varphi_k \;\middle|\; \sum |\alpha_k|^2 \lambda_k^2 < +\infty \right\}, \\ \quad Aa = \sum\limits_{k=0}^{\infty} \alpha_k (-\lambda_k) \varphi_k \qquad (\forall a \in \mathcal{D}(A)) \end{cases}$$

によって定義される $A$ にほかならないからである．すなわち，定理9.1における解作用素 $U(t)\,(t \geqq 0)$ は自己共役作用素 $A = \Delta$(Dirichlet 条件(9.2)付き)を生成作用素にもつ半群 $\mathrm{e}^{tA}$なのである．

この節を終えるまえに，半群の概念を納得するための例をいくつか挙げておこう．

**例 9.1**　$X$を任意のバナッハ空間とし，$A$ を $\mathcal{L}(X)$ に属する有界作用素とする．このとき，$t$ を実数として

$$U(t) \equiv \mathrm{e}^{tA} = \sum_{n=0}^{\infty} \frac{t^n A^n}{n!} \tag{9.27}$$

とおけば，$\{U(t)\}$ は(9.22)を満たし，かつ，$t$ に関して($\mathcal{L}(X)$ のノルムで)連続である．そうして，

$$A = \lim_{h \to 0} \frac{U(h) - I}{h}$$

である．したがって，$A \in \mathcal{L}(X)$ が $\{U(t)\}$ の生成作用素である．（その意味での記号 $\mathrm{e}^{tA}$ と指数関数の意味での記号 $\mathrm{e}^{tA}$ とは矛盾していない．）なお，この場合は，$U(t)$ は $t < 0$ に対しても定義され，$U(-t) = U(t)^{-1}$ が成り立っている．このようなとき，$\{U(t)\}_{-\infty<t<+\infty}$ は作用素の群であるという．　□

**例 9.2**　$X = L^2(-\infty, \infty)$，および $Y = L^2(0, \infty)$ において $t \geqq 0$ だけの左への "ずらし" 作用素 $U(t)$ の族を考察しよう；

$$(U(t)a)(x) = a(x + t). \tag{9.28}$$

$\|U(t)\| = 1$ であるが，$X$ においても $Y$ においても $\{U(t)\}$ が $C_0$–級の半群になっていることは容易にわかる．$X$ では，$U(t)$ はユニタリ作用素であり，$t < 0$ に対しても同じ式 (9.28) で定義することができる．そうして，$U(-t) = U(t)^{-1}$ が成り立つ．すなわち，$\{U(t)\}_{-\infty<t<+\infty}$ はユニタリ作用素の群になっている．

一方，$Y$ では，

$$\|U(t)a\|^2 = \int_0^\infty |a(x+t)|^2 \mathrm{d}x = \int_t^\infty |a(x)|^2 \mathrm{d}x$$

であるから，$U(t)a \to 0$ $(t \to +\infty)$ が任意の $a \in Y$ に対して成り立つ．

$X, Y$ のどちらについても，形式的には

$$\frac{U(h)a - a}{h} = \frac{a(\cdot + h) - a(\cdot)}{h} \longrightarrow \frac{\mathrm{d}}{\mathrm{d}x} a$$

であろうと見当がつく．実際，それは正しく，この $\{U(t)\}$ の生成作用素 $A$ は，微分を一般化された導関数として，

$$Au = \frac{\mathrm{d}}{\mathrm{d}x} u \tag{9.29}$$

で与えられるのである．ただし，$X$ では $\mathcal{D}(A) = H^1(-\infty, \infty)$，$Y$ では $\mathcal{D}(A) = H^1(0, \infty)$ である．

一方，$Y$ において，$t \geqq 0$ に対し右へのずらし作用素の族 $V(t)$ を

$$(V(t)a)(x) = \begin{cases} a(x - t) & (x > t) \\ 0 & (0 < x < t) \end{cases} \tag{9.30}$$

を定義すれば，この $\{V(t)\}_{t \geqq 0}$ も $C_0$–級の縮小半群である．その生成作用素 $A$ は(結果のみを記すと)，微分を一般化された導関数として

$$Au = -\frac{\mathrm{d}}{\mathrm{d}x}u \tag{9.31}$$

となる．ただし，$\mathcal{D}(A)$ については，

$$\mathcal{D}(A) = H_0^1(0,\infty) = \{\varphi \in H^1(0,\infty) \mid \varphi(0) = 0\}$$

となり境界条件 $\varphi(0) = 0$ が組み込まれてしまう．□

**例 9.3**　初期値問題 IVPH の熱方程式を Schrödinger 方程式

$$\frac{\partial u}{\partial t} = \mathrm{i}\Delta u \tag{9.32}$$

でおきかえた初期値・境界値問題を IVPS (initial value problem for Schrödinger equation) で表わそう．ただし境界条件や初期条件はそのままとする．このとき，(9.7) で用いた固有値，固有問題を用いて

$$U(t)a = \sum_{k=0}^{\infty}(a,\varphi_k)\mathrm{e}^{-\mathrm{i}\lambda_k t}\varphi_k \qquad (a \in X)$$

とおけば，$\{U(t)\}$ は $C_0$–級の縮小半群(実は，ユニタリ作用素の群)となり，その生成作用素 $A_S$ は条件

$$\begin{cases} a \in \mathcal{D}(A_S) \quad \Longleftrightarrow \quad \displaystyle\sum_{k=0}^{\infty}\lambda_k^2|(a,\varphi_k)|^2 < +\infty, \\ A_S a = \displaystyle\sum_{k=0}^{\infty}(-\mathrm{i}\lambda_k)(a,\varphi_k)\varphi_k \qquad (a \in \mathcal{D}(A)) \end{cases}$$

により定められる．前に扱った $A = \Delta$ (Dirichlet 条件付き) と比較すれば，$A_S = \mathrm{i}A = \mathrm{i}\Delta$ (Dirichlet 条件付き) であることがわかる．したがって，$U(t) = \mathrm{e}^{tA_S} = \mathrm{e}^{\mathrm{i}t\Delta}$ である．この群が IVPS の強解(定義は IVPH のそれから類推できよう)を与える解作用素である．□

## §9.2　半群理論の紹介

あらかじめ与えられた作用素 $A$ を生成作用素にもつ半群 $\mathrm{e}^{tA}$ を構成するのが，“半群の生成理論”であり，半群 $U(t)$ を与えられて，その生成作用素 $A$ を調べる問題が “半群の微分可能性”の問題である．これらをまずバナッハ空間の縮小

半群の場合について，解決したのが本章の冒頭に述べた **Yosida–Hille 理論**である．この理論の出発点となる着想は，$A$ のリゾルベント $(\lambda - A)^{-1}$ (ただし，$\lambda > 0$) に着目することである．ここでは，記号 $\mathrm{e}^{tA}$ に "便乗して" の形式的な計算を許してもらいながら，説明しよう．

いま，バナッハ空間 $X$ において

$$\{U(t)\}_{t \geqq 0} \text{が } C_0\text{–級の縮小半群である} \tag{9.33}$$

と仮定する．そうして，生成作用素を $A$ で表わす．すなわち，$U(t) = \mathrm{e}^{tA}$，かつ，$\|U(t)\| = \|\mathrm{e}^{tA}\| \leqq 1$ $(t \geqq 0)$ である．このとき，$\lambda > 0, a \in X$ に対して，積分

$$I(\lambda, a) \equiv \int_0^\infty \mathrm{e}^{-\lambda t}\mathrm{e}^{tA} a \mathrm{d}t \tag{9.34}$$

は，$\|\mathrm{e}^{-\lambda t}\mathrm{e}^{tA}a\| \leqq \mathrm{e}^{-\lambda t}\|\mathrm{e}^{-tA}\| \cdot \|a\| \leqq \mathrm{e}^{-\lambda t}\|a\|$ により収束し，

$$\|I(\lambda, a)\| \leqq \int_0^\infty \mathrm{e}^{-\lambda t}\|a\|\mathrm{d}t = \frac{1}{\lambda}\|a\| \qquad (\lambda > 0) \tag{9.35}$$

を満たす．一方，$A$ が有界であるときの計算がそのまま通用するとすれば(実際，それを正当化できる)，

$$\begin{aligned} I(\lambda, a) &= \int_0^\infty \mathrm{e}^{-t(\lambda I - A)} a \mathrm{d}t = \frac{1}{\lambda I - A} a \\ &= (\lambda - A)^{-1} a \end{aligned} \tag{9.36}$$

であるから

$$\|(\lambda - A)^{-1} a\| \leqq \frac{1}{\lambda}\|a\| \qquad (\forall a \in X)$$

が得られる．これより $\lambda > 0 \Rightarrow \lambda \in \rho(A)$，かつ，

$$\|(\lambda - A)^{-1}\| \leqq \frac{1}{\lambda} \qquad (\lambda > 0)\,. \tag{9.37}$$

いいかえれば，(9.37) は，$C_0$–級の縮小半群の生成作用素が満たすべき必要条件である．(9.37) は $\mu = 1/\lambda$ とおくと，

$$\lambda(\lambda - A)^{-1} = \frac{\lambda}{\lambda - A} = \frac{1}{1 - \mu A} = (I - \mu A)^{-1}$$

により

$$\|(I-\mu A)^{-1}\| \leqq 1 \tag{9.38}$$

を意味する．また，$U(t)a$ の $t=0$ における連続性を利用して，積分表示 $I(\lambda,a)=(\lambda-A)^{-1}a$ から

$$\lambda(\lambda-A)^{-1}a=(I-\mu A)^{-1}a \longrightarrow a \quad (\lambda\to+\infty, \mu\to+0) \tag{9.39}$$

を任意の $a\in X$に対して示すことができる．もちろん，$\lambda(\lambda-A)^{-1}a\in\mathcal{D}(A)$ であるから，(9.39) は

$$\mathcal{D}(A) \text{ は } X \text{ で稠密である} \tag{9.40}$$

を意味している．

最後に，$A$ が補題 9.1 の結論における性質をそなえていることを確かめよう．これは，(少なくとも 1 つの$\lambda$に対して) $R(\lambda)=(\lambda-A)^{-1}$が $\mathcal{L}(X)$ に属することの帰結である．実際，

$$\varphi_n\in\mathcal{D}(A), \quad \varphi_n\to v_0, \quad A\varphi_n\to w_0$$

と仮定してみよう．そうして，$f_n=(\lambda-A)\varphi_n$とおけば，仮定から $n\to\infty$ のとき，$f_n\to\lambda v_0-w_0\equiv f_0$となることがわかる．一方，$R(\lambda)f_n=\varphi_n$において，$n\to\infty$ とすると，$R(\lambda)$ の連続性から $R(\lambda)f_0=v_0$が得られる．これは，$v_0\in\mathcal{D}(\lambda-A)(=\mathcal{D}(A))$，かつ，$(\lambda-A)v_0=f_0$を意味するが，$f_0=\lambda v_0-w_0$ により $w_0=Av_0$が得られる．この結果を下の定義に従って

$$A \text{ は閉作用素である} \tag{9.41}$$

と言い表わす．

**定義 9.4** バナッハ空間 $X$における作用素 $A$ が**閉作用素** (closed operator) であるとは，$\varphi_n\in\mathcal{D}(A)$ の列 $(n=1,2,\cdots)$ が，ある $v_0\in X, w_0\in X$に対して

$$\varphi_n\to v_0, \quad A\varphi_n\to w_0 \qquad (n\to\infty)$$

を満たすならば，$v_0\in\mathcal{D}(A)$ かつ $w_0=Av_0$が成り立つことである． □

上の定義について，一言だけ注意を加えよう．$A$ が連続であるとは，$\varphi_n\to v_0$ ならば $A\varphi_n\to Av_0$が成り立つことである．それに対し $A$ が閉作用素であるとは，$\varphi_n\to v_0$のみならず，$A\varphi_n$の収束性も保証されているならば，$A\varphi_n\to Av_0$ が成り立つことである．この結論だけを書けば，見なれた

$$A(\lim_{n\to\infty}\varphi_n)=\lim_{n\to\infty}(A\varphi_n)$$

となるが，両辺における lim の存在が独立に仮定されるところが連続性と異な

る．作用素が閉じているという概念は，非有界作用素の扱いにおいて連続性に代わる大切な役割を果たすものである．実は前節の補題 9.1 は，$A$ が閉作用素であることを主張している．

さて，$C_0$–級の縮小半群 $U(t)$ $(t \geqq 0)$ の性質(必要条件)として (9.37), (9.40), (9.41) が導かれた．実は，これらが十分条件でもあることを主張するのが，Yosida-Hille の理論である．すなわち

**定理 9.2** バナッハ空間 $X$ における線形作用素 $A$ が，$C_0$–級の縮小半群の生成作用素であるための必要十分条件は，

(i) $\mathcal{D}(A)$ が $X$ で稠密，

(ii) $A$ は閉作用素である，

(iii) $\lambda > 0$ は $\rho(A)$ に属し，かつ

$$\|(\lambda - A)^{-1}\| \leqq \frac{1}{\lambda} \qquad (\lambda > 0)$$

の 3 条件である． □

十分性の証明の着想について言えば，吉田耕作教授は，

$$A_\lambda = \lambda A(\lambda - A)^{-1} = A\frac{1}{I - \mu A} \qquad \left(\lambda = \frac{1}{\mu} > 0\right)$$

が有界作用素であり，$a \in \mathcal{D}(A)$ のときには $A_\lambda a \to Aa$ $(\lambda \to +\infty)$ となる意味で $A$ の“良い近似”(今は吉田近似とよばれている)であること，しかも $\mathrm{e}^{tA_\lambda}$ が縮小半群であることを利用して，

$$\mathrm{e}^{tA}a = \lim_{\lambda \to +\infty} \mathrm{e}^{tA_\lambda}a \tag{9.42}$$

を構成の方針としたのであった．一方，E. Hille 教授は $\mu > 0$ ならば $(I - \mu A)^{-1}$ が縮小作用素であること，指数関数の積公式にヒントを得た

$$\mathrm{e}^{tA}a = \lim_{n \to \infty}\left(\left(I - \frac{t}{n}A\right)^{-1}\right)^n a \tag{9.43}$$

を構成の方針としたのであった．(9.42), (9.43) は半群 $\mathrm{e}^{tA}$ の表現公式としても有用である．

前節では，初期値問題の解作用素 $U(t) = \mathrm{e}^{tA}$ を固有関数展開を用いて構成した．それに，対して Yosida-Hille 理論ではリゾルベント作用素 $(\lambda - A)^{-1}$ の考

察により定理の適用性が得られるので，固有関数展開がおぼつかない外部領域($R^m$全体の場合を含む)での初期値問題，対称でない偏微分方程式の初期値問題を，ヒルベルト空間とは限らない関数空間を採用して解決する道を拓いたものである．その威力を実感する具体例および半群理論のさまざまな発展，とくに，放物型方程式の扱いに偉力を発揮する解析的半群については，必要と興味に応じて本章の冒頭に挙げた専門書によってさらに学ばれることを期待しよう．

# 参考書

関数解析の成書(参考書や専門書，さらには教科書)はおびただしく出版されている．和書に限っても，良書と評価できるものが少なくない．実際，世界的に見て，日本はなかなか関数解析の研究および応用が盛んな国である．この伝統は，偏微分方程式に応用できる関数解析の発展をリードした，南雲道夫，吉田耕作，加藤敏夫といった先達がわが国において輩出したこと，および，数理物理の，あるいは数値的方法の基礎を支える関数解析の重要性を意欲的な応用家が正しく認識してきたことによる．したがって，関数解析の成書を網羅的に紹介することは不可能である．ここでは，本書の趣旨，すなわち，応用を指向しつつ，概念の把握と基礎事実の納得に焦点をあわせて関数解析を学ぶという視点から，かなり主観的な遠近法に基づいて，ごく限られた数の教科書あるいは専門書にだけ言及することにしよう．

まず，本書の内容の“前につながる知識”，とくに微積分から関数解析に到るアクセス路を復習したいと願う読者に対しては，著者が同じで自然に趣旨のつながりが良い，次の3点を挙げさせていただく．なお，[2],[3] では，本書でほとんど触れることができなかったフーリエ解析や超関数の，微積分の知識に頼っての導入がそれぞれ，軽く納得的に，あるいは，かなり真面目に解説してある．ただし，[3]は今のところ刊行が途絶えていて入手困難である．図書館などで見ていただきたい．

[1] 藤田宏，理解から応用へ 大学での微分積分，I, II，岩波書店．I 2003，II 2004．
(前身：藤田宏，今野礼二，基礎解析 I, II(岩波講座 応用数学)，1994，1995.)

[2] 藤田宏，応用数学(放送大学印刷教材)，放送大学教育振興会，初版 1991，改訂版(桂田祐史部分執筆)1995，三訂版(同左)1998.

[3] 藤田宏，吉田耕作，現代解析入門(岩波基礎数学選書)，岩波書店，1991.

正統的な関数解析に向かう発展的な学習を望まれる読者に対しても，趣旨のつながりの観点から次の成書を挙げたいが，これも刊行が途絶えていて，不便である．申し訳ないが図書館などで見ていただきたい．前半は藤田が東大に在職中に数学科の学部学生に対して行った講義がベースになっているが，内容のわりには読みやすいはずである．後半はかなり重厚かつ専門的である．

[4] 藤田宏，黒田成俊，伊藤清三，関数解析(岩波基礎数学選書)，岩波書店，1991.

最近の理系学部における関数解析の講義で標準的にこなせる分量は極めて限られているが，量的にその範囲におさめながら，応用に役立つリテラシーの見地からも理論的な格調の高さからも評価できる例として次の 4 点がある.

[5] 増田久弥，関数解析(数学シリーズ)，裳華房，1994.
[6] 黒田成俊，関数解析，共立出版，1980.
[7] 州之内治男，関数解析入門(サイエンスライブラリ 理工系の数学)，サイエンス社，初版 1975，改訂版 1994.
[8] 岡本久，中村周，関数解析，岩波書店，2006.
(前身：岡本久，中村周，関数解析 1, 2(岩波講座 現代数学の基礎)，1997.)

つぎに掲げる 5 点は，規範的な，あるいは本格派の中型の専門書として定評を得ている.

[9] ブレジス(藤田宏・小西芳雄訳)，関数解析—その理論と応用に向けて—，産業図書，1988.
[10] リース・ナジー(絹川正吉・清原岑夫訳)，関数解析　上・下，共立出版，1973，1974.
[11] コルモゴルフ，フォミーン(山崎三郎訳)，函数解析の基礎 第 2 版，岩波書店，1971.
[12] 田辺広城，関数解析，実教出版，上 1978，下 1981.
[13] 高村多賀子，関数解析入門，朝倉書店，1984.

応用を指向する関数解析的な方法を独創的に発展させるべく，意欲と努力を傾けて学習しようとする読者には，世界的にその道の研究者の必修本(a must)とみなされる次の大著 2 点(最近はペーパーバック版も出ている)と必要に応じて取り組むこと(部分読みも有意義である)をおすすめしたい.

[14] T. Kato : Perturbation Theory for Linear Operators, Springer, 初版 1966, 第 2 版 1976.
[15] K. Yosida : Functional Analysis, Springer, 初版 1965，第 6 版 1980.

なお，とくに数理物理に関心が深い読者には，量子力学の数学的方法に焦点を合わせた

[16] 黒田成俊，量子物理の数理，岩波書店，2007.
(前身：黒田成俊，量子物理の数理(岩波講座 応用数学)，1994.)
[17] M. Reed-B. Simon : Method of Modern Mathematical Physics, vol. 1～4, Academic Press, 1972－1978.

および，古典物理を含む多様な問題に言及している

[18] N. K. Nikol'skii (Ed), Yu. I. Lyubich (I. Tweddle Translator): Functional Analysis I (Encyclopaedia of Mathematical Sciences), Springer, 1991.

の存在をお知らせしておこう．

以上は，関数解析全般についての参考書であるが，下の特殊な話題 i)-v) に興味がある読者に対しては，一品料理風あるいは専門店風の良書として以下のものを(読みやすさ／入手しやすさも配慮して)おすすめできる．

i) ヒルベルト空間論

[19] アヒエゼル・グラズマン(千葉克裕訳)，ヒルベルト空間論 上・下，共立出版，1972，1973.

ii) 関数空間の基礎概念から完全連続作用素の理論まで

[20] 加藤敏夫，位相解析—理論と応用への入門，共立出版，1967.

iii) 基礎的な固有値問題

[21] 吉田耕作，積分方程式 第2版(岩波全書)，岩波書店，1978.
[22] 池部晃生，数理物理の固有値問題—離散スペクトル(数理解析とその周辺)，産業図書，1976.

iv) 発展方程式

これについては，[15], [16] にも優れた記述が含まれているが特に次の2点を挙げておきたい．

[23] 田辺広城，発展方程式，岩波書店，1975.
[24] 増田久弥，発展方程式(紀伊國屋数学叢書)，紀伊國屋書店，1975.

v) 非線形問題

次の3点のうち，[25] はルレー・シャウダーの不動点定理や最近の大域的な変分法の解説を含んだ貴重な成書であり，非線形偏微分方程式にかかわる人達には必須であろう．[26] は，数理物理(とくに連続体力学)の非線形問題の変分不等式等による扱いやそれらの有限要素法による解法に対して如何に関数解析が役立つかを納得させる内容である．[27] は不動点定理およびその理論的応用の解説書である．

[25] 増田久弥，非線型数学(新数学講座)，朝倉書店，1985.
[26] R. Glowinski: Numerical Methods for Nonlinear Variational Problems, Springer, 1984.
[27] 高橋渉，非線形関数解析学(現代数学ゼミナール)，近代科学社，1988.

* * *

上記以外にも，とくに近年において関数解析の，あるいは関数解析に基礎をおい

た応用解析の良書が国内外において数多く刊行されている．そのうち，筆者がたまたまの機会を通じて，とくに親しみと信頼感を覚えた次の 3 点を挙げておく．

[28] 吉田善章，新版 応用のための関数解析，サイエンス社，2006.

[29] T. Senba, T. Suzuki : Applied Analysis, Imperial College Press, 2004.

[30] 儀我美一，儀我美保，非線形偏微分方程式(共立講座「21 世紀の数学」25 巻)，共立出版，1999.

# 演習問題解答

## 第 2 章

**2.1** 両辺が $\alpha,\beta$ に対して対称であるから，$\alpha \leqq \beta$ の場合について示せば十分．次の甘めの評価で目的が達せられる．すなわち

$$\frac{(\alpha+\beta)^p}{\alpha^p+\beta^p} < \frac{(\alpha+\beta)^p}{\beta^p} \leqq \frac{(\beta+\beta)^p}{\beta^p} = \frac{2^p\beta^p}{\beta^p} = 2^p$$

$$\therefore \quad (\alpha+\beta)^p < 2^p(\alpha^p+\beta^p).$$

〔注：微分法を用いて調べると，次式が得られる； $(\alpha+\beta)^p \leqq 2^{p-1}(\alpha^p+\beta^p)$.〕

後半は

$$|\xi_k+\eta_k|^p \leqq (|\xi_k|+|\eta_k|)^p \leqq 2^p(|\xi_k|^p+|\eta_k|^p)$$

を $k$ について総和すればよい． ∎

**2.2** $\eta(x) \neq 0$ であるから，$\eta$ の連続性により点 $a$ および 正数 $\delta$ を然るべく選べば，区間 $I_\delta = [a-\delta, a+\delta]$ において $\eta(x) \neq 0$ であるようにできる．いま，ある係数 $\alpha_0, \alpha_1, \cdots, \alpha_N$ に対して，$X$ の要素の等式として

$$\alpha_0\varphi_0 + \alpha_1\varphi_1 + \cdots + \alpha_N\varphi_N = 0 \qquad (1)$$

が成立しているとする．これを区間 $I_\delta$ で考察すれば

$$\eta(x)\left\{\alpha_0+\alpha_1 x+\alpha_2 x^2+\cdots+\alpha_N x^N\right\} = 0 \qquad (x \in I_\delta)$$

であるが，$\eta(x) \neq 0$ により

$$\alpha_0+\alpha_1 x+\alpha_2 x^2+\cdots+\alpha_N x^N = 0 \qquad (\forall x \in I_\delta) \qquad (2)$$

ところが任意の区間において $1, x, x^2, \cdots, x^N$ は線形独立であるから，(2) より $\alpha_0 = \alpha_1 = \cdots = \alpha_N = 0$. よって，$\varphi_0, \varphi_1, \cdots, \varphi_N$ は $X$ において線形独立である．最後に，$N$ の任意性から題意が成り立つ． ∎

**2.3** (i) $K$ が異なる 2 点を含めば，その 2 点を結ぶ線分上の点をすべて含む．したがって，$K$ が 3 角形の頂点をなすような 3 点 A,B,C を含めば，△ABC の周上の点が $K$ に含まれる．次に，P を △ABC の任意の内点とする．AP の延長と BC との交点を D とすると，D は線分 BC 上の点である．よって，D は $K$ に含

まれる．そうして，P は線分 AD 上の点である．よって，P は $K$ に含まれる．結局，△ABC のすべての点は $K$ に含まれる．

(ii)　自然数 $N$ に関する次の命題を $P_N$ で表わす：

$(P_N)$　$K$ が点 $a_1, a_2, \cdots, a_N$ を含めば，それらの凸結合 $x=\xi_1 a_1+\xi_2 a_2+\cdots+\xi_N a_N$ （ただし，$\xi_j \geqq 0$ $(j=1,2,\cdots,N)$, $\xi_1+\xi_2+\cdots+\xi_N=1$) は $K$ に含まれる．

数学的帰納法を用いて検証しよう．

(第1段)　$P_1$ は明らかに成立する．

(第2段)　$P_N$ が成り立つとして，$K$ の $N+1$ 個の点 $a_1, a_2, \cdots, a_N, a_{N+1}$ の凸結合

$$y=\zeta_1 a_1+\zeta_2 a_2+\cdots+\zeta_N a_N+\zeta_{N+1} a_{N+1} \tag{1}$$

を考える．ただし，

$$\zeta_j \geqq 0 \ (j=1,2,\cdots,N,N+1), \quad \zeta_1+\zeta_2+\cdots+\zeta_N+\zeta_{N+1}=1 \tag{2}$$

である．$(P_N)$ の仮定のもとに，$y \in K$ を示せばよい．まず，$\zeta_{N+1}=1$ ならば，$y=a_{N+1} \in K$．次に，$0 \leqq \xi_{N+1}<1$ のときは

$$\xi_j=\frac{\zeta_j}{1-\zeta_{N+1}} \qquad (j=1,2,\cdots,N) \tag{3}$$

とおく．$\xi_j \geqq 0$ は明らか．また，$\zeta_1+\zeta_2+\cdots+\zeta_N=1-\zeta_{N+1}$ に注意すれば，$\xi_1+\xi_2+\cdots+\xi_N=1$ である．よって

$$x=\xi_1 a_1+\xi_2 a_2+\cdots+\xi_N a_N \tag{4}$$

とおけば，$(P_N)$ により $x \in K$ である．ところが，(3), (4) を用いれば

$$\begin{aligned}(1-\zeta_{N+1})x+\zeta_{N+1}a_{N+1} &= \zeta_1 a_1+\zeta_2 a_2+\cdots+\zeta_N a_N+\zeta_{N+1} a_{N+1} \\ &= y\end{aligned} \tag{5}$$

となる．すなわち，$y$ は $x$ と $a_{N+1}$ を結ぶ線分上の点である．よって，$K$ の凸性により $y \in K$ となり帰納法が完結する．■

**2.4**　(i)　$\alpha p>1$, すなわち, $\alpha>\dfrac{1}{p}$. (ii)　$p(\beta-1)>-1$, すなわち, $\beta>1-\dfrac{1}{p}$. (iii)　$p\beta<1$ かつ $p\alpha+p\beta>1$, すなわち，$\dfrac{1}{\alpha+\beta}<p<\dfrac{1}{\beta}$.　■

**2.5**　$N-1-\alpha p>-1$ かつ $N-1-p(\alpha+\beta)<-1$ より，$\dfrac{N}{\alpha+\beta}<p<\dfrac{N}{\alpha}$.　■

**2.6**　$I=\displaystyle\int_a^b u^2(x)\mathrm{d}x$, $J=\displaystyle\int_a^b v^2(x)\mathrm{d}x$, $K=\displaystyle\int_a^b u(x)v(x)\mathrm{d}x$ とおく．問題文の不等式を展開した

$$u^2(x)v^2(y)-2u(x)v(x)u(y)v(y)+u^2(y)v^2(x) \geqq 0$$

を，$x$ および $y$ で2重積分すれば，

$$IJ-2K^2+IJ \geqq 0, \quad すなわち, \quad K^2 \leqq IJ$$

が得られる．これより $|K| \leqq \sqrt{I}\sqrt{J}$ は明らか． ▮

**2.7** $S_1$ は開集合であり，$S_2$ は閉集合である．

(証明の方針) $S_2$ が閉集合であることは，$S_2$ に属する関数列 $u_n$ が極限関数 $u_0$ に一様収束すれば $u_0 \in S_2$ である．一方，$u_0$ を $S_1$ の任意の要素とすれば，「有界閉区間における連続関数の最小値の定理」により $u_0$ の区間 $[0,1]$ における最小値 $m_0$ は正である．そこで，$X$ における $u_0$ の近傍 $V=V(u_0;m_0)$ を

$$V=\{u \in X \mid \|u-u_0\|<m_0\}$$

により定義すれば，$V \subseteqq S_1$ となる．よって，$u_0$ は $S_1$ の内点である． ▮

**2.8** $T_1$ は閉集合，$T_2$ は開集合である．$T_3$ は開集合でも閉集合でもない．

(証明の方針) $X$ を定義域とし実数値をとる汎関数 $F$ を

$$F(u)=\int_0^1 u(x)\mathrm{d}x=(u,1)_X \tag{1}$$

により定義する．内積の連続性により $F$ は連続である．$T_1$ は閉区間 $[1,\infty)$ の，$T_2$ は開区間 $(0,\infty)$ のそれぞれ $F$ による逆像になっている．

$T_3$ については，数列 $\alpha_n=\mathrm{e}^{-n^2}$ ($n$ は自然数) を用いて，$0<x<1$ で定義された関数列

$$\varphi_n=\begin{cases} 0 & (0<x<\alpha_{n+1},\ \alpha_n<x<1) \\ 1 & (\alpha_{n+1} \leqq x \leqq \alpha_n) \end{cases} \tag{2}$$

を導入する．

$$\|\varphi_n\|^2=\alpha_n-\alpha_{n+1}=\mathrm{e}^{-n^2}-\mathrm{e}^{-(n+1)^2} \to 0$$

により $\varphi_n \to 0$.

一方，$G(u)=\displaystyle\int_0^1 \frac{u}{x}\mathrm{d}x$ とおけば

$$G(\varphi_n)=\int_{\alpha_{n+1}}^{\alpha_n} \frac{\mathrm{d}x}{x}=\log\frac{\alpha_n}{\alpha_{n+1}}=\log\frac{\mathrm{e}^{-n^2}}{\mathrm{e}^{-(n+1)^2}}=2n+1$$

により，$G(\varphi_n)>1$．したがって，$\varphi_n \in T_3$ $(n=1,2,\cdots)$ である．ところが，$\varphi_n$ の $X$ での極限は 0 であり $G(0)=0$．よって，$\displaystyle\lim_{n\to\infty}\varphi_n \notin T_3$．ゆえに，$T_3$ は閉集合ではない．次に，$u_0=\sqrt{x}$ について，$u_0$ は $T_3$ の点であるが $T_3$ の内点ではないことを示す．実際

$$G(u_0)=\int_0^1 \frac{\mathrm{d}x}{\sqrt{x}}=2 \quad により \quad u_0 \in T_3.$$

ところが，(2) の $\varphi_n$ を用いて，$v_n=u_0-\varphi_n$ とおけば，$\varphi_n \to 0$ により $v_n \to u_0$ である．その一方で

$$G(v_n)=G(u_0)-G(\varphi_n)=2-(2n+1)=1-2n\leqq -1.$$

したがって，$v_n\notin T_3$．すなわち，$u_0$ のどのような近傍にも，$T_3$ に属さない点が存在している．よって，$u_0$ は $T_3$ の内点ではない． ∎

**2.9**
$$\begin{aligned}\|u+v\|^2-\|u-v\|^2 &= 2\,\mathrm{Re}\,(u,v)+2\,\mathrm{Re}\,(u,v)\\ &= 4\,\mathrm{Re}\,(u,v).\\ \|u+\mathrm{i}v\|^2-\|u-\mathrm{i}v\|^2 &= 4\,\mathrm{Re}\,(u,\mathrm{i}v)=4\,\mathrm{Re}\,(-\mathrm{i}(u,v))\\ &= 4\,\mathrm{Im}\,(u,v).\end{aligned}$$

これより (2.78) は明らか． ∎

**2.10** (i) $a=\left(\dfrac{1}{2^k}\right)_{k=1}^{\infty}$ とおけば $a\in l^2$．したがって，$K_1=\{x\in X\mid (a,x)_X\geqq 1\}$．演習問題 2.8 の $T_1$ を調べたときと同様な論法で，$K_1$ が閉集合であるとわかる．次に，$x\in X$，$y\in X$ が $K_1$ の要素であるとして，この 2 点を結ぶ線分上の点

$$z=(1-t)x+ty \qquad (0\leqq t\leqq 1) \tag{1}$$

を考えると，$(a,x)\geqq 1$，$(a,y)\geqq 1$ から

$$(a,z)=(1-t)(a,x)+t(a,y)\geqq 1-t+t=1$$

が得られる．すなわち，$z\in K_1$，すなわち，$K_1$ は凸集合である．

(ii) $K_2$ は凸集合であるが，閉集合ではない．凸集合であることを示すために，$x=(\xi_k)\in K_2$，$y=(\eta_k)\in K_2$，$0\leqq t\leqq 1$ として，$z=(\zeta_k)=(1-t)x+ty$ について調べる．

$$\begin{aligned}\sum_{k=1}^{\infty}|\zeta_k| &\leqq \sum_{k=1}^{\infty}\{(1-t)|\xi_k|+t|\eta_k|\}\\ &=(1-t)\sum_{k=1}^{\infty}|\xi_k|+t\sum_{k=1}^{\infty}|\eta_k|<+\infty\end{aligned}$$

が成り立つ．したがって，また，

$$\sum_{k=1}^{\infty}\zeta_k=(1-t)\sum_{k=1}^{\infty}\xi_k+t\sum_{k=1}^{\infty}\eta_k=0+0=0.$$

よって，$z\in K_2$ となり $K_2$ は凸集合である．

$K_2$ が閉集合でないことは次のように検証される．$n$ を任意の自然数として，$X$ の要素 $a_n$ を

$$a_n=\left(1,-1,\frac{1}{2},-\frac{1}{2},\frac{1}{3},-\frac{1}{3},\cdots,\frac{1}{n},-\frac{1}{n},0,0,0,\cdots\right) \tag{2}$$

とおく．$a_n\in K_2$ $(n=1,2,\cdots)$ である．また，$X$ における $a_n$ の極限は

$$a^*=\left(1,-1,\frac{1}{2},-\frac{1}{2},\cdots,\frac{1}{k},-\frac{1}{k},\frac{1}{k+1},-\frac{1}{k+1},\cdots\right)\in X \tag{3}$$

である．ところが，

$$1+|-1|+\frac{1}{2}+\left|-\frac{1}{2}\right|+\cdots+\frac{1}{k}+\left|-\frac{1}{k}\right|+\cdots=2\sum_{k=1}^{\infty}\frac{1}{k}=+\infty$$

であるから $a^* \notin K_2$. よって，$K_2$ は閉集合ではない. ▮

**2.11** 省略(ヒントに従って着実に考えれば容易).

## 第 3 章

**3.1** 内積の公理の検証はやさしい．完備性を示そう．$\{w_n=(u_n,v_n)\in Z\}$ がコーシー列であるときには，$\|w_n-w_m\|_Z^2=\|u_n-u_m\|_X^2+\|v_n-v_m\|_Y^2\to 0$ により，$\{u_n\}$，$\{v_n\}$ がそれぞれ $X,Y$ でコーシー列である．よって，$u_n\to u_0$，$v_n\to v_0$ となる要素 $u_0\in X$，$v_0\in Y$ が存在する($X,Y$ の完備性による)．そこで，$w_0=(u_0,v_0)$ とおくと $\|w_n-w_0\|_Z^2=\|u_n-u_0\|_X^2+\|v_n-v_0\|_Y^2\to 0$ から，$w_n\to w_0$ ($Z$ において)が得られる． ▮

**3.2** $\eta$ は閉区間 $[a,b]$ で滑らかであるから，$\eta, \dfrac{d\eta}{dx}$ は有界である．

$w=\dfrac{d\eta}{dx}u+\eta\dfrac{du}{dx}$ とおけば，$\dfrac{d\eta}{dx}, \eta$ の有界性により，$w\in L^2(a,b)$ である．一方，任意の $\varphi\in C_0^1(a,b)$ に対して，$\eta\varphi\in C_0^1(a,b)$ であること，および，広義導関数 $du/dx$ の定義から，次のように計算することができる．

$$\begin{aligned}\int_a^b \eta\frac{du}{dx}\varphi\,dx &= \int_a^b \frac{du}{dx}(\eta\varphi)dx=-\int_a^b u\frac{d}{dx}(\eta\varphi)dx\\ &=-\int_a^b u\left\{\frac{d\eta}{dx}\varphi+u\eta\frac{d\varphi}{dx}\right\}dx\\ &=-\int_a^b \frac{d\eta}{dx}(u\varphi)dx-\int_a^b v\frac{d\varphi}{dx}dx.\end{aligned}$$

よって，

$$\int_a^b v\frac{d\varphi}{dx}dx=-\int_a^b\left(\eta\frac{du}{dx}+\frac{d\eta}{dx}u\right)\varphi\,dx=-\int_a^b w\varphi\,dx.$$

これは，広義導関数の意味で，$\dfrac{dv}{dx}=w$ であることを示している．$v\in L^2(a,b)$ はもともと明らかであったから，これで $v\in H^1(a,b)$ である．

**3.3** まず，$v_n\to u$ in $L^2(\mathbf{R}^1)$ を示す．$|x|\leqq n$ では $\eta\left(\dfrac{x}{n}\right)=1$ により $v_n(x)=u(x)$ であるから

$$\|v_n-u\|_{L^2(\mathbf{R}^1)}^2=\int_{-\infty}^{-n}|v_n(x)-u(x)|^2dx+\int_n^\infty|v_n(x)-u(x)|^2dx$$

$$\leqq 2\int_{-\infty}^{-n}|v_n(x)|^2dx+2\int_{-\infty}^{-n}|u(x)|^2dx+2\int_n^\infty|v_n(x)|^2dx+2\int_n^\infty|u(x)|^2dx$$

さらに，$0\leqq\eta(x)\leqq 1$ を用いれば

$$\|v_n - u\|^2_{L^2(\mathbf{R}^1)} \leqq 4\int_{-\infty}^{-n} |u(x)|^2 \mathrm{d}x + 4\int_n^{\infty} |u(x)|^2 \mathrm{d}x$$

であるから，次の結果が得られる．

$$\|u_n - u\|_{L^2(\mathbf{R}^1)} \to 0 \qquad (n\to\infty) \tag{1}$$

次に，前問の結果による「積の微分の公式」を用いると

$$\frac{\mathrm{d}v_n}{\mathrm{d}x} = \eta\left(\frac{x}{n}\right)\frac{\mathrm{d}u}{\mathrm{d}x} + \frac{1}{n}\eta'\left(\frac{x}{n}\right)u \tag{2}$$

である．(2) の右辺の最初の項について，

$$n\to\infty \quad \text{のとき} \quad \eta\left(\frac{x}{n}\right)\frac{\mathrm{d}u}{\mathrm{d}x} \to \frac{\mathrm{d}u}{\mathrm{d}x} \qquad (L^2(\mathbf{R}^1)\ \text{において}) \tag{3}$$

が成り立つことを示す論法は (1) のときと同様．一方，$\eta \in C_0^1(\mathbf{R}^1)$ より $\eta'\left(\frac{x}{n}\right)$ は有界関数である．よって，

$$\left|\eta'\left(\frac{x}{n}\right)\right| \leqq M \qquad (x\in\mathbf{R}^1,\ n=1,2,\cdots)$$

を満たす正定数 $M$ が存在する．これより (2) の右辺の第 2 項につき，

$$n\to\infty \quad \text{のとき} \quad \frac{1}{n}\eta'\left(\frac{x}{n}\right)u \to 0 \qquad (L^2(\mathbf{R}^1)\ \text{において}) \tag{4}$$

が示される．したがって，

$$\|v_n - u\|_{L^2(\mathbf{R}^1)} \to 0, \quad \left\|\frac{\mathrm{d}v_n}{\mathrm{d}x} - \frac{\mathrm{d}u}{\mathrm{d}x}\right\|_{L^2(\mathbf{R}^1)} \to 0 \qquad (n\to\infty)$$

となり，$u = \lim_{n\to\infty} u_n$ $(X = H^1(\mathbf{R}^1)$ において$)$ が示された．

$H_0^1(\mathbf{R}^1) = H^1(\mathbf{R}^1)$ の証明の仕上げをしよう．$\eta = \eta(x)$ の台が区間 $(-L, L)$ に含まれているとする．そうすると，$v_n$ の台は区間 $(-nL, nL)$ に含まれる．したがって，$v_n = H_0^1(-nL, nL)$ である．(詳しくは，軟化作用素(藤田他 [4]，藤田・吉田 [3] 参照)を用いる近似列の構成による．) よって，$\varphi_n \in C_0^1(-nL, nL)$ であり，かつ，

$$\|v_n - \varphi_n\|_{H^1(-nL,nL)} < \frac{1}{n} \tag{5}$$

を満たすものが存在する．この $\varphi_n$ を台の外に 0 で拡張したものを $\tilde{\varphi}_n$ と書けば，$\tilde{\varphi}_n \in C_0^1(\mathbf{R}^1)$ であり，$X = H^1(\mathbf{R}^1)$ として

$$\|v_n - \tilde{\varphi}_n\|_X < \frac{1}{n} \tag{6}$$

がそのまま成り立つ．このとき，$\tilde{\varphi}_n \to u$ ($X$ における収束) であることが次のようにして示される．すなわち，$\varepsilon$ を与えられた任意の正数とする．そうすると，$v_n \to u$ ($X$ における収束) がわかっているので，$N$ を

$$n \geqq N \Longrightarrow \|v_n - u\|_X < \frac{\varepsilon}{2} \tag{7}$$

が成り立つように，さらに必要ならば，また選びなおして

$$N > 2/\varepsilon \tag{8}$$

が選ぶことができる．そうすると $n \geqq N$ のとき，(7)，(8)を用いて

$$\|u-\widetilde{\varphi}_n\|_X \leqq \|u-v_n\|_X+\|v_n-\widetilde{\varphi}_n\|_X < \frac{\varepsilon}{2}+\frac{1}{n} \leqq \frac{\varepsilon}{2}+\frac{1}{N} < \frac{\varepsilon}{2}+\frac{\varepsilon}{2}=\varepsilon \tag{9}$$

が導かれる．すなわち，$u$ は $C_0^1(\mathbf{R}^1)$ の関数列 $\{\widetilde{\varphi}_n\}$ の $X$ における極限になっている．よって，$u \in H_0^1(\mathbf{R}^1)$．$u$ の任意性により，これは $H_0^1(\mathbf{R}^1)=H^1(\mathbf{R}^1)$ を意味している．∎

**3.4** $X=L^2(0,\infty)$ とおく．このとき

$$\|\varphi_n\|_X^2 = \int_0^\infty \left|\eta\left(\frac{x}{n}\right)\right|^2 \mathrm{d}x = n\int_0^\infty |\eta(t)|^2 \mathrm{d}t = n\|\eta\|_X^2,$$

$$\|\varphi_n'\|_X^2 = \int_0^\infty \left|\frac{\mathrm{d}}{\mathrm{d}x}\eta\left(\frac{x}{n}\right)\right|^2 \mathrm{d}x = \int_0^\infty \frac{1}{n^2}\left|\eta'\left(\frac{x}{n}\right)\right|^2 \mathrm{d}x = \frac{1}{n}\int_0^\infty |\eta'(t)|^2 \mathrm{d}t = \frac{1}{n}\|\eta'\|_X^2.$$

$$\therefore \quad \frac{\|\varphi_n\|}{\|\varphi_n'\|} = n\frac{\|\eta\|}{\|\eta'\|} \to +\infty \qquad (n \to \infty)$$

∎

**3.5** 省略(ヒントに従って着実に考えれば容易)．

## 第 4 章

**4.1** (前半) $\eta_i=\sum_{j=1}^{\infty} a_{ij}\xi_j$ より $|\eta_i| \leqq \sum_{j=1}^{\infty} |a_{ij}|\,|\xi_j|$．シュバルツの不等式により評価するのに，この右辺を $\sum_{j=1}^{\infty} \sqrt{|a_{ij}|}\cdot(\sqrt{|a_{ij}|}\,|\xi_j|)$ とみなせば，

$$|\eta_i|^2 \leqq \sum_{j=1}^{\infty} |a_{ij}|\cdot\sum_{j=1}^{\infty} |a_{ij}|\,|\xi_j|^2 \leqq M_1\sum_{j=1}^{\infty} |a_{ij}|\,|\xi_j|^2.$$

両端の辺に着目し，$i$ について総和をとれば，

$$\sum_{i=1}^{\infty} |\eta_i|^2 \leqq M_1\sum_{j=1}^{\infty}\left(\sum_{i=1}^{\infty} |a_{ij}|\right)|\xi_j|^2 \leqq M_1\sum_{j=1}^{\infty} M_2|\xi_j|^2.$$

$$\therefore \quad \|y\|^2 \leqq M_1M_2\|x\|^2.$$

すなわち

$$\|Ax\| \leqq \sqrt{M_1M_2}\,\|x\|.$$

これは，$\|A\|_{\mathcal{L}(X)} \leqq \sqrt{M_1M_2}$ を意味する．

(後半) $Y=l^\infty$，$A \in \mathcal{L}(Y)$ として考える．

$$|\eta_i| \leqq \sum_{j=1}^{\infty} |a_{ij}|\,|\xi_j| \leqq \sum_{j=1}^{\infty} |a_{ij}|\,\|x\|_{l^\infty} \leqq M_1\|x\|_{l^\infty}$$

よって，

$$\|y\|_{l^\infty} \leqq M_1 \|x\|_{l^\infty} \tag{1}$$

これより，$\|A\|_{\mathcal{L}(Y)} \leqq M_1$ がわかる．よって，$\|A\|_{\mathcal{L}(X)} = M_1$ を示すためには，$\displaystyle\lim_{p\to\infty} \frac{\|Ax_p\|}{\|x_p\|} = M_1$ となるような列 $\{x_p \in l^\infty\}$ の存在を示せばよい．以下 ($M_1 = 0$ ならば $A=0$ であるから)，$M_1 > 0$ と仮定しよう．

$$\gamma_i = \sum_{j=1}^{\infty} |a_{ij}| \qquad (i=1,2,\cdots)$$

とおき，$\{\gamma_i\}$ の部分列で上限 $M_1$ に収束するものを $\{\gamma_{i'}\}$ とおく．すなわち，

$$\sum_{j=1}^{\infty} |a_{i'j}| \to M_1.$$

ここで，複素数 $\xi_{i'j}$ を次のように定義する；

$$\xi_{i'j} = \begin{cases} 0 & (a_{i'j}=0 \text{ のとき}) \\ \mathrm{e}^{-\sqrt{-1}\theta_{i'j}} & (a_{i'j} \neq 0 \text{ のとき．} \theta_{i'j} \text{ は } a_{i'j} \text{ の偏角}) \end{cases} \tag{2}$$

この $\xi_{i'j}$ を用いて，$l^\infty$ の点列 $x_{i'}$ を

$$x_{i'} = (\xi_{i'k})_{k=1}^{\infty} \tag{3}$$

により定義する．なお，$a_{i'j}=0$ $(\forall j)$ となるような $i'$ はとばして考えてよい．そうすると $\|x_{i'}\|_{l^\infty} = 1$ である．一方

$$\eta_{i'} = \sum_{j=1}^{\infty} a_{i'j}\xi_{i'j} = \sum_{j=1}^{\infty} |a_{i'j}| = \gamma_{i'}$$

よって，$y_{i'} = Ax_{i'}$ に対して $\|y_{i'}\| = \sup|y_{i'} \text{ の成分}| \geqq \gamma_{i'}$．一方，$\|y_{i'}\|_Y \leqq M_1 \|x_{i'}\|_Y = M_1$ はわかっている．よって

$$\gamma_{i'} \leqq \|y_{i'}\|_Y \leqq M_1 \tag{4}$$

さらに，$\gamma_{i'} \to M_1$ $(i' \to \infty)$ であることから

$$\|y_{i'}\|_Y = \frac{\|Ax_{i'}\|_Y}{\|x_{i'}\|_Y} \to M_1 \tag{5}$$

が得られ，$\|A\|_{\mathcal{L}(Y)} = M_1$ の証明が終わる．

$Z = l^1$ において，$\|A\|_{\mathcal{L}(Z)} = M_2$ を示す課題に対しては次のヒントだけを記しておこう．$\|A\|_{\mathcal{L}(Z)} \leqq M_2$ の証明はやさしい．問題は $\|A\|_{\mathcal{L}(Z)} \geqq M_2$ の証明である．いま

$$M_2 = \max_j \sum_{i=1}^{\infty} |a_{ij}| = \sum_{i=1}^{\infty} |a_{ij_0}| \tag{6}$$

となっているとする(一般の場合の sup が $j=j_0$ での max として到達されているとする)．このとき $\tilde{\xi}_k$ $(k=1,2,\cdots)$ を

$$\tilde{\xi}_k = \begin{cases} 1 & (k=j_0) \\ 0 & (k \neq j_0) \end{cases}$$

によって定義し，$\tilde{x} = (\tilde{\xi}_k)_{k=1}^{\infty}$ とおく．そうすると $\|\tilde{x}\|_Z = 1$ は明らかである．また，

$$(A\widetilde{x})_i = \sum_{j=1}^{\infty} a_{ij}\widetilde{\xi}_j = a_{ij_0} \qquad (i=1,2,\cdots)$$

であるから，$\|A\widetilde{x}\|_Z = \sum_{i=1}^{\infty} |a_{ij_0}| = M_2$．これより $\|A\|_{\mathcal{L}(Z)} \geqq M_2$ がわかる．$M_2$ が (6) のように max で到達されていないときの修正は $Y$ の場合と同工異曲である． ∎

**4.2** 省略(ヒントに従って着実に計算すればよい)．

**4.3**

$$\|\varphi_n\|^2 = n\int_{\frac{1}{n}}^{\frac{2}{n}} \mathrm{d}x = n \times \frac{1}{n} = 1.$$

$$\|A\varphi_n\|^2 = n\int_{\frac{1}{n}}^{\frac{2}{n}} \frac{\mathrm{d}x}{x^2} = n\left[-\frac{1}{x}\right]_{\frac{1}{n}}^{\frac{2}{n}} = \frac{n^2}{2}$$

よって $\dfrac{\|A\varphi_n\|}{\|\varphi_n\|} = \dfrac{n}{\sqrt{2}} \to +\infty$． ∎

## 第 5 章

**5.1** (前半) $U_n(x) = (\beta - x)^n (x - \alpha)^n$ とおけば，$U_n$ は $x$ の $2n$ 次の多項式であり，最高次の $x^{2n}$ の係数は $(-1)^n x^{2n}$．したがって，$p_n$ は $n$ 次多項式であり，最高次の $x^n$ の係数は $(-1)^n 2n(2n-1)\cdots(n+1) = (-1)^n(2n)!/n!$．一方，$U_n$ は $x=\alpha,\beta$ を $n$ 位の零点に持っている．したがって，$U_n$ の $k$ 次導関数 $U_n^{(k)}$ は $0 \leqq k \leqq n-1$ である限り，$x=\alpha,\beta$ において 0 となる．さて，$q$ を $n-1$ 次以下の任意の多項式とすると

$$\begin{aligned}
\int_\alpha^\beta p_n(x)q(x)\mathrm{d}x &= \Big[U^{(n-1)}(x)q(x)\Big]_\alpha^\beta - \int_\alpha^\beta U^{(n-1)}(x)q'(x)\mathrm{d}x \\
&= -\int_\alpha^\beta U^{(n-1)}(x)q'(x)\mathrm{d}x \\
&= -\Big[U^{(n-2)}(x)q'(x)\Big]_\alpha^\beta + \int_\alpha^\beta U^{(n-2)}(x)q''(x)\mathrm{d}x \\
&= \int_\alpha^\beta U^{(n-2)}(x)q''(x)\mathrm{d}x = \cdots = (-1)^k \int_\alpha^\beta U^{(n-k)}(x)q^{(k)}(x)\mathrm{d}x \\
&= \cdots = (-1)^n \int_\alpha^\beta U(x)q^{(n)}(x)\mathrm{d}x = 0
\end{aligned}$$

が成り立つ．すなわち $p_n$ は $n-1$ 次以下の多項式と直交する．とくに，$p_n$ は $p_{n-1}, p_{n-2}, \cdots, p_1, p_0$ と直交する．$n$ の任意性から，これは $(p_n, p_m) = 0$ $(n \neq m)$ を意味している．

(後半) 自然数 $n$ に関する次の命題 $(M_n)$ を数学的帰納法によって示すことはやさしい．

$(M_n)$ $x^n$ は $p_n, p_{n-1}, \cdots, p_1, p_0$ の線形結合で表わされる．

いま，$\{p_n\}_{n=0}^{\infty}$ の線形包の全体を $\mathcal{L}$ で表わすと，$\mathcal{L}$ は $x^n$ $(n=0,1,2,\cdots)$ を含んでいる．したがって，$\mathcal{L}$ は任意の多項式を含むことになる．多項式の全体が $X$ で稠密であるから，当然，$\mathcal{L}$ は $X$ で稠密である．題意における $e_n$ のすべてと直交する $X$ の要素を $h$ とすれば，$h$ は $\mathcal{L}$ とも直交する．$\mathcal{L}$ の $X$ における稠密性から，これは $h=0$ を意味する．すなわち，$\{e_n\}_{n=0}^{\infty}$ は極大であり，したがって，定理 5.5 により完全である． ∎

**5.2**　(5.36) の $a$ に対して，$X=H_0^1(-1,1)$ の内積を

$$(u,v)_X=(u',v')_{L^2(-1,1)}=\int_{-1}^{1}u'(x)v'(x)\mathrm{d}x$$

として，次のように計算することができる．ただし，$u$ は $X$ の任意要素である．

$$\begin{aligned}(u,a)_X&=\int_{-1}^{1}u'(x)a'(x)\mathrm{d}x=\frac{1}{2}\int_{-1}^{0}u'(x)(1+x)'\mathrm{d}x+\frac{1}{2}\int_{0}^{1}u'(x)(1-x)'\mathrm{d}x\\&=\frac{1}{2}\int_{-1}^{0}u'\mathrm{d}x-\frac{1}{2}\int_{0}^{1}u'\mathrm{d}x=\frac{1}{2}(u(0)-u(-1))-\frac{1}{2}(u(1)-u(0))\\&=\frac{1}{2}(u(0)-0)-\frac{1}{2}(0-u(0))=u(0)\end{aligned}$$ ∎

**5.3**　$\varphi(0)^2=2\int_{-\infty}^{0}\varphi\varphi'\mathrm{d}x$ からシュバルツの不等式を用いて

$$\begin{aligned}|\varphi(0)|^2&\leqq 2\|\varphi\|_{L^2(-\infty,0)}\|\varphi'\|_{L^2(-\infty,0)}\\&\leqq 2\|\varphi\|_{L^2(\mathbf{R}^1)}\cdot\|\varphi'\|_{L^2(\mathbf{R}^1)}\leqq\|\varphi\|_{L^2(\mathbf{R}^1)}^2+\|\varphi'\|_{L^2(\mathbf{R}^1)}^2\\&=\|\varphi\|_{H^1(\mathbf{R}^1)}^2\end{aligned}$$

が得られる．これより

$$|\varphi(0)|\leqq\|\varphi\|_{H^1(\mathbf{R}^1)}\qquad(\forall\varphi\in C_0^1(\mathbf{R}^1))\tag{1}$$

である．

いま，任意の $u\in H^1(\mathbf{R}^1)$ とする．このとき，$C_0^1(\mathbf{R}^1)$ に属する関数列 $\varphi_n$ で $\varphi_n\to u$ $(H^1(\mathbf{R}^1)$ 収束$)$ を満たすものが存在する（$C_0^1(\mathbf{R}^1)$ の $X$ での稠密性）．この $\varphi_n$ に対して(1)を書けば

$$|\varphi_n(0)|\leqq\|\varphi_n\|_{H^1(\mathbf{R}^1)}.\tag{2}$$

ここで，$n\to\infty$ にすると

$$|u(0)|\leqq\|u\|_{H^1(\mathbf{R}^1)}\tag{3}$$

が得られる（詳しくは，(1) を一般化した

$$|\varphi(t)|\leqq\|\varphi\|_{H^1(\mathbf{R}^1)}\qquad(\forall\varphi\in C_0^1(\mathbf{R}^1),-\infty<t<+\infty)$$

を導いておき，これを用いて $\varphi_n$ が一様収束すること，そうして，その極限関数が $u$ と一致することを言っておかねばならないのだが).

これは，題意の $F(u)=u(0)$ が $X=H_0^1(\mathbf{R}^1)$ の上の線形汎関数として有界であることを意味している．したがって，Riesz の表現定理により

$$u(0)=(u,a)_X=\int_{-\infty}^{\infty} ua\mathrm{d}x+\int_{-\infty}^{\infty} u'a'\mathrm{d}x \qquad (\forall u\in X) \tag{4}$$

を満たす $a$ が存在する．

$a$ の具体形を求めるには，まず，$\varphi\in C_0^1(0,\infty)$ を (4) の $u$ として採用する．そうすると，$a$ の滑らかさの仮定のもとに，部分積分を用いた計算により

$$0=\int_0^{\infty}\varphi a\mathrm{d}x+\int_0^{\infty}\varphi' a'\mathrm{d}x=\int_0^{\infty}\varphi(a-a'')\mathrm{d}x \qquad (\forall\varphi\in C_0^1(0,\infty))$$

が得られる．これより，

$$a-a''=0 \qquad (0<x<+\infty) \tag{5}$$

である．$a\in L^2(0,\infty)$ であることを考慮すると，(5) より，$c_1$ を定数として

$$a(x)=c_1\mathrm{e}^{-x} \qquad (0<x<+\infty) \tag{6}$$

であることがわかる．同様に，ある定数 $c_2$ を用いて

$$a(x)=c_2\mathrm{e}^{x} \qquad (0<x<+\infty) \tag{7}$$

でなければならない．ここで，$a$ の $x=0$ における連続性から，$c_1=c_2$ である．さらに，$\varphi\in C_0^1(\mathbf{R}^1)$ に対して計算すると，

$$\begin{aligned}(\varphi,a)_X&=c_1\left(\int_{-\infty}^0 \mathrm{e}^x\varphi\mathrm{d}x+\int_{-\infty}^0 \mathrm{e}^x\varphi'\mathrm{d}x\right)+c_1\left(\int_0^{\infty}\mathrm{e}^{-x}\varphi\mathrm{d}x-\int_0^{\infty}\mathrm{e}^{-x}\varphi'\mathrm{d}x\right)\\&=c_1\varphi(0)+c_1\varphi(0)=2c_1\varphi(0)\end{aligned}$$

となる．これより (4) が成り立つためには，$c_1=\dfrac{1}{2}$ である．こうして，

$$a(x)=\frac{1}{2}\mathrm{e}^{-|x|} \tag{8}$$

が得られた．(8) の $a(x)$ が実際に (4) を満たすことの検証は容易である． ∎

**5.4** （ヒント） $c_0=\min\{1,k\}$, $c_1=\max\{1,k\}$ とおけば，$c_0$, $c_1$ は正数であり

$$c_0\|u\|_{H^1}^2\leqq\|u\|_X^2\leqq c_1\|u\|_{H^1}^2 \qquad (\forall u\in X)$$

が成り立つ． ∎

**5.5** 題意の弱解 $u$ は次の (i), (ii) によって定義される．

(i) $u\in H_0^1(0,1)$,

(ii) $(u',\varphi')_{L^2(0,1)}+(qu,\varphi)_{L^2(0,1)}=(f,\varphi)_{L^2(0,1)}$, $(\forall\varphi\in H_0^1(0,1))$.

この弱解の存在は，ヒントに従えば容易である． ∎

**5.6** $v \in X$ を任意に選んで固定し，$v$ に依存する汎関数 $F_v$ を

$$F_v(u) = (Au, v) \qquad (\forall u \in X) \tag{1}$$

により定義する．$F_v$ は線形である．また

$$|F_v(u)| \leqq \|Au\| \cdot \|v\| \leqq \|A\| \cdot \|u\| \cdot \|v\| = (\|A\| \cdot \|v\|)\,\|u\|$$

から，$F_v$ は有界汎関数であり，かつ $\|F_v\| \leqq \|A\| \cdot \|v\|$ である．よって，Rieszの表現定理により

$$F_v(u) = (u, v^*) \qquad (\forall u \in X) \tag{2}$$

を満たす $v^*$ が ($F_v$ に対して，したがって $v$ に対して) 一意に存在する．また，$\|v^*\| \leqq \|F_v\|$ もわかっている．したがって，

$$\|v^*\| \leqq \|A\| \cdot \|v\| \tag{3}$$

である．$v$ に $v^*$ を対応させる写像を $A^*$ で表わす (この段階では $A^*$ の線形性はまだわからない)．

さて，$X$ の任意の要素 $v_1, v_2$ を考え，$v_1^* = A^*v_1$，$v_2^* = A^*v_2$ とおく．すなわち

$$(Au, v_1) = (u, v_1^*) \qquad (\forall u \in X), \tag{4}$$

$$(Au, v_2) = (u, v_2^*) \qquad (\forall u \in X) \tag{5}$$

である．いま，$w = v_1 + v_2$ を考え，$A^*w = A^*(v_1 + v_2) = w^*$ とおく．すなわち

$$(Au, v_1 + v_2) = (u, w^*) \qquad (\forall u \in X) \tag{6}$$

である．(4), (5) の左辺の和は (6) の左辺に等しい．したがって右辺についても

$$(u, v_1^*) + (u, v_2^*) = (u, w^*) \qquad (\forall u \in X) \tag{7}$$

が成り立つ．(7) から $u$ の任意性を用いて

$$v_1^* + v_2^* = w^*$$

が得られるが，これは

$$A^*v_1 + A^*v_2 = A^*(v_1 + v_2) \tag{8}$$

を意味している．同様な論法で

$$A^*(\alpha v) = \alpha A^* v \tag{9}$$

が任意の数 $\alpha$ および任意の $v \in X$ に対して導かれる．よって，写像 $A^* : X \to X$ が線形作用素であることが示される．そのうえで (3) を

$$\|A^*v\| \leqq \|A\| \cdot \|v\| \qquad (\forall v \in X) \tag{10}$$

と書いてみると，これは$A^*$が有界作用素であり，$\|A^*\| \leqq \|A\|$ であることを意味している．最後に，(2) を

$$(Au, v) = (u, A^*v)$$

と書くことに注意すると，上の $A^*$ が $A$ の共役作用素にほかならないことがわかり証明が完了する． ∎

**5.7** $A^{-1} \in \mathcal{L}(X)$ が仮定されているから，$(A^{-1})^* \in \mathcal{L}(X)$ が存在する．とりあえず，$B = (A^{-1})^*$ と書くことにする．すなわち，

$$(A^{-1}u, v) = (u, Bv) \qquad (\forall u, v \in X) \tag{1}$$

(1) に $v = A^*w$ ($w$ は $X$ の任意の要素) を代入すると

$$(u, BA^*w) = (A^{-1}u, A^*w) = (A(A^{-1})u, w) = (u, w)$$

が任意の $u, w$ に対して成り立つことがわかる．よって

$$BA^*w = w \ (\forall w \in X), \quad \text{すなわち}, \quad BA^* = I \tag{2}$$

である．一方，(1) において $u = Aw$ ($w$ は $X$ の任意の要素) を代入すれば

$$(w, v) = (Aw, Bv) = (w, A^*Bv) \qquad (\forall w, v \in X)$$

が得られる．これより $A^*B = I$．これと (2) とを合わせて，$B = (A^*)^{-1}$ であること，すなわち，$(A^{-1})^* = (A^*)^{-1}$ が証明された． ∎

## 第 6 章

**6.1** $A$ と $z_1 - A$, $z_1 - A$ と $(z_1 - A)^{-1}$ の可換性は自明．また $(z_1 - A)^{-1}$ と $(z_2 - A)^{-1}$ との可換性はリゾルベント等式 (6.16) で示されている．$z_1 - A$ と $(z_2 - A)^{-1}$ の可換性は次のようにしてわかる．

$$\begin{aligned}(z_1 - A)(z_2 - A)^{-1} &= \{(z_1 - z_2) + (z_2 - A)\}(z_2 - A)^{-1} \\ &= (z_1 - z_2)(z_2 - A)^{-1} + I \\ (z_2 - A)^{-1}(z_1 - A) &= (z_2 - A)^{-1}\{(z_2 - A) + (z_1 - z_2)\} \\ &= I + (z_1 - z_2)(z_2 - A)^{-1}\end{aligned}$$

$$\therefore \quad (z_1 - A)(z_2 - A)^{-1} = (z_2 - A)^{-1}(z_1 - A) \tag{1}$$

(1) で $z_1 = 0$ とおけば $A$ と $(z_2 - A)^{-1}$ の可換性が得られる．その他の組合せも容易に扱える． ∎

**6.2** (i) $B = A + kI$ とおき，$\rho(B) = \rho(A) + k$ を示す．ただし，$\rho(A) + k = \{z + k \mid z \in \rho(A)\}$．さて，$z \in \rho(A) \Rightarrow (z - A)^{-1} \in \mathcal{L}(X) \Leftrightarrow (z + k - (A + k))^{-1} \in \mathcal{L}(X) \Rightarrow$

$z+k\in\rho(B)$. $\therefore\ \rho(A)+k\subseteqq\rho(B)$. 逆に，$\zeta\in\rho(B)\Rightarrow(\zeta-B)^{-1}\in\mathcal{L}(X)\Rightarrow(\zeta-(A+k))^{-1}\in\mathcal{L}(X)\Rightarrow((\zeta-k)-A)^{-1}\in\mathcal{L}(X)\Rightarrow\zeta-k\in\rho(A)\Rightarrow\zeta\in\rho(A)+k$, $\therefore\ \rho(B)\subseteqq\rho(A)+k$.

したがって，$\rho(B)=\rho(A)+k$.

(ii) $B=A^2$ とおく．また，$\{z^2|z\in\sigma(A)\}=(\sigma(A))^2$ と書き

$$\sigma(B)=(\sigma(A))^2 \tag{1}$$

を示したい．それには

$$\lambda\in\sigma(A)\Rightarrow\lambda^2\in\sigma(B) \tag{2}$$

および

$$\zeta\in\sigma(B)\Rightarrow\exists z\in\sigma(A)\ \text{に対して}\ \zeta=z^2 \tag{3}$$

の両者を示せばよい．それぞれの対偶をとって証明する．

(2) の対偶は

$$\lambda^2\in\rho(B)\Rightarrow\lambda\in\rho(A). \tag{4}$$

ところが，$\lambda^2\in\rho(B)\Rightarrow(\lambda^2-B)^{-1}\in\mathcal{L}(X)$. このとき，$C=(\lambda+A)(\lambda^2-B)^{-1}$ とおけば，$C\in\mathcal{L}(X)$ であり，かつ，$(\lambda-A)C=(\lambda^2-A^2)(\lambda^2-B)^{-1}=I$. よって，$\lambda-A$ は $X$ 上への写像であり，$C$ は $\lambda-A$ の右逆元である．一方，ある $v\in X$ に対して $(\lambda-A)v=0$ とすればこの両辺に $\lambda+A$ を掛けて $(\lambda^2-B)v=0$ が得られ，$\lambda^2\in\rho(B)$ の仮定から $v=0$ となる．すなわち，$\lambda-A$ は 1 対 1 の写像である．結局，$(\lambda-A)^{-1}$ が存在し，それは $C$ と一致する．よって，$(\lambda-A)^{-1}\in\mathcal{L}(X)$. すなわち，(4) が示された．

(3) の対偶は，任意の $\zeta$ が与えられたとき，

「$\zeta=z^2$ を満たすすべての $z$ が $\rho(A)$ に属するならば $\zeta\in\rho(B)$ である」

という命題である．$\zeta=0$ ならば，$0\in\rho(A)$ の場合を調べることになり，$(A^{-1})^2=A^{-2}$ が $B$ の逆作用素であることから $0\in\rho(B)$ である．$\zeta\neq0$ のときは，$\zeta=z^2$ を満たす $z$，すなわち，$\zeta$ の平方根を $\alpha$，$-\alpha$ で表わす．$\alpha\in\rho(A)$，かつ $-\alpha\in\rho(A)$ の場合を調べることになるが，$(\alpha-A)^{-1}$，$(\alpha+A)^{-1}$ がともに $\mathcal{L}(X)$ の作用素であるから，$(\alpha-A)^{-1}(\alpha+A)^{-1}=(\alpha+A)^{-1}(\alpha-A)^{-1}\in\mathcal{L}(X)$ が $\alpha^2-B=\alpha^2-A^2=(\alpha-A)(\alpha+A)$ の逆作用素であることを確かめるのはやさしい．

**6.3** (前半) $\lambda$ をユニタリ作用素 $U$ の固有値，$\varphi$ をその固有値に属する固有ベクトルとする．そうすると，$U$ の等長性により $\|U\varphi\|=\|\varphi\|$. これに $U\varphi=\lambda\varphi$ を代入し $|\lambda|\,\|\varphi\|=\|\varphi\|$. よって $|\lambda|=1$. すなわち，ユニタリ作用素の固有値の絶対値は 1 である (これは定理であり常識である)．次に，$\lambda,\mu$ を $U$ の相異なる固有値

とし，$\varphi,\psi$ をそれぞれに属する固有ベクトルとする．$U\varphi=\lambda\varphi$，$U\psi=\mu\psi$ を，$U$ の等長性にもとづく等式 $(U\varphi,U\psi)=(\varphi,\psi)$ に代入すると

$$\lambda\overline{\mu}(\varphi,\psi)=(\varphi,\psi). \tag{1}$$

ところが，$|\mu|=1$ により $\overline{\mu}=1/\mu$ である．よって (1) より

$$\left(\frac{\lambda}{\mu}-1\right)(\varphi,\psi)=0 \tag{2}$$

$\lambda\neq\mu$ の仮定より，(2) は $(\varphi,\psi)=0$，すなわち，$\varphi\perp\psi$ を意味する．

（後半）　まず，$A\in\mathcal{L}(X)$ が $A^*A=AA^*$ を満たせば，任意の $u\in X$ に対して

$$\|Au\|=\|A^*u\| \tag{3}$$

である（これは $(A^*Au,u)=(AA^*u,u)$ より明らか）．

また，$\lambda$ を任意の複素数とするとき

$$\|(A-\lambda)u\|=\|(A^*-\overline{\lambda})u\| \qquad (\forall u\in X) \tag{4}$$

が成り立つ（これは $B=A-\lambda=A-\lambda I$ とおくとき，$B^*=A^*-\overline{\lambda}$ であること，ならびに $B^*B=BB^*$ が成り立つことからわかる）．さて，$\lambda$ が $A$ の固有値であり，$\varphi$ がそれに属する固有ベクトルであるとする．すなわち，$A\varphi=\lambda\varphi$．このとき (4) から得られる

$$\|(A-\lambda)\varphi\|=\|(A^*-\overline{\lambda})\varphi\| \tag{5}$$

によれば，$A^*\varphi=\overline{\lambda}\varphi$．すなわち，$\varphi$ は $A^*$ の固有値 $\overline{\lambda}$ に属する固有ベクトルでもある．

次に，$\lambda,\mu$ を $A$ の相異なる固有値とし，$\varphi,\psi$ をそれぞれに属する固有ベクトルとする．このとき，等式 $(A\varphi,\psi)=(\varphi,A^*\psi)$ に，$A\varphi=\lambda\varphi$，$A^*\psi=\overline{\mu}\psi$ を代入すると，$\lambda(\varphi,\psi)=(\varphi,\overline{\mu}\psi)=\mu(\varphi,\psi)$．ゆえに，$(\lambda-\mu)(\varphi,\psi)=0$．ここで $\lambda\neq\mu$ を考慮すると，$(\varphi,\psi)=0$ となる． ∎

**6.4**　省略．

**6.5**　（前半）　$X=C[\alpha,\beta]$ における収束は，閉区間 $[\alpha,\beta]$ 上の一様収束である．$L$ から選ばれた関数列の一様収束極限 $v$ は $v(\alpha)=0$ を満たす連続関数である．一方，$X$ の中には $x=\alpha$ における値が 0 でない関数 $u$ が含まれている．よって，$L$ は $X$ で稠密ではない．(6.36) の積分作用素の値域に属する関数を $v$ とすれば，ある $u\in X$ を用いて

$$v(x)=\int_\alpha^x K(x,y)u(y)\mathrm{d}y \qquad (\alpha\leqq x\leqq\beta) \tag{1}$$

と表わされる．これより，$v\in L$ である．よって，$\mathcal{R}(A)$ は $X$ で稠密ではない．

（後半） $K(x,y)\equiv 1$ の特別の場合であるから，$Y$ における $\mathcal{R}(A)$ は，任意の $u\in Y=L^2(\alpha,\beta)$ を用いて

$$v(x)=\int_\alpha^x u(y)\mathrm{d}y \qquad (\alpha<x<\beta) \tag{2}$$

と表わされる $v$ の全体である．以下，$\mathcal{R}(A)$ が $Y$ で稠密であることを示す．そのための一つの方法は，$\mathcal{R}(A)$ に属する $v$ の特長づけが $v(\alpha)=0$ を満足する $u$ の不定積分であることに着目し，

$$M=\{\varphi\in C^1[\alpha,\beta]\mid\varphi(\alpha)=0\} \tag{3}$$

に属する任意の関数は $\mathcal{R}(A)$ に属すること（$u=\varphi'$ にとればよい），さらに $M$ が $L^2(\alpha,\beta)$ で稠密なことを用いる論法である．しかし，ここでは定理 5.2 を用いて証明しよう．すなわち，$\varphi\perp\mathcal{R}(A)$ を仮定し，$\varphi=0$ を示すのである．簡単のために実関数の場合について書く．条件 $(\varphi,v)=0$ $(\forall v\in\mathcal{R}(A))$ より

$$\int_\alpha^\beta\varphi(x)\int_\alpha^x u(y)\mathrm{d}y=0. \tag{4}$$

この積分順序を変更すると

$$\int_\alpha^\beta u(y)\left\{\int_y^\beta\varphi(x)\mathrm{d}x\right\}\mathrm{d}y=0. \tag{5}$$

ここで，$u\in Y=L^2(\alpha,\beta)$ が任意であるので，(5) は

$$\int_y^\beta\varphi(x)\mathrm{d}x=0 \tag{6}$$

(6) を $y$ で微分すると $\varphi(y)=0$ (a. e. $y=0$) が得られ $\varphi=0$ （$Y$ の要素として）が得られる． ∎

**6.6** 省略（指定された段階を追って，ヒントを参照しながら着実に考えれば容易である）．

**6.7** $z=x+\mathrm{i}y$，ただし $x>0$ のとき，任意の $f\in X$ に対して方程式

$$(z-A)u=f \tag{1}$$

が解 $u$ を持てば，両辺と $u$ との内積の実数部分を調べて

$$x\|u\|^2\leqq(f,u)\leqq\|u\|\,\|f\|. \tag{2}$$

よって，$z\in\rho(A)$ ならば，$\|(z-A)^{-1}\|\leqq 1/x$.

$x_0$ を $x_0>\|A\|$ を満たす正数とする．複素数 $z=x+\mathrm{i}y$ において，$x\geqq x_0$ ならば $|z|\geqq x_0>\|A\|$ であるから $z\in\rho(A)$．問題は

$$0<x<x_0 \tag{3}$$

の場合である．このとき，$z=x+\mathrm{i}y$ に対して，$z_0=x_0+\mathrm{i}y$ とおき，さらに $R(z_0)=(z_0-A)^{-1}$ と書く．方程式 (1) を

$$(z_0-A)u=f+(z_0-z)u$$

と書き直してから，さらに，$R(z_0)$ を両辺に掛けて

$$u=R(z_0)f+(z_0-z)R(z_0)u\equiv\Phi(u) \tag{4}$$

と変形する．(4) の最右辺の作用素 $\Phi$ は，(3) のもとでは縮小作用素になる．実際，

$$\|\Phi(u_1)-\Phi(u_2)\|=\|(z_0-z)R(z_0)(u_1-u_2)\| \tag{5}$$

に対して，$z_0-z=x_0-x$，$\|R(z_0)\|\leqq\dfrac{1}{x_0}$ を用いれば

$$\|\Phi(u_1)-\Phi(u_2)\|\leqq\frac{x_0-x}{x_0}\|u_1-u_2\|$$

となり，一方，(3) により，$0<(x_0-x)/x_0<1$ が成り立つからである．よって，縮小作用素の原理により，(1) は任意の $f$ に対して一意の解 $u$ を持ち，かつ，評価 (2) が成り立つ．以上により定理6.9が示された． ∎

**第 7 章**

**7.1** $u_n=\dfrac{1+\cos 2nx}{2}=\dfrac{1}{2}+\dfrac{1}{2}\cos 2nx$ において $\cos 2nx\to 0$ ($X$ で弱収束) は，例7.3にならい定理7.3を用いれば示される．よって，$u_n\to\dfrac{1}{2}$ (定数関数)，($X$ で弱収束)．一方，$\cos 2nx$ は強収束しない．よって $u_n$ は強収束しない．次に

$$w_n(x)=\frac{x}{2}+\frac{1}{2}\int_0^x\cos 2nx\mathrm{d}x=\frac{x}{2}+\frac{\sin 2nx}{4n}.$$

であるが，$\dfrac{\sin 2nx}{4n}$ は0に強収束する (一様収束でもある)．よって，$w_n\to\dfrac{x}{2}$ ($X$ で強収束)．もちろん，$w_n$ は $x/2$ に弱収束でもある． ∎

**7.2** $\|u_n\|_{L^2}^2=\displaystyle\int_0^\infty\mathrm{e}^{-2nx}\mathrm{d}x=\frac{1}{2n}$，$\left\|\dfrac{\mathrm{d}u_n}{\mathrm{d}x}\right\|_{L^2}^2=\displaystyle\int_0^\infty n^2\mathrm{e}^{-2nx}\mathrm{d}x=\frac{n}{2}$．よって，$\|u_n\|_X^2\to+\infty$．したがって，$u_n$ は $X$ で弱収束しない．よって，もちろん，強収束もしない．次に $v_n=\dfrac{1}{\sqrt{n}}u_n$ については，$\|v_n\|_{L^2}^2=\dfrac{1}{2n^2}$，$\left\|\dfrac{\mathrm{d}v_n}{\mathrm{d}x}\right\|_{L^2}^2=\dfrac{1}{2}$．すなわち，$\|v_n\|_X^2=\dfrac{1}{2n^2}+\dfrac{1}{2}$．$v_n\to 0$ in $L^2(0,\infty)$ であるから，$v_n$ が $X$ で強収束するとすれば，その極限は0である．ところが，$\|v_n\|_X\to\sqrt{\dfrac{1}{2}}$ である．よって，$v_n$ は $X$ で強収束しない ($v_n\to 0$ ($X$ で強収束) ならば $\|v_n\|_X\to 0$ のはずであるから)．次に，$v_n\to 0$ ($X$ において弱収束) を示す．定理7.3を利用する．$\|v_n\|_X$ が有界であるので定理の仮定 (i) は成立している．仮定 (ii) を検証する $L$ として，

$$L=\{\varphi\in C^1[0,\infty)\mid\varphi\text{ の台は有界}\} \tag{1}$$

を採用する．$L$ は $X=H^1(0,\infty)$ で稠密である (ことが知られている)．$\varphi\in L$ に対して，$(v_n,\varphi)_X$ を考察しよう．

$$|(v_n,\varphi)_{L_2}| \leqq \|v_n\|_{L^2}\cdot\|\varphi\|_{L^2} \leqq \frac{1}{\sqrt{2n}}\|\varphi\|_{L^2}\to 0,$$

$$\begin{aligned}\left|\left(\frac{\mathrm{d}v_n}{\mathrm{d}x},\frac{\mathrm{d}\varphi}{\mathrm{d}x}\right)\right| &= \left|\int_0^\infty \sqrt{n}\mathrm{e}^{-nx}\cdot\varphi'(x)\mathrm{d}x\right| \\ &\leqq \max_{x\in[0,\infty)}|\varphi'(x)|\int_0^\infty \sqrt{n}\mathrm{e}^{-nx}\mathrm{d}x \\ &= \frac{1}{\sqrt{n}}\max_{x\to[0,\infty)}|\varphi'(x)|\to 0, \quad (n\to\infty).\end{aligned}$$

よって，$(v_n,\varphi)_X\to 0$ $(n\to\infty)$ $(\forall\varphi\in L)$．こうして定理 7.3 が適用でき，$v_n\to 0$ ($X$ で弱収束) が証明された．　■

**7.3**　ヒントに従えばよい．最後の部分では

$$\|u_n-u_0\|^2=\sum_{k=1}^{N}|(u_n-u_0,e_k)|^2\to 0 \qquad (n\to\infty)$$

が，$(u_n-u_0,e_k)\to 0$ $(\forall k)$ から従うことを用いる．　■

**7.4**　ヒントに従い，定理 7.13 を用いればよい．また，ヒントの終りの部分に挙げられている不等式は次のようにして確認される．任意の $u\in X$ を

$$u=\sum_{k=1}^{\infty}\alpha_k e_k \qquad (\alpha_k=(u,e_k)) \tag{1}$$

と展開すれば，$\|u\|^2=\sum_{k=1}^{\infty}|\alpha_k|^2$，$\|(A-A_N)u\|^2=\sum_{k=N+1}^{\infty}|\lambda_k|^2|\alpha_k|^2$．よって，$r_N=\sup_{k\geqq N+1}|\lambda_k|$ とおけば，$\|(A-A_N)u\|\leqq r_N\|u\|$ $(u\in X)$ である．　■

**7.5**　$u_n(x)=\eta(x-n)$ は $X$ において 0 に弱収束する (第 7 章の導入例)．いま

$$\zeta(x)=\int_{-\infty}^{\infty}\rho(x-y)\eta(y)\mathrm{d}y \tag{1}$$

とおく．$\zeta$ は有界台の連続関数である．$\rho(x)\geqq 0$ に注意すれば，

$$\begin{aligned}\|\zeta\|_{L^1(-\infty,\infty)} &= \int_{-\infty}^{\infty}\left\{\int_{-\infty}^{\infty}\rho(x-y)\mathrm{d}x\right\}\eta(y)\mathrm{d}y \\ &= \int_{-\infty}^{\infty}\rho(x)\mathrm{d}x\cdot\int_{-\infty}^{\infty}\eta(y)\mathrm{d}y=\|\rho\|_{L_1}\cdot\|\eta\|_{L_1}>0\end{aligned}$$

である．したがって，また $\|\zeta\|_X>0$ でもある．

一方，$v_n=Au_n$ とおけば

$$\begin{aligned}v_n(x) &= \int_{-\infty}^{\infty}\rho(x-y)\eta(y-n)\mathrm{d}y=\int_{-\infty}^{\infty}\rho(x-n-t)\eta(t)\mathrm{d}t \\ &= \zeta(x-n) \qquad (n=1,2,\cdots)\end{aligned} \tag{2}$$

である．$v_n$ は 0 に弱収束するが，$\|v_n\|_X\equiv\|\zeta\|_X$ であるので $v_n$ は 0 に強収束しない．したがって，$A$ は完全連続ではない．次に

$$\begin{aligned}(Bu)(x) &= \mathrm{e}^{-|x|}\int_{-\infty}^{\infty}\rho(x-y)u(y)\mathrm{d}y \\ &= \int_{-\infty}^{\infty}K(x,y)u(y)\mathrm{d}y\end{aligned} \tag{3}$$

と書く．ただし

$$K(x,y)=\mathrm{e}^{-|x|}\rho(x-y) \tag{4}$$

である．ところが

$$\int_{-\infty}^{+\infty}\int_{-\infty}^{+\infty}|K(x,y)|^2\mathrm{d}x\mathrm{d}y=\int_{-\infty}^{\infty}\left\{\int_{-\infty}^{\infty}\rho(x-y)^2\mathrm{d}y\right\}\mathrm{e}^{-2|x|}\mathrm{d}x$$
$$=\|\rho\|_{L^2}^2\int_{-\infty}^{\infty}\mathrm{e}^{-2|x|}\mathrm{d}x=\|\rho\|_{L^2}^2<+\infty.$$

よって，$B$ は Hilbert-Schmidt 型の積分作用素であり，定理 7.10 により完全連続である．■

**7.6** 任意の $f\in L^2(\Omega)$ に対して，汎関数 $F_f$ を次式により定義する．

$$F_f(u)=(u,f)_{L^2(\Omega)} \qquad (\forall u\in X=H^1(\Omega)) \tag{1}$$

$F_f$ が $X$ 上で有界であることは，

$$|F_f(u)|\leqq\|u\|_{L^2}\|f\|_{L^2}\leqq\|f\|_{L^2}\cdot\|u\|_X$$

からわかる．よって，Riesz の定理により

$$F_f(u)=(u,f^*)_X \qquad (\forall u\in X) \tag{2}$$

であるような $f^*\in X$ が存在する．いま，$u_n\in X$ が $X$ において $u_0$ に弱収束するとせよ．そうすると

$$(u_n,f^*)_X\to(u_0,f^*)_X \tag{3}$$

である．ところが，(1), (2) によれば，(3) は数列 $(u_n,f)_{L^2}$ が $(u_0,f)_{L^2}$ に収束することを意味している．すなわち，$u_n$ は $L^2(\Omega)$ において $u_0$ に弱収束している．■

### 第 8 章

**8.1** $\varphi_n$ $(n=0,1,2,\cdots)$ が $A_1$ の固有値 $\mathrm{i}-\lambda_n$ に属する固有ベクトルであることは $A_1$ を作用させてみればわかる．同様に

$$(\mathrm{i}I+H)\varphi_n=(\mathrm{i}+\lambda_n)\varphi_n \tag{1}$$

である．$-\mathrm{i}\in\rho(H)$ であるから $(\mathrm{i}I+H)^{-1}=A_2\in\mathcal{L}(X)$．これを (1) の両辺に作用させて，$A_2\varphi_n=(1/(\mathrm{i}+\lambda_n))\varphi_n$ が得られる．よって，また

$$U\varphi_n=A_1(A_2\varphi_n)=((\mathrm{i}-\lambda_n)/(\mathrm{i}+\lambda_n))\varphi_n$$

となる．$\{\varphi_n\}$ は $A_1,A_2,U$ のいずれに対しても固有ベクトルの完全系であり

$$\sigma(A_1)=\sigma_P(A_1)=\{\mathrm{i}-\lambda_n \mid n=0,1,2,\cdots\},$$
$$\sigma(A_2)=\sigma_P(A_2)=\left\{\frac{1}{\mathrm{i}+\lambda_n} \,\middle|\, n=0,1,2,\cdots\right\},$$
$$\sigma(U)=\sigma_P(U)=\left\{\frac{\mathrm{i}-\lambda_n}{\mathrm{i}+\lambda_n} \,\middle|\, n=0,1,2,\cdots\right\}.$$

〔注：$U$ がユニタリであることは次のようにして検証される．$R(U)=X$ であることは，$X$ の任意の要素 $w$ に対して，$v=(\mathrm{i}I+H)(\mathrm{i}I-H)^{-1}w$ とおけば，$w=Uv$ が成り立つことからわかる．一方，$U$ の等長性については，任意の $u\in X$ に対して，$v=(\mathrm{i}I+H)^{-1}u$，$w=Uu$ とおけば，

$$(\mathrm{i}I+H)v=u, \quad w=(\mathrm{i}I-H)v.$$

よって，

$$\|u\|^2=\|(\mathrm{i}I+H)v\|^2=\|v\|^2+\|Hv\|^2,$$
$$\|w\|^2=\|(\mathrm{i}I-H)v\|^2=\|v\|^2+\|Hv\|^2$$

となり，$\|w\|=\|u\|$ が得られる．〕 ∎

**8.2**　(i)　$H_1\in\mathcal{L}_C(X)$ であることは定理 7.11 により明らか．自己共役であることは，$H_1^*=(A^*A)^*=A^*A^{**}=A^*A=H_1$ による．正値であることは，任意の $u\in X$ に対して

$$(H_1u,u)=(A^*Au,u)=\|Au\|^2\geqq 0$$

が成り立つことから明らか．

次に $E_0(H_1)=\{\varphi\in X \mid H_1\varphi=0\}$ が $\mathcal{N}(A)$ に等しいことは次の論法による．

$$\varphi\in E_0(H_1)\Rightarrow H_1\varphi=0\Rightarrow (H_1,\varphi,\varphi)=\|A\varphi\|^2=0\Rightarrow\varphi\in\mathcal{N}(A),$$
$$\varphi\in\mathcal{N}(A)\Rightarrow A\varphi=0\Rightarrow H_1\varphi=0\Rightarrow\varphi\in E_0(H_1).$$

(ii)　省略．

(iii)　$\lambda$ を正数とするとき，$E_\lambda(H_1)=\{\varphi \mid H_1\varphi=\lambda\varphi\}$，$E_\lambda(H_2)=\{\psi \mid H_2\psi=\lambda\psi\}$ とおいて，$\dim E_\lambda(H_1)=\dim E_\lambda(H_2)$ を示せばよい．まず，$\varphi\in E_\lambda(H_1)$ とすれば，$H_1\varphi=\lambda\varphi$．この両辺に $A$ を作用させると，$H_2(A\varphi)=\lambda A\varphi$ となる．よって $A\varphi\in E_\lambda(H_2)$．一方，$A\varphi=0$ ならば，$H_1\varphi=A^*A\varphi=\lambda\varphi$ より $\lambda\varphi=0$．$\lambda>0$ の仮定より $\varphi=0$ となる．これより，$\lambda$ が $H_1$ の固有値ならば，$\lambda$ は $H_2$ の固有値でもあることがわかる．同じ論法により，正数 $\lambda$ が $H_2$ の固有値ならば，$\lambda$ は $H_1$ の固有値であることも示される．さらに，$\lambda>0$ が固有値であるとき，$\dim E_\lambda(H_1)=\dim E_\lambda(H_2)$ であることを示す必要がある．いま，$\varphi_1,\varphi_2,\cdots,\varphi_N$ が線形独立な $E_\lambda(H_1)$ のベクトルであるとする．このとき $\psi_1=A\varphi_1,\psi_2=A\varphi_2,\cdots,\psi_N=A\varphi_N$ とお

けば，これらが $E_\lambda(H_2)$ に属することは，すでに見た．そこで，ある係数 $\alpha_1, \alpha_2, \cdots, \alpha_N$ に対して

$$\alpha_1\psi_1+\alpha_2\psi_2+\cdots+\alpha_N\psi_N=0 \tag{1}$$

が成り立つと仮定してみる．(1) の両辺に $A^*$ をほどこすと，$\alpha_1 H_1\varphi_1+\alpha_2 H_1\varphi_2+\cdots+\alpha_N H_1\varphi_N=0$，すなわち，

$$\lambda(\alpha_1\varphi_1+\alpha_2\varphi_2+\cdots+\alpha_N\varphi_N)=0$$

が得られる．$\lambda>0$ により，これは $\alpha_1\varphi_1+\alpha_2\varphi_2+\cdots+\alpha_N\varphi_N=0$ を意味するが，$\varphi_1,\varphi_2,\cdots,\varphi_N$ の独立性により

$$\alpha_1=\alpha_2=\cdots=\alpha_N=0 \tag{2}$$

が得られる．(1) から (2) が導かれたので $\psi_1,\psi_2,\cdots,\psi_N$ は線形独立である．よって $\dim E_\lambda(H_2)\geqq\dim E_\lambda(H_1)$ が示された．同様な論法によって，$\dim E_\lambda(H_1)\geqq\dim E_\lambda(H_2)$ も示される．よって

$$\dim E_\lambda(H_1)=\dim E_\lambda(H_2) \tag{3}$$

が，すべての固有値 $\lambda$ に対して成り立つ．

(iv) $\lambda_0^{(1)}=\max\dfrac{(H_1u,u)}{\|u\|^2}$ と $(H_1u,u)=\|Au\|^2$ から題意の最初の等式が得られる．第2の等式についても同様． ∎

**8.3** (i) まず，定理8.2により，$H_j$ $(j=1,2)$ は，それぞれ $\lambda_0^{(j)}\geqq\lambda_1^{(j)}\geqq\cdots\geqq\lambda_k^{(j)}\geqq\cdots\to0$ を満たす正の固有値を持ち，それぞれに属する固有ベクトル $\{\varphi_k^{(j)}\}$ の系は，$\delta_{lm}$ をクローネッカーのデルタとして

$$(\varphi_l^{(1)},\varphi_m^{(1)})=\delta_{lm},\quad (\varphi_l^{(2)},\varphi_m^{(2)})=\delta_{lm}$$

の意味でそれぞれ正規直交系になっていることが示される．また，(その証明の途中の産物として)

$$\lambda_0^{(j)}=\max_{u\neq0}\frac{(H_ju,u)}{\|u\|^2} \tag{1}$$

も示される．ここで

$$(H_1u,u)\geqq(H_2u,u) \qquad (\forall u\in X) \tag{2}$$

に注意すれば

$$\lambda_0^{(1)}=\max_{u\neq0}\frac{(H_1u,u)}{\|u\|^2}\geqq\max_{u\neq0}\frac{(H_2u,u)}{\|u\|^2}=\lambda_0^{(2)} \tag{3}$$

が得られる．

(ii) §8.3 (b) の論法を min, max を入れかえた形で再構成する必要がある．その方針のみを記す．

しばらく，$H_1,H_2$ のかわりに，正値で完全連続な自己共役作用素 $H$ を考え，その正の固有値を $\lambda_0\geqq\lambda_1\geqq\cdots\geqq\lambda_k\geqq\cdots\to 0$ で表わし，また，これらに属する固有ベクトルの正規直交系を $\varphi_0,\varphi_1,\cdots,\varphi_k,\cdots$ と書くことにする．

任意の $X$ のベクトル $f\neq 0$ を固定し，前と同様に，

$$V(f)=\{u\in X\mid(u,f)=0\}=\{f\}^{\perp} \tag{1}$$

とおく．さらに，

$$\mu(f)=\max_{u\in V(f)}R[u],\quad ただし，\quad R[u]=\frac{(Hu,u)}{\|u\|^2} \tag{2}$$

とおけば，

$$\lambda_1=\min_{\substack{f\in X\\ f\neq 0}}\mu(f)=\min_{\substack{f\in X\\ f\neq 0}}\max_{u\in V(f)}R[u]$$

が成り立つのである．したがって，

$$R^{(j)}[u]=\frac{(H_ju,u)}{\|u\|^2}\qquad(j=1,2) \tag{3}$$

とおけば，$R^{(1)}[u]\geqq R^{(2)}[u]$ により

$$\lambda_1^{(1)}=\min_{\substack{f\in X\\ f\neq 0}}\max_{u\in V(f)}R_1[u]\geqq\min_{\substack{f\in X\\ f\neq 0}}\max_{u\in V(f)}R_2[u]=\lambda_1^{(2)}$$

が成り立つ．

(iii)　答は「成り立つ」である．上で用いた一般の $H$ に対する記号を用いれば，次の事実が成り立つからである．$\{f_1,f_2,\cdots,f_n\}$ を $n$ 個のベクトルからなる $X$ の線形独立な系として，$V(f_1,f_2,\cdots,f_n)$ を $f_1,f_2,\cdots,f_n$ の張る線形部分空間の直交補空間とする．このとき

$$\mu(f_1,f_2,\cdots,f_n)=\max_{u\in V(f_1,f_2,\cdots,f_n)}R[u]$$

とおけば，$F_n=\{f_1,f_2,\cdots,f_n\}$ と書くことにして，

$$\lambda_n=\min_{F}\max_{u\in V(F_n)}R[u] \tag{4}$$

が成り立つのである(こちらの事実をミニ・マックスの原理とよぶ流儀もある)．

題意の場合にもどり，$R^{(1)}[u]\geqq R^{(2)}[u]$ を用いると $\lambda_n^{(1)}\geqq\lambda_n^{(2)}$ $(\forall n)$ が得られる．

■

**8.4**　前半　(a)：固有関数 $\varphi$ に対する等式

$$(\nabla\varphi,\nabla h)_{L^2}=\lambda(\varphi,h)_{L^2}\qquad(\forall h\in H^1(\Omega)) \tag{1}$$

において，$h=\varphi$ とおけば

$$\|\nabla\varphi\|_{L^2}^2=\lambda\|\varphi\|_{L^2}^2 \tag{2}$$

これより，$\lambda \geqq 0$ である．すなわち，固有値は非負である．また，(2) で $\lambda=0$ とおくと

$$\|\nabla \varphi\|_{L^2}=0 \tag{3}$$

これより $\nabla \varphi=0$. よって $\varphi=$定数関数. すなわち $\lambda=0$ は最小の固有値であり，それに対する正規化された固有関数 $\varphi_0$ は，$|\Omega|$ を $\Omega$ の体積として，

$$\varphi_0(x)=\frac{1}{\sqrt{|\Omega|}} \qquad (\text{定数関数}) \tag{4}$$

で与えられる．

後半 (b)：ヒントに従い，任意の $f \in X$ に対し $u=Gf$ を，条件 $u \in H^1(\Omega)$，かつ，

$$(\nabla u, \nabla h)_{L^2}+(u,h)_{L^2}=(f,h)_{L^2} \qquad (\forall h \in H^1(\Omega)) \tag{5}$$

により定義する．これは，定義5.8における $k=1$ の場合そのものである．よって，Riesz の表現定理により任意の $f \in L^2(\Omega)$ に対して，解 $u=Gf$ が一意に定まる．$G$ は線形であり，とくに $Gf=0$ ならば $f=0$ である．以下，$L^2(\Omega)$ における内積とノルムをそれぞれ $(\ ,\ )$，$\|\ \|$ と略記する．

(5) において，$h=Gf=u$ とおけば

$$\|\nabla u\|^2+\|u\|^2=(f,u) \tag{6}$$

これより，$\|u\|^2 \leqq \|f\| \cdot \|u\|$，すなわち

$$\|Gf\| \equiv \|u\| \leqq \|f\|$$

が得られ，$G \in \mathcal{L}(X)$，$\|G\| \leqq 1$ がわかる．次に，他の任意の $g \in X$ に対し，$v=Gg$ とおくと

$$(\nabla v, \nabla h)+(v,h)=(g,h) \qquad (\forall h \in H^1(\Omega)) \tag{7}$$

である．(5), (7) でそれぞれ $h=v$, $h=u$ とおいた二つの等式を比較すると，$(f,v)=(u,g)$ であること，すなわち，$(f,Gg)=(Gf,g)$ $(\forall f,g \in X)$ が得られる．よって，$G$ は $X=L^2(\Omega)$ において自己共役である．ここで (6) にもどれば，

$$(f,Gf)=\|u\|^2+\|\nabla u\|^2 \tag{8}$$

であるから，$G$ は正値である．ついで，$G$ の完全連続性を示すのには，Rellich の定理 (補題8.3) を利用する．実際，$f_0 \in X$ に弱収束する $X$ の任意の関数列 $\{f_n\}$ を考えよう．$\|f_n\|$ は有界である．また $G \in \mathcal{L}(X)$ であるから $\|Gf_n\|$ も有界である．そこで，$u_n=Gf_n$ とおけば，(8) により

$$\|u_n\|_{H^1(\Omega)}^2=(f_n, Gf_n) \tag{9}$$

により，$u_n$ は $H^1(\Omega)$ において有界である．したがって，$\{u_n\}$ は $H^1(\Omega)$ において弱収束する部分列 $\{u_{n'}\}$ を含む．$\{u_{n'}\}$ の $H^1(\Omega)$ における弱収束極限は $u_0=Gf_0$ にほかならない(仮に，$u_{n'}\to a$ ($H^1(\Omega)$ での弱収束) とおいてみると，$(u_{n'},h)_{H^1(\Omega)}=(f_{n'},h)$ の極限をとって $(a,h)_{H^1(\Omega)}=(f_0,h)$ $(\forall h\in H^1(\Omega))$．よって $a=Gf_0$)．

この弱収束極限の一意性から，もとの関数列 $\{u_n\}$ 自身が $u_0=Gf_0$ に弱収束することが結論される．ここで，Rellich の定理を用いれば，$u_n$ が $u_0$ に $X=L^2(\Omega)$ で強収束することが得られ，$G$ の完全連続性が得られる．

$G$ は正値であるのみならず $Gf=0$ となるのは $f=0$ の場合のみである．よって，$G$ の固有値 $\mu$ は正数である．また，$\|G\|\leqq 1$ により，$0<\mu\leqq 1$ である．$\mu=1$ が固有値であるかどうかを見るためには，$G\varphi=\varphi$ を (5) の形に書いてみると ($u=\varphi$, $f=\varphi$),

$$(\nabla\varphi,\nabla h)=0 \qquad (\forall h=H^1(\Omega))$$

となり，$h=\varphi$ とおくことにより「$\varphi=$定数関数」が得られる．よって，(4) の $\varphi_0$ が，$G$ の最大の固有値 $\mu_0=1$ に属する正規化された固有関数である．このあとは，定理 8.2 を $G$ に対して適用すれば 0 に単調収束する $G$ の正数の固有値の列

$$\mu_0(=1)>\mu_1\geqq\mu_2\geqq\cdots\geqq\cdots\to 0 \tag{10}$$

および，それぞれに属する固有関数の完全正規直交系 $\varphi_0,\varphi_1,\cdots,\varphi_n,\cdots$ の存在が結論される．

さて，$\mu$ を $G$ のある固有値とし，$\varphi\neq 0$ をそれに属する固有関数とすれば，$G\varphi=\mu\varphi$ を (5) の形に書いて，

$$\mu(\nabla\varphi,\nabla h)+\mu(\varphi,h)=(\varphi,h) \qquad (\forall h\in H^1(\Omega))$$

が得られる．ここで

$$\lambda=\frac{1-\mu}{\mu}=\frac{1}{\mu}-1 \tag{11}$$

とおけば

$$(\nabla\varphi,\nabla h)=\lambda(\varphi,h) \qquad (\forall h\in H^1(\Omega))$$

となり，(11) の $\lambda$ が題意の固有値問題 (i), (ii) の固有値であること，$\varphi$ はそちらの固有関数でもあることがわかる．よって，固有値問題 (i), (ii) の固有関数の完全正規直交系として $\{\varphi_n\}$ をそのまま採用できる(完全性により，それらと独立な固有関数は存在しない)．固有値は (11) に従って $G$ のそれから計算される

$$\lambda_n=\frac{1}{\mu_n}-1 \qquad (n=0,1,2,\cdots) \tag{12}$$

である． ∎

# 欧文索引



# 和文索引

## ア 行



## カ 行

## サ 行

## タ 行



## ナ 行



## ハ 行



## マ 行

## ヤ 行



## ラ 行

■岩波オンデマンドブックス■

理解から応用への 関数解析

2007年 3月9日 第1刷発行
2019年 9月10日 オンデマンド版発行

著 者 藤田 宏(ふじた ひろし)

発行者 岡本 厚

発行所 株式会社 岩波書店
〒101-8002 東京都千代田区一ツ橋 2-5-5
電話案内 03-5210-4000
https://www.iwanami.co.jp/

印刷/製本・法令印刷


ISBN 978-4-00-730926-7 Printed in Japan